高等学校实验实训规划教材

# 建筑施工实训指南

韩玉文　主编

北　京

冶金工业出版社

2010

# 内 容 提 要

本书共分8章,主要内容包括:建筑施工实训概述、砌筑工程施工、钢筋工程施工、模板工程施工、装饰工程施工、卫生工程施工、电气工程施工、建筑施工测量等。本书补充课堂教学内容,针对实习要求,重视图解,以期提高实习学生独立完成任务的能力。

本书可作为高等职业专科学校建筑工程技术专业以及工程技术应用型本科院校土木工程专业的建筑施工实训(生产实习)教材,也可作为建筑施工技术人员培训学习的教材或参考书。

**图书在版编目(CIP)数据**

建筑施工实训指南/韩玉文主编 . —北京:冶金工业出版社,2010.7

高等学校实验实训规划教材

ISBN 978-7-5024-5279-7

Ⅰ.①建… Ⅱ.①韩… Ⅲ.①建筑工程—工程施工—高等学校—教材 Ⅳ.①TU7

中国版本图书馆 CIP 数据核字(2010)第 105096 号

出 版 人 曹胜利
地 址 北京北河沿大街嵩祝院北巷 39 号,邮编 100009
电 话 (010)64027926 电子信箱 yjcbs@cnmip.com.cn
责任编辑 宋 良 廖 丹 美术编辑 张媛媛 版式设计 孙跃红
责任校对 卿文春 责任印制 牛晓波
ISBN 978-7-5024-5279-7
北京兴华印刷厂印刷;冶金工业出版社发行;各地新华书店经销
2010 年 7 月第 1 版,2010 年 7 月第 1 次印刷
787mm×1092mm 1/16;13 印张;343 千字;196 页;
**28.00 元**

冶金工业出版社发行部 电话:(010)64044283 传真:(010)64027893
冶金书店 地址:北京东四西大街 46 号(100711) 电话:(010)65289081
(本书如有印装质量问题,本社发行部负责退换)

# 前　言

　　建筑施工实训指南亦即生产实习课程指导。生产实习是高职建筑工程技术专业以及工程技术应用型本科院校土木工程专业实现培养目标要求的重要实践性教学环节,其目的是提高学生对建筑施工的设计、指导、检查、检测、预算及组织管理能力。

　　建筑施工实训教学有其自身的特点,外加许多主观和客观的因素,使得该环节的教学难度较大。此外,目前适宜实践教学环节的教材较缺乏,这给实习学生带来了不少困难。特别是在分散实训的条件下,就更加需要配套的实习教材来提供有针对性的帮助,这本教材无疑会对提高实习的质量起到积极的作用。编者希望本书能成为指导学生完成建筑施工实训环节的重要学习材料。

　　本书补充课堂教学内容,针对实习要求,重视图解,以期提高实习学生独立完成任务的能力。内容适于高职建筑工程技术专业以及工程技术应用型本科院校土木工程专业的实训教学使用。本书在深度上克服了目前实训指南多与课堂教学使用教材类同的问题,达到了"操作规程"的细度或深度。

　　本书由辽宁科技学院韩玉文主编,参加编写的教师包括:辽宁科技学院韩玉文(第2、4章)、沈阳工业大学建工学院陆海燕(第1章、附录)上海应用技术学院城建学院李英姬(第3章)、辽宁科技学院申颖(第5、6、7章)、辽宁科技学院梁实(第8章)。

　　本书在编写过程中参阅了一些文献资料,这些文献已在书后的参考文献中列出,在此编者谨向文献的作者致以诚挚的谢意。

　　本书可作为高等职业专科学校建筑工程技术专业以及工程技术应用型本科院校土木工程专业的建筑施工实训(生产实习)教材,也可作为建筑施工技术人员培训学习的教材或参考书。

　　建筑施工的内容十分丰富,施工技术日新月异。编者自身水平有限,书中不妥之处敬请读者批评指正。

编　者
2010 年 3 月

# 目　　录

# 1 建筑施工实训概述

## 1.1 建筑施工实训的性质与重要意义

建筑施工实训又称生产实习,是建筑工程技术专业实现培养目标要求的重要实践性教学环节,是学生对所学的建筑施工等有关课程的内容进行深化、拓展、综合训练的重要阶段。

随着建筑工程技术的发展和高等教育教学内容、教学方法改革的深入,建筑工程技术专业教育必须培养工程技术应用型的高素质人才。这些未来的工程师应该具有较强的社会、政治、经济的综合判断能力,实现有效管理和科学决策的能力,以及不断吸取新的科学成就、处理各种复杂问题的应变和创新能力,有对建筑施工设计、指导、检查、检测、预算以及组织管理的能力。这些素质和能力的培养和提高仅依靠课堂教学是难以奏效的,必须通过包括施工实训在内的各种实践性教学环节,让学生置身于工程实践之中,才有可能取得更好的效果。因此,高等学校通过工程实践培养学生综合运用各学科知识的能力就显得尤为重要。

建筑施工实训无疑是完成建筑工程技术专业教学计划,使学生知识、能力、素质得到提高,达到培养目标的关键性和实践性教学环节,它对后续的课程教学、毕业实习和设计乃至为学生接受未来工程师终身继续教育奠定必要的基础。通过施工实训这一实践性教学环节,学生得到了一个深入实践、了解社会的机会。通过实训,工人师傅朴实的言语、踏实的工作作风及技术人员在实际工作中认真负责的态度会强烈地感染学生,使他们改正以往的一些不良习性,培养吃苦耐劳的精神,促使他们与施工人员打成一片,奔忙在工地上;通过实训,学生将会接触到各种人和事,锻炼他们对社会的适应性、能动性以及对是非的辨别能力;通过实训,有利于学生将书本上所学习的理论知识和生产实际相结合,拓宽视野,学习施工现场生产与管理的知识,提高综合分析和解决问题的能力、组织管理和社交能力;通过实训,还可以引导学生从工程设计和施工管理的不同角度去认识符合实际、便于施工的设计和精心组织、整体优化的管理在实际工程过程中的重要性,培养学生求真务实的工作作风,增强其事业心和责任感,使他们在独立工作能力方面上一个台阶。

总之,建筑施工实训对学生的思想品德、工作态度及作风、综合素质与工程实践培养等诸方面都有很大影响,对提高毕业生全面素质及从业能力具有重要意义。

## 1.2 建筑施工实训的特点

由于建筑工程技术专业施工实训有其自身的特点,因此它比其他一些专业实训的难度要大,受许多主观和客观因素的影响。建筑施工实训的特点主要体现在:

(1)由于建筑施工本身具有流动性强、施工周期长、受外界条件因素影响大等特点,因此,一般不可能在固定厂房、车间内较有规律地完成一些工种操作。施工实训条件、实训内容甚至实训效果的好坏在很大程度上受施工现场实际情况的影响,如受施工项目的类型、结构特点、现场条件、工程进度、施工单位的技术管理水平、气候与环境等影响。

(2)由于施工现场以露天作业为主,建筑材料多种多样,施工组织较为复杂,工作紧张,工作面有限,高空作业多,多工种交叉配合施工,因此如果有某些管理不到位,就容易发生安全事故。

(3)随着建筑行业体制的改革深化,施工企业普遍实行了项目承包。项目经理部受施工工作面的限制,出于确保工程进度和质量以及工地安全和便于管理等诸多方面的考虑,担心安排学生实训会对施工带来影响,一般只同意接受少量的实习学生,这就使分散实习成为目前施工实训的主要组织形式,也给学生联系施工实训工地带来困难。

(4)实训施工多采取一部分在校内实训基地集中实训,另一部分在校外分散实训的形式。校外工地工作人员工作繁忙,指导学生实训的时间和精力有限;学校安排的指导教师同时指导分散在各地的许多实训点,实训学生得到教师的指导也有限。这就要求学生在施工现场必须具备自觉性和主动性,设法加强与工地技术人员和学校指导教师的联系,独立去克服施工实训中的各种困难。

## 1.3　建筑施工实训的组织

### 1.3.1　建筑施工实训的时间安排

建筑施工实训是教学计划中一个重要的教学环节,应是实现理论教学与工程实践相结合的重要结合点,通常安排在建筑工程测量、建筑材料、钢筋混凝土结构、建筑施工等相关课程结束之后开始,一般为4~5周。有条件的学校也可适当延长或结合认识实习、毕业实习等实践性环节统筹安排。

### 1.3.2　建筑施工实训的主要组织形式

建筑施工实训的组织形式主要有集中实训、分散实训以及集中与分散实训相结合三种组织形式。

集中实训由学校集中组织实训队,委派带队教师带领学生在指定实训单位实训。这是一种较传统的实训形式,其主要特点是实训工地可以保障,不会出现学生联系不到工地的情况;学校可在以往实训工作经验的基础上,用较成熟的实训组织模式,统一安排实训指导教师;实训工作按照实习计划统一实施和检查,实训时间和基本要求容易保证;较适合可联系到较大实训项目或有专门实训场馆、校外实习基地等情况。但集中实训不利于学生自身综合能力的培养和锻炼,同时客观上也受到一定限制:通常集中实训的时间在教学计划安排中是固定的,在此期间不一定能找到完全满足实训大纲内容要求的实训工地,难以保证学生的全部实习内容;何况施工企业实行项目承包后,学校对实训工地的安排本身就比较困难。另一种集中实训形式是一些条件好的学校在校内施工实训基地集中实训,用于解决学生主要工种操作的实训问题。这种实训形式可以使实训按教学大纲的要求有条不紊地进行,对具体工种,如钢筋、模板、砌筑、水、电、焊等规范操作的演练十分有效,每个学生可完成两个较完整的工种操作过程,并从中学到更具体的技术。但集中实训毕竟同生产实际有一定的差别,不利于学生现场经验的积累。

分散实训由实训学生自行联系实训单位,学校指定实训联系教师帮助和指导学生完成实训任务,可与集中实训相结合。这种形式可以将实训时间与假期统筹使用,扩大了学生实训工地和实习内容的范围,有利于学生扩大视野和联系到满足实训大纲内容要求的工地,增强学生实习的主动性和锻炼学生的独立工作能力。虽然这种实训形式会造成因实训学生过于分散而不便于教师指导和检查等问题,但这些问题可以通过加强实习管理来解决,一般的做法是:实训学生在联系好实训单位后及时将联系实习回执寄给实训指导教师;在教师和建筑工地技术管理人员指导下,学生根据大纲实训要求和实训项目的特点制定实训计划;在实训期间,学生应经常与指导教师保持联系,并按照计划完成施工实训的部分实训内容,记录实训日记,自觉遵守实训纪律和有关规章制度,接受日常实训考评。对于在本工地不能完成的实训内容可采取参观其他工地等方式进行补充,以完成大纲规定的全部实训内容。实训结束后,学生应认真整理和完成有关实训成果,并接受实训答辩。在实训前,实训指导教师负责对实训学生进行实训动员;在收到学生实训回执后,结合工地特点与实训工地取得联系;在实训期间对实训学生进行指导和检查,并填写实训考核表,根据学生日常表现,确定学生平时成绩;在实习结束后批阅学生实训成果,组织实训答辩,根据学生平时成绩考核、实训成果考核成绩和答辩成绩综合评定实训成绩。

　　集中实训与分散实训相结合的形式,即部分学生采用分散实训,部分学生由学校集中组织实训的形式;或学生一部分时间分散实训,其他实训时间由学校集中组织实训的形式。这种形式可弥补集中实训与分散实训各自的不足,可取得更好的实训效果。

## 1.4　施工企业有关安全施工的规章制度

　　实训学生在实训工地必须遵守施工单位的各项规章制度,特别是有关安全施工的规章制度。现将施工企业有关安全施工的部分规章制度进行介绍,提醒广大实训学生注意。

### 1.4.1　施工现场作业人员十项规定

　　(1)新招入民工必须经过"三级安全教育",考试合格后方准上岗。凡进入施工现场作业前应穿好工作服,戴好安全帽并系好下颌带,配带齐与本工种有关的其他防护用品。施工现场不准穿拖鞋、凉鞋,不准赤脚、赤膊或穿短裤,不准带小孩和闲杂人员进入施工现场。

　　(2)在施工现场内行走,应注意来往车辆和各种警鸣信号,危险区域按安全提示标志所指定的路线行走,不准跨越正在运转的机电设备和起重卷扬的钢丝绳、拖拉绳和其他危险物。发现吊物过来,要及时避让,绝对不准在吊物下面停留、观望和穿行。

　　(3)在工作中遵守劳动纪律,不准擅自离开工作岗位,在施工作业中不准打闹、斗殴、睡觉,不准在上班前和工作中饮酒。在施工中与其他单位作业班组发生矛盾时,千万不能争吵、打架,要及时报告领导,以便作出妥善安排。

　　(4)在工间休息时,不要在起重机吊装作业区、土石方爆破作业区、高层建筑和烟囱作业区观望及充电器房、配电间、烘房、煤气炉和铁路旁等不安全的场所休息,不要在与本岗位工作无关的地方逗留。

　　(5)在施工现场的危险区域,如仓库、油库、油泵间、木模间、油漆间及易燃易爆场所,绝对禁止吸烟和动火作业。

　　(6)夜间作业,必须安装足够的照明设施,看不清的地方不要乱闯。

　　(7)任何人不准擅自乱动和拆除施工现场的各种管线、阀门、开关、电气线路、机电设备及各种安全标志、警示牌。

　　(8)施工现场的构件、材料堆放时必须整齐、平稳,在坑、沟边缘及铁路边缘1.5m以内不准堆放构件、材料。现场堆放的散料不准高于1.5m,圆木、管材不得高于2m,并在其两侧设挡板垫牢,拆除的模板、架子等和废料要及时清理外运。

　　(9)工作完成后,要及时清除作业场地的垃圾、余料。带班人清点人数,方可离开作业现场。

　　(10)施工现场作业人员必须严格执行安全技术操作规程,不准违章操作,要自觉接受和服从现场安全检查执法人员监督检查,不准无理取闹,违章严重者可以辞退。

### 1.4.2　高处作业十项规定

（1）从事 2m 以上高处作业人员，必须定期体检，经医生诊断，凡患有高血压、心脏病、贫血病、癫痫病以及其他不适于高空作业的人员，不得从事高空作业。

（2）高处作业人员必须穿好工作服，袖口、领口、裤脚口要扎紧，戴好安全帽，禁止穿硬鞋底、带钉易滑鞋、凉鞋、拖鞋、高跟鞋等。高处作业使用的安全带，应拴挂在牢固可靠的挂点上或专用的安全绳索上，拴挂完毕后，工作人员方可进行高处行移和作业。

（3）高处作业时，运用好安全"三件宝"——安全帽、安全带、安全网。严禁在未固定好的构件和设施上行走或作业。屋面和高处作业平台应设防护栏杆。严禁坐在高处无护栏处休息。高处作业所用材料要堆放平稳，工具应随手放入工具袋内，上下传递物件禁止抛掷。

（4）遇有雷（暴）雨、大雪、大雾和 6 级以上（含 6 级，其风速 3.8m/s）大风等恶劣天气，应停止高处作业。轨道行走的塔式吊、门式吊等应夹紧夹轨器，高处的构件、材料等应固定牢靠。

（5）施工现场的"四口"——楼梯口、电梯井口、坑井口、预留洞口（或通道口、升降口）等危险处应设有盖板、围栏、安全网等防护设施，洞口切勿用油毡、薄板做盖。未装栏杆的阳台周边、料台周边、挑阳台周边、雨棚与挑檐边、楼梯边及框架楼周边等，应用围栏加以防护。

（6）安全网使用：1）建筑物外围必须使用密目网进行全封闭，中间每隔 10m 用水平网封闭；2）多层建筑应在第二层设不小于 3m 宽的固定安全网，其上每隔 4m 再设一道固定安全网；3）高层施工时，第一道网宽 6m，不足 6m 时要在外侧挂立网，其上每隔 4 层设固定安全网，另有一道随施工高度提升的安全网；4）电梯井内应每隔 2 层且不超过 10m 设一道安全网；5）安全网每隔 3m 设一根支杆，支杆与地面保持 45°；6）水平网应能承受 1kN 的集中荷载（即 100kg 砂袋从 10m 高处落入网内，安全网应不破，边绳和系绳不断），密目式安全网首先保证 10cm × 10cm 的面积内，网目达到 2000 个以上，同时耐贯穿试验必须合格（将网与地面成 30°夹角，在其中心上方 3m 处用 5kg 重的 DN48～51 钢管垂直自由落下，不穿透）。

（7）高处作业与地面联系时，应设通讯装置或联系信号，并有专人负责，不得盲目指挥、贸然行动，防止误操作；高处作业前，班组长和作业者应注意对连墙杆、扶手、脚手板、架上荷载、安全网进行检查，达不到要求的不准作业。

（8）登高作业的梯子，必须坚固，梯子横档间距以 30cm 为宜，不得有缺档，不得垫高使用。使用时梯子上端要靠牢，下端应采取防滑措施，立梯坡度以 75°为宜。禁止二人同时在梯子上作业，如需接长使用，应绑扎牢固。人字梯中间拉绳必须牢固。高处作业应行走上下作业通道或爬梯，不准攀爬脚手架、起重吊臂、绳索，严禁搭乘运料吊篮上下。脚手架上下作业通道（斜道、跑道），应设扶手、栏杆、斜道，并采用防滑措施（防滑条间距为 30cm），要保持通道畅通，如遇有冰、雨雪天气或泥水情况，要及时组织清除冰雪，泥土等杂物。

（9）严禁上下两层同时垂直作业，特殊情况必须垂直作业时，应在上下两层间设专用的防护棚或其他可靠的隔离措施。如无措施严禁作业。防高空落物、防落于深坑、防高空坠落、防触电、防机械伤害，统称"五防"。

（10）乘人用的施工电梯、罐笼、吊篮应设有可靠的安全保护装置，并经常检查维护，运行时严禁超载，严禁人货混装。

### 1.4.3　施工现场违章处罚十条

在施工现场作业，必须遵守安全规章，确保自己和他人的生命安全，如有下列十条之一违章者则罚款 5～50 元。

（1）不戴合格的安全帽及不系紧下颌带者；

（2）赤膊、赤脚，穿拖鞋、凉鞋、短裤施工者；

（3）高空作业不拴好安全带者；

（4）任意从高处向下抛掷物件者；

（5）用竹片、木棒代替电源插头或用铁丝代替保险丝者；

（6）乱动乱用电焊机、砂轮机、手动电动工具等电器者；

（7）无证烧电焊、开吊篮、机动翻斗车等特种作业者；

（8）随意攀爬脚手架、井架或钢结构支撑上下者；

（9）站在吊物上起吊或乘吊篮上下者；

（10）随意拆除孔、洞盖板或防护栏等安全设施者。

# 2　砌筑工程施工

## 2.1　砌筑用材料

### 2.1.1　黏土砖

黏土砖以黏土为主要原料。黏土经搅拌成可塑状并用机械挤压成形,挤压成形的土块称为砖坯。砖坯经风干后送入窑内,在 900～1000℃ 的高温下煅烧即成为砖。如直接降温出窑的即为红砖;若在烧成后从窑顶徐徐渗入清水,使砖内的氧化铁还原,再加上渗铁作用,便成为青砖。

#### 2.1.1.1　黏土砖的种类

**A　标准砖**

标准砖是建筑工程中最常用的砖,它广泛使用于砖承重的墙体,也用于非承重的隔墙。标准砖的尺寸是 240mm × 115mm × 53mm,当砌体灰缝厚度为 10mm 时,组砌成的墙体即符合 4 块砖长等于 8 块砖宽,也等于 16 块砖厚,等于 1m 长的模数规律。标准砖各个面的叫法如图 2-1 所示。

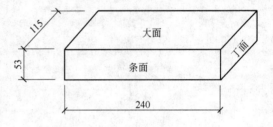

图 2-1　标准砖各面的叫法

大面:承受压力的面,即 240×115 的面为大面。

条面:垂直于大面的较长的侧面,即 240×53 的面为条面。

丁面:垂直于大面的较短侧面,即 115×53 的面为丁面。

每块砖重,干燥时约为 2.5kg,吸水后约为 3kg,排列组成 1m³ 体积时约重 1700kg。

**B　空心砖和多孔砖**

为了节约土地资源,减少侵占耕地,减轻墙体自重,也为了达到更好的保温、隔热和隔声等效果,空心砖过去多用于框架间砌体,建设部于 2004 年将空心黏土砖列为限制使用技术。目前在房屋建筑中较多采用的是多孔砖。多孔砖的规格一般为 240mm × 115mm × 90mm,每立方米约重 1400kg。

#### 2.1.1.2　黏土砖的强度等级

黏土砖的特点是抗压强度高,可以承受较大的竖向荷载。反映砖承受外力的能力称作强度;而反映强度大小的称作强度等级。强度等级高的砖,承受荷载的能力大。一幢房屋,选用哪一个强度等级的砖,应由设计单位通过计算确定。强度等级符号用"MU××"表示。

砖的强度等级是用抗压强度和抗折强度两个指标同时加以控制的,例如 MU20 强度等级的砖,不仅要满足抗压强度平均值达到 20MPa,而且要满足抗折强度平均值达到 4MPa,若其中有一项达不到要求,就要降低一级使用,如再达不到则再降一级,直至两项指标都达到要求为止。黏土砖的强度等级如表 2-1 所示。

表 2 - 1 黏土砖的强度等级

| 项目<br>强度等级 | 抗压强度/MPa | | 抗折强度/MPa | |
|---|---|---|---|---|
| | 平均值 | 单块最小值 | 平均值 | 单块最小值 |
| MU20 | 20 | 14 | 4 | 2.6 |
| MU15 | 15 | 10 | 3.1 | 2.0 |
| MU10 | 10 | 6 | 2.3 | 1.3 |
| MU7.5 | 7.5 | 4.5 | 1.8 | 1.1 |
| MU5 | 5.0 | 3.5 | 1.6 | 0.8 |

### 2.1.1.3 黏土砖的吸水率

黏土砖都有一定的吸水性,能吸附一定量的水分。黏土砖吸水的多少可以用吸水率来表示。吸水率低的砖表示砖的内部比较密实,水不容易渗入,质量较好;吸水率高的砖表示砖的内部比较疏松,质量较差。砖的吸水率大小与焙烧的火候有关。欠火的砖(青砖呈黄灰色,红砖呈淡红色或黄色)吸水率大于 25%,质轻、强度低,容易受冻融的破坏,一般不宜用在基础和外墙;过火的砖(青砖呈焦黑色,红砖呈铁锈色,甚至有结疤现象)吸水少、强度高、导热性高、保温性差。砖的正常吸水率应在 8% ~16% 之间。

### 2.1.1.4 黏土砖的抗冻性

砖的抗冻性就是砖抵抗冻融的能力。抗冻性的检验方法是:先将砖烘干,然后称其重量,再将砖浸入水中使其吸足水分。把吸足水分的砖放入 -15℃ 的冷冻箱中冻结,然后取出来在常温下融化,这称作一次冻融循环。砖在 15 次冻融循环后烘干,并再次称其重量。如果重量损失在 2% 以内,强度降低值不超过 25%,即认为抗冻性符合要求。我国南方很多地区气温较高,可不考虑这项标准。

### 2.1.1.5 黏土砖的外观质量

普通黏土砖的外形应该平整、方正。黏土砖根据外观质量分为一级、二级两个等级。外观质量检查内容有砖面、棱角、尺寸偏差以及是否有明显的弯曲、掉角、缺棱、裂纹等缺陷,同时要求内部组织结实,敲击时发出清脆的金属声,不夹带石灰等膨胀爆裂性矿物杂质,以免降低强度。对于欠火砖(色浅、敲击声沙哑)、酥砖以及形状严重变形的砖应作为废品处理;对于因焙烧过火造成变色变形,但强度高的砖,可以用在基础及不影响外观的内墙上。黏土砖的外观允许偏差如表 2 -2 所示。

表 2 - 2 黏土砖的外观允许偏差

| 项 目 | 指标/mm | |
|---|---|---|
| | 一等品 | 二等品 |
| 尺寸允许偏差不大于<br>　长度<br>　宽度<br>　厚度 | ±5<br>±4<br>±3 | ±7<br>±5<br>±3 |
| 二个条面的厚度差不大于 | 3 | 5 |
| 弯曲不大于 | 3 | 5 |

| 项　　目 | 指标/mm | |
| --- | --- | --- |
| | 一等品 | 二等品 |
| 完整面不少于 | 一个条面和<br>一个丁面 | 一个条面或<br>一个丁面 |
| 缺棱、掉角的三个破坏尺寸不得同时大于 | 20(30) | 30(40) |
| 裂缝的长度不大于<br>大面上宽度方向及其延伸到条面的长度<br>大面上宽度方向及其延伸到丁面上的长度和条丁面上水平裂缝长度 | 70<br>110 | 110<br>150 |
| 杂质在砖面上造成的凸出高度不大于 | 5 | 5 |
| 混等率不得超过 | 10% | 15% |

### 2.1.2　砌块

砌块是利用半机械化机具进行砌筑的一种墙体材料。一方面生产砌块可以大量利用工业废料,同时砌筑砌块也可以大规模地组织生产以提高工效。常见的砌块有加气混凝土砌块、硅酸盐砌块以及混凝土空心砌块等。

#### 2.1.2.1　加气混凝土砌块

加气混凝土砌块是以水泥、矿渣或粉煤灰、砂子为原料,加入铝粉作为膨胀剂,经过磨细、配料、浇筑、切割、蒸养硬化等工序做成的一种轻质多孔材料。它具有保温性能好、隔声好以及可以切割、刨削、锯钻和钉子钉入等性能。常用于砌筑轻质隔墙、高层建筑框架间砌体,也可用于混凝土外墙板的内衬,但不能单独作为承重墙。加气混凝土砌块的吸水率高,一般可达60%～70%;每立方米重400～600kg;规格尺寸常分a、b两个系列,分别按25和60递增,如a系列加气混凝土砌块的长、宽、高分别为:

长度(mm):600;

宽度(mm):100、125、150、…、300;

高度(mm):200、250、300。

加气混凝土砌块的抗压强度为1.5～4MPa。由于砌块比较疏松,抹灰时表面粘结强度较低,一般抹灰前要先进行表面处理,如在素水泥浆中掺入水泥重5%～10%的107胶。

#### 2.1.2.2　硅酸盐砌块

硅酸盐砌块是以粉煤灰和煤渣为主要原料,掺入一定量的石灰,加水搅拌均匀并压制成形后经蒸养而得到的成品。强度等级一般为MU5～MU15。每立方米重1300～1900kg。规格尺寸较多,一般有以下几种系列:

长度(mm):880、1080、1100;

宽度(mm):385、380;

厚度(mm):180、190、200、240。

硅酸盐砌块的单块重量为90～170kg,这类砌块的吸水率一般在24%左右。

目前许多地区多层框架间砌体常用煤渣混凝土小型空心砌块,其孔隙率为50%左右,饰面结合层可不掺胶,砌体成本较低。其尺寸常为:

长度(mm):490、290、340、240、140;

宽度(mm):300、240、190;

厚度(mm):190。

### 2.1.3　砌筑砂浆

#### 2.1.3.1　砂浆的作用

砂浆是把单个的砖块、石块或砌块组合成墙体的胶结材料,同时又是填充块体之间缝隙的填充材料。它不仅可以把上部的外力均匀地传布到下层,还可以阻止块体的滑动。由于受力的不同和块体材料的不同要选择不同的砂浆。砂浆应具备一定的强度、黏结力和工作度(或称流动性、稠度)。

砌筑砂浆由骨料、胶结料、掺和料和外加剂组成。

#### 2.1.3.2　砂浆的种类

砌筑砂浆一般分为水泥砂浆、混合砂浆、石灰砂浆三类。

A　水泥砂浆

水泥砂浆是由水泥和砂子按一定比例混合搅拌而成的,它可以配制强度较高的砂浆。水泥砂浆一般应用于基础、长期受水浸泡的地下室墙以及承受较大外力的砌体中。

B　混合砂浆

混合砂浆一般由水泥、石灰膏、砂子拌和而成。在硬化的初级阶段需要一定的水分以帮助水泥水化,在后期则应处于干燥环境中以利于石灰的硬化。一般用于地面以上的砌体中,也适用于承受外力不大的砌体。混合砂浆虽然不能达到较高的强度,但由于它加入了石灰膏,改善了砂浆的和易性,使用和操作起来都比较方便,有利于砌体密实度的提高和提高工效,所以被广泛地应用于砌体中。

C　石灰砂浆

石灰砂浆是由石灰膏和砂子按一定比例搅拌而成的砂浆,完全靠石灰的气硬而获得强度,经常用于空斗墙等不承重的砌体,强度等级一般可达到 MU0.4~MU1。但由于它有较高的和易性,利于披灰法操作,故仍有一定的使用价值。

D　其他砂浆

(1)防水砂浆:在水泥砂浆中加入3%~5%的防水剂就制成了防水砂浆。防水砂浆应用于需要防水的墙体(如地下室、砖砌水池、化粪池等),也广泛应用于房屋的防潮层。

(2)嵌缝砂浆:一般使用水泥砂浆,也有用白灰砂浆的。其主要特点是砂子必须采用细砂或特细砂,以利于勾缝。

(3)聚合物砂浆:当砌筑物有特殊要求时,掺入一定量的高分子聚合物以改善砂浆的性能。

#### 2.1.3.3　拌制砂浆使用的材料

A　水泥

a　水泥的制造和硬化

普通水泥是以石灰石、黏土等为主要原料,掺入石英砂、铁粉等辅料,按一定比例混合并磨细制成"生料",经高温煅烧,冷却后制得"熟料",再加入适量的石膏共同研磨,过筛后得到的成品。如果掺入一定量的矿渣就叫矿渣水泥;掺入一定量的粉煤灰就叫粉煤灰水泥;掺入一定量的火山灰就叫火山灰水泥。

水泥是水硬性胶结材料,当其与适量的水拌和后,在常温下经过一系列的物理、化学反应过程,能由浆状逐渐凝结,进而硬化并具有一定的强度。它可以将松散材料胶结成整体,并在硬化后保持其强度。水泥 28 天可达到设计的强度,在条件允许时,其强度还能在 28 天后继续缓慢增长,并且这种缓慢增长可一直持续几十年。

　　b　水泥的标号

　　水泥的标号表示水泥硬化后抗压和抗折的能力。用软练法将水泥、标准砂及水按规定比例和标准方法拌成水泥砂浆,制成 160mm × 40mm × 40mm 的试件,脱模后放入水槽中养护,到第 28 天测定的强度就是水泥的强度。水泥的强度(MPa)等级有:22.5、27.5、32.5、42.5、52.5、62.5 等几种,砌筑中常使用的水泥强度等级为 32.5。

　　c　水泥的凝结时间

　　水泥和水混合后,经过一系列的物理化学作用过程,由可塑性浆体变成坚硬的石块体,并将散粒材料胶结成整体。水泥的凝结时间分为初凝和终凝,终凝是指完全失去可塑性的时间。常温下,硅酸盐水泥的初凝时间不得少于 45min,一般多为 1 ~ 3h,可以有利于搅拌和运输操作。终凝时间不得超过 12h,一般为 5 ~ 8h,以便在操作完毕后及时凝结硬化。

　　d　水泥的安定性

　　安定性是指水泥在硬化过程中体积变化的均匀性。水泥在硬化过程中是要产生体积变化的,如果水泥中某些成分不符合标准,就可能产生不均匀的体积变化,可能导致凝结硬化过程失败,水泥块开裂。若调制成砂浆,可能导致砂浆酥松,失去强度。

　　B　石灰和石灰膏

　　石灰是以碳酸钙为原料,经过 1000℃ 以上的高温煅烧,就成为以氧化钙为主要成分的生石灰。生石灰每立方米重量为 800 ~ 1000kg,断面呈白色。除了特殊情况下使用磨细生石灰粉以外,一般均需淋制成石灰膏才能使用。将生石灰块放入淋灰池内,浇上水以后石灰块会放出大量的热,并且迅速粉化松散,在水中呈浆状,这个过程称作"熟化"。将熟化好的石灰浆放在贮灰池内"陈伏"两个星期以上,一方面渗走多余的水分,使石灰浆稠化而逐渐成膏,另一方面可以使微细颗粒充分熟化,避免制成砂浆砌入砌体后,因小颗粒熟化引起体积膨胀而使砌体受到损伤。目前,成袋销售的熟石灰因使用方便,也被大量使用。

　　C　砂子

　　砂子是砂浆中的骨料,因产地的不同有河砂、山砂和海砂,又因粗细的不同有粗砂、中粗砂、中砂、细砂和特细砂。砂子每立方米重量约为 1450 ~ 1600kg。砂子的粗细是由平均粒径和细度模数来区分的。平均粒径大于 0.5mm (细度模数 $\mu_f$ 为 3.1 ~ 3.7)为粗砂;平均粒径为 0.35 ~ 0.5mm (细度模数 $\mu_f$ 为 2.3 ~ 3.0)为中砂;平均粒径为 0.25 ~ 0.35mm (细度模数 $\mu_f$ 为 1.6 ~ 2.2)为细砂,再细的砂就是特细砂了。砌筑砂浆用砂一般以中砂为好。另外,还应控制砂子的含泥量和有机质等有害杂质的含量。砂浆中砂的含泥量一般不得超过 10%,当拌制 M5 以上的砂浆时,砂的含泥量不得超过 5%。由于采集和运输过程中往往混入草根、树叶和大于 5mm 的颗粒,所以砂在使用前必须过筛。

　　D　外加剂

　　外加剂在砌筑砂浆中起改善砂浆性能的作用,一般有塑化剂、抗冻剂、早强剂、防水剂等。为了提高砂浆的塑性和改善砂浆的保水性,常掺加微沫剂。微沫剂是塑化剂的一种,一般采用松香和氢氧化钠经热融制成,掺入砂浆后能产生极微细的气泡,使砂浆的塑性增大。一般微沫剂的掺量为水泥重的 0.05‰,它可以取代砂浆中的部分石灰膏,对于采用细砂拌制的砂浆尤为适宜。

　　冬季施工时,为了增大砂浆的抗冻性,一般在砂浆中掺入抗冻剂。抗冻剂有亚硝酸钠、三乙醇胺、氯盐等多种,而最简便易行的则为氯化钠——食盐。掺入食盐可以降低拌和水的冰点,起到抗冻作用。食盐掺量见表 2 - 3。

表2-3 掺盐砂浆中食盐掺量 单位:%

| 项 目 | 早7:30室外大气温度/℃ | | | |
|---|---|---|---|---|
| | 0 ~ -3 | -4 ~ -6 | -7 ~ -8 | -9 ~ -10 |
| 用于砖砌体中 | 2 | 2.5 | 3 | 3.5 |
| 用于石砌体中 | 3 | 3.5 | 4 | 4.5 |
| 零星砖砌体 | 3 | 3.5 | 4 | 4.5 |

注:1. 食盐掺量是以砂浆中的拌和水为100%计的。

　　2. 食盐必须先配制成标准浓度溶液再掺入砂浆。

为了提高砂浆的防水能力,一般在水泥砂浆中掺入3%~5%的防水剂以组成防水砂浆。防水剂应先与拌和水搅匀,再加入到水泥和砂的混合物中去,这样可以达到均匀的目的。

E 拌和用水

拌和砂浆应采用自来水或天然洁净可供饮用的水,不得使用含有油脂类物质、糖类物质、酸性或碱性物质和轻工业污染的水。因为这些有害物质将影响砂浆的凝结和硬化。如果缺乏洁净水和自来水,可以打井取水或对现有水进行净化处理。拌和水的pH值应不小于7,硫酸盐含量以$SO_4^{2-}$计不得超过水重的1%。海水因含有大量的盐分,不能用作拌和水。

### 2.1.3.4 砂浆的技术性能

砂浆拌制完成后,应有良好的和易性;在硬化后应有一定强度和黏结力。

砂浆的和易性为流动性和保水性。

A 砂浆的流动性

流动性也称为"稠度",是指砂浆在自重或外力作用下流动的性能。流动性的大小以标准圆锥体在砂浆中的沉入深度的厘米读数表示。沉入读数越大,表示砂浆流动性越大。

砂浆的流动性与胶凝材料的种类、用水量、砂子的级配与颗粒的粗细圆滑程度有关。当胶凝材料和砂子确定后,砂浆的流动性主要取决于用水量。

根据砌体类别不同,施工条件和气温不同,对砂浆的稠度要求也不同。当砖的浇水适当而气候干热时,稠度宜采用8~10;当气候湿冷,或砖浇水过多及遇雨天,稠度宜采用4~5;如砌筑毛石、块石等吸水率小的材料时,稠度宜采用5~7。

B 砂浆的保水性

砂浆的保水性是指砂浆在搅拌、运输及使用过程中,砂浆内的水分与胶凝材料及骨料分离的快慢程度的性能。

砂浆的保水性可用分层度表示。砂浆在放置时,由于砂子慢慢下沉,水分层离析到上层,则上、下层的稠度就不相同,这种差别称为砂浆的分层度。测定砂浆的分层度时,将刚拌制好的砂浆放入直径为150mm、高为300mm的容器中,测其稠度,静置30min后,去掉上层200mm砂浆,然后取出底层100mm砂浆重新拌匀,再测定砂浆稠度,两次稠度的差值就是分层度,用cm表示。保水性好的砂浆,分层度小,反之则大,一般不应大于2cm。

保水性的好与差,与砂浆的组成材料有关。砂子或水用量过多,砂子较细,胶凝材料和掺和材料少以至于不足以包裹砂子,则水分与砂及胶凝材料容易分离,砂浆分层度就大;砂子过粗,容易下沉,使水上浮,也会使分层度增大。要改善砂浆的保水性,除选择适当粒径的砂子外,还可掺入适当石灰膏、黏土以及加气剂或塑化剂。

C 砂浆的强度

砂浆在砌体中起着均匀传递压力,保证砌体整体性的作用。因此砂浆必须具有一定的强度。

砂浆的强度是以抗压强度为主要指标测定的。一般情况下,抗压强度高的砂浆,黏结强度也较高。

砂浆抗压强度试验的方法为:将按规定拌和好的砂浆灌入边长为 70.7mm 的立方体无底试模内,模下部放在预先铺好吸水性较好湿纸的普通黏土砖上,砖的含水率不应大于 2%,用直径 10mm 的钢筋棒均匀插捣砂浆 25 次,将砂浆高出试模的部分削平抹好,约一昼夜后拆模。拆模后的试块在温度为 20 ± 3℃,相对湿度 60% ~ 80% 的条件下养护至 28d 进行试压。

单个砂浆试块的抗压强度等于破坏荷载除以试块受压面积,单位为 N/mm²。规范规定,每个楼层或每 250m³ 砌体中同强度等级的砂浆,至少应取一组共 6 个试块做抗压试验,以 6 个试块的抗压强度平均值作为这批砂浆的抗压强度。

砂浆强度与下列因素有关:配合比的准确是保证砂浆强度的主要因素,加水量过大会使强度降低,因此加水量必须控制在规定的稠度范围内;塑化剂的用量超过了配合比的规定会使强度降低,尤其是松脂皂的掺量更要严格控制;砂子的颗粒级配和杂质含量会影响强度,所以一般宜用中砂,如采用细砂或含泥多的砂子会使强度降低;砂浆搅拌的均匀程度和水泥的活性对砂浆强度也有一定影响。

**D　砂浆的黏结力**

为了保证块材之间黏结牢固,砂浆应具有较好的黏结力。影响砂浆黏结力的因素有砂浆成分、水灰比、基层的湿度、基层表面的清洁和粗糙程度、操作技术和养护条件等。一般来说,砂浆的抗压强度越高,黏结力越大。

**2.1.3.5　砌筑砂浆的拌制**

砌筑砂浆的拌制应按下述要求进行:

(1)原材料必须符合要求,而且应具备完整的测试数据和书面材料。若采用质量较次的材料则应有可靠的技术措施。

(2)砂浆一般应采用机械搅拌,如果必须采用人工搅拌,宜将石灰膏先化成石灰浆,待水泥和砂子干拌均匀后,加入石灰浆,最后用水调整稠度。砂浆应翻拌 3 ~ 4 遍,直至色泽均匀、稠度一致方可认为搅拌完成。

(3)砂浆的配合比由施工技术人员提供,但常用砂浆配合比可参考表 2 - 4。

**表 2 - 4　常用砂浆配合比参考表**

| 砂浆强度等级 | 水泥标号 | 重量配合比 | 每立方米用料/kg | | |
| --- | --- | --- | --- | --- | --- |
| | | | 水 泥 | 石灰膏 | 砂 子 |
| M1 | 325 | 1:3.0:17.5 | 88.5 | 265.5 | 1500 |
| M2.5 | 325 | 1:2:12.5 | 120 | 240 | 1500 |
| M5 | 325 | 1:1:8.5 | 176 | 176 | 1500 |
| M7.5 | 325 | 1:0.8:7.2 | 207 | 166 | 1450 |
| M10 | 325 | 1:0.5:5.5 | 264 | 132 | 1450 |

配合比确定之后,应使用指示牌将各种材料的用量和配合比公布于搅拌机上料侧。这样可以使操作者明确计量,按章操作,也便利监督人员监督检查。

(4)使用时间:砌筑砂浆拌制好以后,应及时送到作业地点,做到随拌随用。一般应在 2h 之内用完,气温低于 10℃时可延长至 3h,但气温达到冬季施工条件时应按冬季施工的有关规定执行。

## 2.2　砌筑常用工具和设备

### 2.2.1　常用工具的种类和用途

常用工具可以分为两大类,一类是属于个人使用和保管的,可以称为小型工具;另一类是搅拌、运输及存放砂浆的工具,由作业班组集体使用和保管,称之为共用工具。

#### 2.2.1.1　小型工具

A　瓦刀

又叫泥刀,作涂抹、摊铺砂浆,砍削砖块及打灰条用。操作时亦可用它轻击砖块,使之与准线相吻。其形状如图2-2所示。

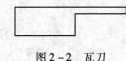

图2-2　瓦刀

B　大铲

用于铲灰、铺灰和刮浆,也可以在操作中用它随时调和砂浆。大铲以桃形者居多,也有长三角形和长方形的,是实施"三一"砌筑法的关键工具,其形状如图2-3所示。

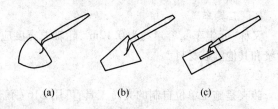

(a)　　　　(b)　　　　(c)

图2-3　大铲

(a)桃形大铲;(b)长三角形大铲;(c)长方形大铲

C　刨锛

用以打砍砖块,也可当作小锤与大铲配合使用。为了便于打"七分头"(3/4砖),有的操作者在刨锛手柄上刻一凹槽线为记号,使凹口到刨锛刃口的距离为3/4砖长,形状如图2-4所示。

D　摊灰尺

用不易变形的木材制成。操作时放在墙上控制灰缝及铺刮砂浆用,其形状如图2-5所示。

E　溜子

又叫灰匙、勾缝刀,以直径为8mm的钢筋打扁制成,并装上木柄,通常用于清水墙勾缝,形状如图2-6所示。

F　灰板

又叫托灰板,用不易变形的木材制成。在勾缝时,用它承托砂浆,形状如图2-7所示。

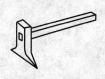　　　

图2-4　刨锛　　　图2-5　摊灰尺　　　图2-6　溜子　　　图2-7　灰板

#### 2.2.1.2　共用工具

A　筛子和铁锹

筛子主要用来筛砂。筛孔直径有4mm、6mm、8mm等数种。勾缝需用细砂时,可利用铁窗纱钉在小木框上制成小筛子使用,形状如图2-8所示。

铁锹又叫煤锹,市场上有成品出售,分为尖头和方头两种,用于挖土、装车、筛砂等工作,形状如图2-9所示。

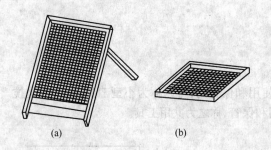

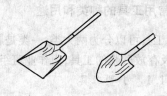

图 2-8　筛子　　　　　　　　　　　　　图 2-9　铁锹
(a)立筛;(b)小方筛

**B　工具车**

又称"元宝车",容量约为 0.12m³,轮轴总宽度应小于 900mm,以便于通过内门槛。用于运输砂浆和其他散装材料。

**C　砖夹**

砖夹是施工单位自制的夹砖工具,可用 φ16 钢筋锻造,一次可以夹起 4 块标准砖。用于装卸砖块,可以避免对手指和手掌的伤害,形状如图 2-10 所示。

**D　灰斗**

用 1~2mm 厚的黑铁皮制成,也可将大的柴油桶切成两半制成,供砖瓦工存放砂浆用。适用于"三一"砌筑法贮存砂浆,形状如图 2-11 所示。

**E　灰桶**

又叫泥桶,有木制、铁制和橡胶制三种。供短距离的传递砂浆及砖瓦工临时贮存砂浆用。当采用披灰法及摊尺法操作时,其大小以能装 10~15kg 砂浆为宜,形状如图 2-11 所示。

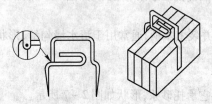

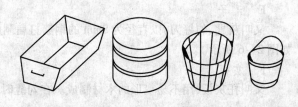

图 2-10　砖夹和砖夹的使用图　　　　　图 2-11　灰斗与灰桶

### 2.2.2　质量检测工具

**A　钢卷尺**

有 1m、2m、3m 及 30m、50m 等几种规格。砖瓦工操作宜选用 2m 的钢卷尺。钢卷尺应选用有生产许可证的厂家生产的钢卷尺。钢卷尺主要用来量测轴线尺寸、位置及墙长、墙厚,还有门窗洞口的尺寸、留洞位置尺寸等。

**B　托线板**

检查墙面垂直度和平整度用。有施工单位用木材自制的,也有铝制的市场商品型的,如图 2-12 所示。

**C　线锤**

吊挂垂直度用,主要与托线板配合使用,形状如图 2-12 所示。

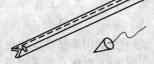

图 2-12　托线板、线锤图

D 塞尺

与托线板配合使用,以测定墙柱垂直平整度的偏差数值。

塞尺上每一格表示厚度方向1mm。使用时,托线板一侧紧贴墙或柱面,由于墙和柱面本身的平整度不够,必然与托线板产生一定的缝隙,于是用塞尺轻轻塞进缝隙,塞进几格就表示墙面或柱面偏差的数值,形状如图2-13所示。

E 水平尺

用铁和铝合金制作,中间镶嵌玻璃水准管,用来检查砌体对于水平的偏差,形状如图2-13所示。

F 准线

是砌墙时拉的细线。一般使用直径为0.5~1mm的尼龙线或弦线,一是用于墙体砌筑,二是用来检查水平灰缝的平直度。

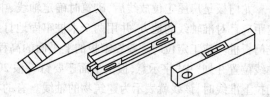

图2-13 塞尺、水平尺

G 百格网

用于检查砌体水平缝砂浆饱满度的工具。可用铁丝编制锡焊而成,也有在有机玻璃上划格而成,其规格为一块标准砖的大面尺寸,即115mm×240mm。将其长度、宽度方向各分成10格,画成100个小格,故称百格网,形状如图2-14(a)所示。

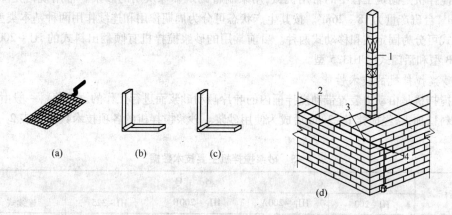

图2-14 百格网、方尺、皮数杆
(a)百格网;(b)阳角方尺;(c)阴角方尺;(d)皮数杆
1—皮数杆;2—准线;3—竹竿;4—圆铁钉

H 方尺

用木材制成边长为200mm的直角尺,有阴角和阳角两种。分别用于检查砌体转角的方整程度,形状如图2-14(b)、(c)所示。

I 皮数杆

皮数杆是墙体砌筑时在高度方向的基准,分基础用和地上用两种。基础用的皮数杆比较简单,一般使用30mm见方的小木杆,由现场施工员绘制,如图2-14(d)所示。一般在浇灌混凝土条形基础时,先在要立皮数杆的地方预埋一根小木桩,到砌筑基础墙时,将画好的皮数杆钉到小木桩上。皮数杆顶应高出防潮层的位置,杆上要画出砖皮数、地圈梁、防潮层的位置,并标出高度和厚度,皮数杆上砖层还要按顺序编号。但要掌握好一点,即画到防潮层底的标高处,砖层必须是整皮数。如果条形基础垫层表面不平,可以在一开始砌砖时就用细石混凝土找平。

±0.00以上的皮数杆也称大皮数杆。皮数杆是砖墙、砖柱等控制竖向尺寸和做法的依据,现在一般由施工人员经计算排画,经质量人员检验合格后方可使用。一幢房屋使用皮数杆的多少,是根据房屋大小和平面复杂程度而定的,一般要求转角处和施工段分界处设立皮数杆。当为一道通长的墙身时,皮数杆的间距要求不大于20m。如果房屋构造比较复杂,皮数杆应该编号,钉皮数杆时要按编号对号入座。

J　龙门板

龙门板是房屋定位放线后,砌筑时确定轴线、中心线标准的依据。它设置在离建筑物轴线一定距离且对准轴线的地方,并用两个木桩牢固地打入土内。在两个木桩上横钉一块板,形成一个龙门板桩。施工定位时一般要求板的上平面的高程即为建筑物的相对标高±0.00。在板上划出轴线位置并划"中"字示意,板上平面还要钉一根20～25mm长的钉子。在两个相对的龙门板之间拉上准线时,该线就表示为建筑物的轴线。有的在"中"字的两侧还分别划出墙身宽度位置线和大放角排底宽度位置线,以便操作人员检查核对。施工中严禁碰撞和踩踏龙门板,不允许在龙门板上坐人等等。建筑物基础施工完毕,把轴线、标高等标志引测到基础墙上去之后,方可拆除龙门板桩并回收使用。

### 2.2.3　常用机械设备

#### 2.2.3.1　砂浆搅拌机

砂浆搅拌机是砌筑工程中的常用机械,用来制备砌筑和抹灰用的砂浆。常用规格是$0.2m^3$和$0.325m^3$,台班产量为18～$26m^3$。按其生产状态可分为周期作用和连续作用两种基本类型;按其安装方式可分为固定式和移动式两种。目前常用的砂浆搅拌机有倾翻出料式的HJ－200型、$HJ_1$－200B型和活门式的HJ325型。

A　砂浆搅拌机的技术性能

砂浆搅拌机是由动力装置带动搅拌桶内的叶片翻动砂浆而进行工作的。砂浆料一般由操作人员在进料口加入,经搅拌1～2min后成为使用砂浆。砂浆搅拌机的各项技术数据如表2－5所示。

**表2－5　砂浆搅拌机主要技术数据**

| 技术指标 | | 型　号 | | | | |
|---|---|---|---|---|---|---|
| | | HJ－200 | $HJ_1$－200A | $HJ_1$－200B | HJ－325 | 连续式 |
| 容量/L | | 200 | 200 | 200 | 325 | |
| 搅拌叶片转速/r·$min^{-1}$ | | 30～32 | 28～30 | 34 | 30 | 383 |
| 搅拌时间/min | | 2 | | 2 | | |
| 生产率/$m^3$·$h^{-1}$ | | | | 3 | 6 | $16m^3$/班 |
| 电机 | 型号 | $JO_2$－42－4 | $JO_2$－41－6 | $JO_2$－32－4 | $JO_2$－32－4 | $JO_2$－32－6 |
| | 功率/kW | 2.8 | 3 | 3 | 3 | 3 |
| | 转速/r·$min^{-1}$ | 1450 | 950 | 1430 | 1430 | 1430 |
| 外形尺寸/mm | 长 | 2200 | 2000 | 1620 | 2700 | 610 |
| | 宽 | 1120 | 1100 | 850 | 1700 | 415 |
| | 高 | 1430 | 1100 | 1050 | 1350 | 760 |
| 自重/kg | | 590 | 680 | 560 | 760 | 180 |

B 砂浆搅拌机的操作要求

(1)机械安装的地方应平整夯实,机器本身安装要平稳、牢固。

(2)安装移动式砂浆机时,行走轮要离开地面,机座要高出地面一定距离,以便出料。

(3)开机前应先检查电器设备的绝缘和接地是否良好,皮带轮和齿轮必须有防护罩。

(4)开机前应先对机械需润滑的部位加油润滑,并检查机械各部件是否正常。

(5)工作时机械先空载转动 1min,检查其传动装置工作是否正常,而后在确保正常状态下再加料搅拌。搅拌时要边加料边加水,所有砂子必须过筛,避免过大粒径的颗粒卡住叶片。

(6)加料时,操作工具(如铁锹等)不能碰撞搅拌叶片,更不能在转动时把工具伸进机内扒料。

(7)工作完毕必须把搅拌机清洗干净。

(8)机器应搭工作棚,以防雨淋日晒,冬期还应有挡风保暖设施。

### 2.2.3.2 垂直运输设备

A 龙门架

是由两根立杆和横梁构成的门式架。目前常用的有组合立杆龙门架和钢管龙门架。组合立杆龙门架的立杆由角钢组成,这种龙门架可用于 7 ~ 8 层建筑物的施工。钢管龙门架的立杆由直径 200 ~ 250mm 的钢管制作,每节钢管长 3 ~ 5m,两端焊上法兰,然后安装接长而成。因钢管龙门架的刚度较差,一般用于 5 层以下的房屋施工。

因龙门架的吊篮突出在立杆以外,要求吊篮周围必须有护栏以确保施工人员安全。同时在立杆上部做伸出的角钢支架,配上滚杠作为吊篮到达使用层后临时搁放的安全装置。

B 塔式起重机

塔式起重机又名塔吊,它是由竖直塔身、起重臂、平衡臂、基座、平衡座、卷扬机及电器设备组成的较庞大机器。由于它具有回转 360° 的功能及较高的高度,因此形成了一个很大的工作空间,是垂直运输机械中工作效率较高的机械设备。塔式起重机有固定式和行走式两类。由于塔式起重机起重量大,操作比较复杂,因此必须由经过专职培训的专业人员驾驶操作,并需专门指挥人员指挥塔吊吊装的施工。

## 2.2.4 砌筑工程的辅助设施——脚手架

### 2.2.4.1 脚手架的作用与要求

A 脚手架的作用

脚手架又称架子。建筑施工离不开脚手架,工人在脚手架上进行施工作业,在脚手架上堆放建筑材料和工具,有时还要在脚手架上作短距离水平运输。同时,脚手架搭设质量对施工人员的人身安全、工程进度和工程质量有直接的影响,如果脚手架搭设得不牢固或质量不好,不但架子起重工自己容易发生安全事故,而且对其他工种和施工人员也会造成危害,脚手架搭设得不及时会影响施工进度,脚手架搭设得不合适,会使工人操作不便,也会影响工作效率和工程质量,因此,要特别重视脚手架的搭设质量。

B 搭设脚手架的基本要求

无论搭设哪一种脚手架,必须满足以下几点:

(1)脚手架要有足够的坚固性和稳定性,在建筑施工期间,脚手架在允许荷载和气候作用下,不产生变形、倾斜或摇晃,要确保施工人员的人身安全。

(2)脚手架要有足够的面积,要能满足施工人员操作、材料堆放以及车辆行驶的需求。

(3)脚手架搭设要构造简单、拆迁方便,并且脚手架应能多次周转使用。

（4）搭设脚手架所用的材料规格和质量必须符合安全技术操作规程。

（5）脚手架构造必须合乎脚手架安全技术操作规程,同时要注意多立杆式脚手架的绑扎扣和螺栓的拧紧程度,桥式脚手架的节点质量,吊、挂式脚手架的挑梁、挑架、挂钩和吊索的质量等。

（6）搭设脚手架要有牢固和足够的连墙点,以保证整个脚手架的稳定。

（7）脚手架的脚手板要铺满、铺稳,不能有空头板。

（8）多立杆式单排脚手架要按规定留设脚手眼。

（9）垂直运输架的缆风绳应按规定拉好,锚固牢靠。

### 2.2.4.2　脚手架的分类

脚手架按用途可分为砌墙脚手架和装饰脚手架两大类;按搭设位置可分为外脚手架和里脚手架;按使用材料可分为木脚手架、竹脚手架和金属脚手架;按构造形式可分为立杆式、框式、吊挂式、悬挑式、工具式等多种。其中,立杆式脚手架使用最为普遍。立杆式脚手架是由立杆、大横杆、小横杆、斜撑、抛撑、剪刀撑等组合而成的。立杆式脚手架一般用于外墙,按立杆排数不同又可分为单排、双排和多排。多排脚手架采用里外两排立杆,除与墙有一定的拉结点外,整个架子自成体系,可以先搭好架子再砌墙体。单排脚手架只有一排立杆,小横杆伸入墙体,与墙体共同组成一个体系,所以要随着砌体的升高而升高。

### 2.2.4.3　各种脚手架的构造

#### A　钢管脚手架

（1）钢管脚手架的用料要求:钢管井字架一般采用外径为 48 ~ 51mm,壁厚为 3 ~ 3.5mm,长度为 4 ~ 6.5m 的焊接钢管拼装搭设。它具有搭拆灵活、安全度高、使用方便等优点,是目前建筑施工中大量采用的一种脚手架。

（2）扣件的种类和用途:扣件形式有三种,即回转扣件、十字形扣件、一字形扣件。回转扣件用于连接扣紧两根呈任意角度相交的杆件,如立杆与十字盖的连接;十字形扣件又叫直角扣件,用于连接扣紧两根垂直相交的杆件,如立杆与大横杆、大横杆与小横杆的连接;一字形扣件又称对接扣件,用于两根杆件的对接接长,如立杆、大横杆的接长。

（3）底座的规格和用途:扣件式钢管脚手架的底座由套管和底板焊成。套管一般用外径为57mm,壁厚为 3.5mm（或用外径为 60mm,壁厚为 3 ~ 4mm）,长度为 150mm 的钢管制成;底板一般用边长（或直径）为 150mm,厚为 8mm 的钢板制成,其作用是垫住立杆,防止立杆下沉。

（4）钢管脚手架的构造:扣件式钢管脚手架由立杆（及底座与木板）、大横杆（及扫地杆）、小横杆（及连墙杆）、剪刀撑、斜撑（高度大于 24m 时设置）、斜道以及脚手板（及挡脚板）、护栏（及安全网）等组成,施工初始还要施加临时抛撑。

钢管脚手架既可以搭成单排脚手架,也可以搭成双排或多排脚手架,搭设的技术要求见表 2 - 6。

表 2 - 6　扣件式钢管脚手架搭设技术要求

| 杆件名称 | 规格/m | 构造要求 |
| --- | --- | --- |
| 立杆 | 长 4.5 ~ 6 | 纵向间距≤2m,横向间距:立杆离墙 1.2 ~ 1.4m,双排时内排立杆离墙 0.4m,外排立杆离墙 1.7m |
| 大横杆 | 长 4.5 ~ 6 | 间距 1.8m(1m 高设扶手栏杆),接头要错开,用一字扣连接,大横杆与立杆用十字扣连接 |
| 小横杆 | 长 2 ~ 2.3 | 间距≤1.5m,单排时一端搁入墙内 240mm,一头搁在大横杆上,并至少伸出大横杆 100mm,双排时里端离墙 100mm,小横杆用十字扣连接,三步以上时,小横杆加长,与墙拉接 |
| 剪刀撑 | 长 4.5 ~ 6 | 设置在脚手架的端头,转角和沿着纵向每隔 30m 处从底到顶连续布置,与地面呈 45° ~ 60°夹角,与立杆(或小横杆探头)用回转扣件连接 |

B 工具式里脚手架

里脚手架是搭设在建筑物内部的一种脚手架。里脚手架可以用钢管搭设,也可以用竹木等材料搭设。墙体高度在3m以内的砌筑操作中,最方便、费用最节约的还是各种工具式脚手架,将脚手架搭设在各层楼板上,待砌完一个楼层的墙体,即将脚手架全部运送到上一个楼层上。使用里脚手架,每一层只需搭设2～3个步架。里脚手架所用工料较少,比较经济,因而被广泛应用。但是,里脚手架砌外墙时,特别是砌清水墙时,工人在外墙的内侧操作,要保证外侧表面的平整度、灰缝平直度及不出现游丁走缝现象,对工人的操作技术要求较高。

工具式里脚手架一般有折叠式、支柱式、门架式、马凳等多种形式。搭设时,在两个里脚手架上搁上脚手板,即可堆料和上人进行砌墙操作。

#### 2.2.4.4 脚手架的使用要求

(1)脚手架应由专业架子工搭设,未经验收检查的不能使用。使用中未经专业搭设负责人同意,不得随意自搭飞跳或自行拆除某些杆件。

(2)当墙身砌筑高度超过地坪1.2m时,应由架子工搭设脚手架。一层以上或4m以上高度时应架设安全网。

(3)脚手架上所设的各类安全设施,如安全网、安全维护栏杆等不得随意拆除。

(4)在架子上砌砖时,允许堆料荷载应不超过2700N/m²。堆砖不能超过3层,砖要顶头朝外码放。灰斗和其他材料应分散放置,以保证使用安全。

(5)上下脚手架应走斜道或梯子,不准翻爬脚手架。

(6)脚手架上有霜雪时,应清扫干净方可砌筑操作。

(7)大雨或大风后要仔细检查整个脚手架,发现沉降、变形、偏斜应立即报告,经纠正加固后才能使用。

## 2.3 实心砖砌体的组砌方法

### 2.3.1 砖砌体的组砌原则

砖砌体是由砖块和砂浆通过各种形式的组合而搭砌成的整体。要想组砌成牢固的整体,必须遵循下面的三个原则:

A 砌体必须错缝

砖砌体是由一块一块的砖,利用砂浆作为填缝和黏结材料,组砌而成的。为了使它们能共同作用,必须错缝搭接。砖块最少应错缝1/4砖长,才符合错缝搭接要求,如图2-15所示。

B 控制水平缝厚度

灰缝一般规定为10mm,最大不得超过12mm,最小不得小于8mm。水平灰缝如果太厚,不仅使砌体产生过大的压缩变形,还可能使砌体产生滑移,对墙体结构十分不利。而水平灰缝如果太薄,则不能保证砂浆的饱满度,对墙体的黏结整体性产生不利影响。垂直灰缝太厚或太薄都会影响整体性。如果两块砖紧紧挤在一起,没有灰缝(俗称瞎缝),那就更影响砌体的整体性了。

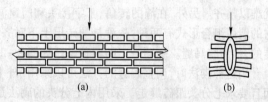

(a)                    (b)

图2-15 砌体的错缝

(a)咬合错缝;(b)不咬合

C 墙体之间的连接至关重要

一幢房屋的墙体,一般都是纵横交错的。通过墙体的互相支撑和拉接,形成所需要的空间,才能组成房屋的整体结构,所以墙体的连接是至关重要的。两道相接墙体(包括基础墙)最好同时砌筑,如果不能同时砌筑,应在墙上留出接槎(俗称留槎)。后砌的墙体要镶入接槎内(俗称咬槎)。砖墙接槎的好坏,对整个房屋的稳定性相当重要,接槎不符合要求时,在砌体受到外力作用和震动后会在墙体之间产生裂缝。正常的接槎,规范规定采用两种形式:一种是斜槎,又叫踏步槎,用于不能同时砌筑的纵横承重墙中;另一种是直槎,又叫马牙槎,用于不能同时砌筑的纵横与承重墙相交的隔墙中。凡留直槎时,必须在竖向每隔500mm 配 φ6 钢筋(每 12cm 墙厚放置一根)作为拉接筋,拉接筋伸出及在墙内各 500mm 长。斜槎与直槎的做法如图 2 -16 所示。

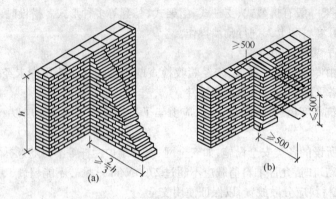

图 2 -16   斜槎与直槎
(a)斜槎;(b)直槎

## 2. 3. 2   砌体中砖及灰缝的名称

一块砖有三个两两相等的面,最大的面叫做大面,长的一面叫做条面,短的一面叫做丁面。

砖砌入墙内后,条面朝向操作者的叫顺砖,丁面朝向操作者的叫丁砖,还有立砖和陡砖等的分别,具体详见图 2 -17 所示。

## 2. 3. 3   实心砖的组砌方法

### 2. 3. 3. 1   一顺一丁组砌法

这是最常见的一种组砌法,有的地方叫满丁满条组砌法。一顺一丁组砌法是由一皮顺砖,一皮丁砖间隔组砌而成的。上下皮之间的竖向灰缝都相互错开 1/4 砖长。这种砌法效率较高,操作较易掌握,墙面平整度也容易控制。缺点是对砖的规格要求较高,如果规格不一致,竖向灰缝就难以整齐。另外,在墙的转角,丁字接头和门窗洞口处都要砍砖,这在一定程度上影响了工效。它的墙面组合形式有两种:一种是顺砖层上下对齐的,称为十字缝;另一种是顺砖层上下错开半砖的,称为骑马缝。一顺一丁的两种砌法如图 2 -18 所示。

用这种砌法时,调整砖缝的方法可以采用"外七分头"或"内七分头",但一般都用外七分头,而且要求七分头跟砖缝走。采用内七分头的砌法是在大角上先放整砖,可以先把准线提起来,让同一条准线上操作的其他人先开始砌砖,以便加快整砖砌筑速度。但转角处有 1/2 砖长的"花槽"出现通天缝,一定程度上影响了砌体的质量。一顺一丁墙大角砌法如图2 -19、图 2 -20、图2 -21所示。

### 2. 3. 3. 2   梅花丁砌法

梅花丁又称沙包式。这种砌法是在同一皮砖上采用两块顺砖夹一块丁砖的砌法,上下两皮

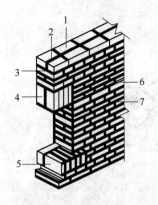

图 2-17 砖墙的构造
1—顺砖;2—花槽;3—丁砖;4—立砖;
5—陡砖;6—水平灰缝;7—竖直灰缝

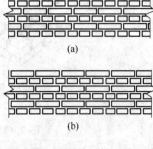

图 2-18 一顺一丁的两种砌法
(a)十字缝;(b)骑马缝

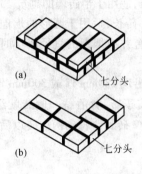

图 2-19 一顺一丁墙大角砌法(一砖墙)
(a)双数层;(b)单数层

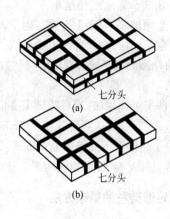

图 2-20 一顺一丁墙大角砌法(一砖半墙)
(a)双数层;(b)单数层

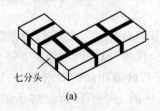

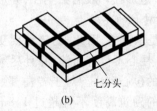

图 2-21 一顺一丁内七分做法
(a)单数层;(b)双数层

砖的竖向灰缝错开 1/4 砖长。梅花丁砌法的内外竖向灰缝每皮都能错开,竖向灰缝容易对齐,墙面容易控制平整。当砖的规格不一时(一般的长度方向容易出现超长,而宽度方向容易出现缩小的现象),更显示出其能控制竖向灰缝的优越性。这种砌法灰缝整齐,美观,尤其适宜于清水外墙,但工效较低。梅花丁的组砌方法如图 2-22 所示,梅花丁墙大

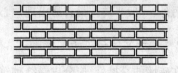

图 2-22 梅花丁砌法

角砌法如图 2 - 23 所示。

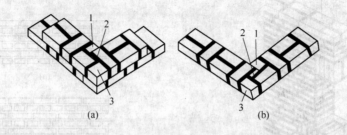

图 2 - 23　梅花丁墙大角砌法(一砖墙)
(a)双数层;(b)单数层
1—半砖;2—1/4 砖;3—七分头

### 2.3.3.3　其他几种组砌方法

(1)全顺砌法:全部采用顺砖砌筑,每皮砖搭接 1/2 砖长,适用于半砖墙的砌筑。

(2)全丁砌法:全部采用丁砖砌筑,每皮砖上下搭接 1/4 砖长,适用于圆形的烟囱和窑井等。一般采用外圆放宽竖缝,内圆缩小竖缝的办法形成圆弧,当窑井或烟囱的直径较小时,砖要砍成楔形砌筑。

(3)两平一侧砌法:当有特殊需要时,设计图纸中可能出现 180mm 厚或 300mm 厚的墙。连砌两皮顺砖,背后贴一侧砖就组成 180mm 厚的墙;连砌两皮丁砖,背后贴一侧砖就组成 300mm 厚的墙。丁砖层上下皮搭接 1/4 砖长,顺砖层上下皮搭接 1/2 砖长。每砌两皮砖以后,将平砌砖和侧砌砖里外互换,即可组成两平一侧砌体。

## 2.3.4　矩形砖柱的组砌方法

### 2.3.4.1　砖柱的形式

砖柱一般分为矩形、圆形、正多边形和异形等几种。矩形砖柱分为独立柱和附壁柱两类;圆形柱和正多边形柱一般为独立柱;异形砖柱较少,现在通常由钢筋混凝土柱代替。

### 2.3.4.2　对砖柱的要求

砖柱一般都是承重的,因此,比砖墙要更认真地砌筑。要求柱面上下各皮砖的竖缝至少错开 1/4 砖长,柱心不得有通缝,并且尽量少打砖,也可以利用 1/4 砖。绝对不能采用先砌四周砖后填心的包心砌法。对于砖柱,除了与砖墙相同的要求以外,应尽量选用整砖砌筑。每个工作班的砌筑高度不宜超过 1.8m,柱面上下不得留设脚手眼,如果是成排的砖柱,必须拉通线砌筑,以防发生扭转和错位。对于清水墙配清水柱,要求水平灰缝在同一标高上。

### 2.3.4.3　矩形柱的组砌方法

矩形柱的组砌方法如图 2 - 24 所示,矩形附墙砖柱的组砌方法如图 2 - 25 所示。

另外,一般半砖柱最容易出现包心砌法的毛病,其错误做法如图 2 - 26 所示。

## 2.3.5　丁字交接与十字交接砌法

在砖墙的交接处,应分皮错缝砌筑,内角相交处立缝应错开 1/4 砖长。满丁满条墙的丁字交接与十字交接处砌法如图 2 - 27、图 2 - 28、图 2 - 29 所示。

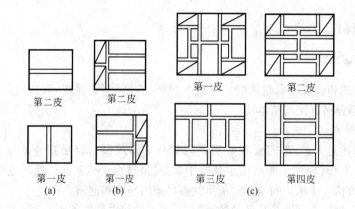

图 2-24 矩形独立柱的组砌形式

(a)240×240；(b)365×365；(c)490×490

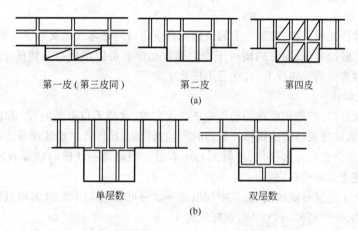

图 2-25 矩形附墙柱的组砌形式

(a)墙附120×365砖垛；(b)墙附240×365砖垛

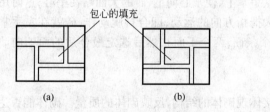

图 2-26 一砖半矩形柱的错误做法

(a)第一皮；(b)第二皮

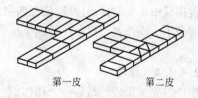

图 2-27 丁字墙交接砌法(240墙)

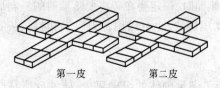

图 2-28 十字墙交接砌法(240墙)

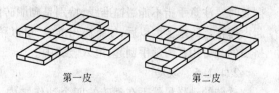

图 2-29 十字墙交接砌法(370墙)

## 2.4　砌砖的操作方法

### 2.4.1　砌砖的基本功

砖砌体是由砖和砂浆共同组成的。每砌一块砖,需经铲灰、铺灰、取砖、摆砖 4 个动作来完成,这 4 个动作就是砖瓦工的基本功。

#### 2.4.1.1　铲灰

无论是瓦刀还是大铲,都需要在盛灰器内铲灰。盛灰器可以是灰斗或半截柴油桶(大灰桶),也可以是小灰桶(俗称泥桶),在小灰桶中取灰,最适宜于披灰法砌筑。这里仅介绍从灰斗中取灰、铲灰的方法。手法正确、熟练,灰浆就容易铺的平整和饱满。

用瓦刀铲灰时,因为瓦刀是长条形的,铲在瓦刀上的灰也呈长条形。一般可将瓦刀贴近灰斗的长边(靠近操作者的一边)顺长取灰,这样就可以取得长条形的灰。同时还要掌握好取灰的数量,尽量做到一刀灰一块砖。

#### 2.4.1.2　铺灰

铺灰这一动作比较关键,砌筑速度的快慢和砌筑质量的好坏与铺灰有很大关系。灰铺得好,砌起砖来会觉得轻松自如,砌好的墙也干净利落。初学者可以单独在一块砖上练习铺灰,砖平放,铲一刀灰,顺着砖的长向放上去,然后用挤浆法砌筑。

#### 2.4.1.3　取砖

用挤浆法操作时,铲灰和取砖的动作应该一次完成,这样不仅节约时间,而且减少了弯腰的次数,也使操作者能比较持久地操作。取砖时应包括选砖,操作者对摆放在身边的砖要进行全面的观察,哪些砖适合砌在什么部位,要做到心中有数。当取第一块砖时就要看准要用的下一块砖,这样,操作起来就能得心应手。

砖在脚手架上是紧排侧放的,要从中间取出一块砖可能比较困难,这时可以用瓦刀或大铲去勾一下砖的外面,使砖翘起一个角度,就好取砖了。

所谓拿到合适的砖是对砖的外观质量而言,如砌清水墙,正面必须颜色一致、棱角整齐,这时就要求操作者将托在手掌上的砖用旋转的方法来选择砖面,这也是砖瓦工必须掌握的基本技术之一。初学时可以用一块砖练,将砖平托在左手掌上,使掌心向上,砖的大面贴在手心,这时用该手的食指或中指稍勾砖的边棱,依靠四指向大拇指方向的运动,配合抖腕动作,砖就在左手掌心旋转起来了。操作者可观察砖的四个面(两个条面,两个丁面),然后选定最合适的面朝向墙的外侧。

#### 2.4.1.4　摆砖

摆砖是完成砌砖的最后一个动作,它直接体现砌体的结构,反映砌体的质量。砌体能否达到横平竖直、错缝搭接、灰浆饱满、整洁美观的要求,关键应在摆砖上下工夫。

练习时可单独在一段墙上操作,操作者的身体要求同墙皮保持 20cm 左右的距离,手必须握住砖的中间部分,摆放前用瓦刀粘少量灰浆刮到砖的墙头上,抹上“碰头灰”,使竖向砂浆饱满。摆放时要注意手指不能碰撞准线,特别是砌顺砖的外侧面时,一定要在砖将要落墙时的一刹那跷起大拇指。砖摆上墙以后,如果高出准线,可以稍稍揉压砖块,也可以用瓦刀轻轻扣打。灰缝中挤出的灰可用瓦刀随手刮起,甩入竖缝中。

#### 2.4.1.5　砍砖

砍砖的动作虽然不在砌砖的四个动作之内,但为了满足砌体的组砌要求,砖的砍凿是必要的。砍凿一般用瓦刀或刨锛作为砍凿工具,当所需形状比较特殊且使用数量较多时,也可以利用扁头钢凿、尖头钢凿配合手锤开凿。尺寸的控制一般是利用砖作为模数来进行划线的,其中七分头用得最多,可以在瓦刀柄和刨锛把上先量好位置,刻好标记槽,以便提高工效。

A 七分头的砍凿方法

(1)选砖:准备开凿的砖要求外观平整,无缺楞、掉角、裂缝,也不能用过火砖和欠火砖。符合这些条件后,应一手持砖,一手用瓦刀或刨锛轻轻敲击砖的大面,若声音清脆即为好砖,砍凿效果好,若发出"壳壳壳"的声音,即表明内部质地不均,不可砍凿。

(2)标定砍凿位置:当使用瓦刀砍凿时,一手持砖使条面向上,以瓦刀所刻标记处伸量一下砖块,在相应长度位置用瓦刀轻轻划一下,然后用力斩一、两刀即可完成;当使用刨锛时,一手持砖使条面向上,以刨锛砍凿划痕处,一般1~2下即可砍下二分头。以上两个动作在实际操作时是紧紧相连的,只需2~3s的时间。

B 二寸条的砍凿方法

二寸条俗称半半砖(约5.7cm×24cm),是比较难以砍凿的。目前电动工具发达,可以用电动工具来切割,也可以用手工方法砍凿。

a 瓦刀刨锛法

瓦刀刨锛法在砍凿时同样要通过选砖和砍凿两个步骤来完成。

选砖的方法和步骤与挑选砍七分头的砖一样,但是二寸条更难砍凿,所以对所选的砖要求更高。选好砖以后,利用另一块砖作为尺模,在要砍凿的砖的两个大面上都划好刻痕(印子),再用瓦刀或刨锛在砖的两个丁面各砍一下,然后用瓦刀的刃口尖端或刨锛的刃口轻轻叩打砖的两个大面,并逐步增加叩打的力量,最后在砖的两个丁面用力砍凿一下,两寸条即可砍成。

b 手锤钢凿法

手锤钢凿法利用手锤和钢凿配合,能减少砖的破碎损耗,也是砍凿耐火砖的常用方法。

初学者可能对瓦刀刨锛法还缺乏一定的经验和技能,所以可以利用手锤和钢凿的配合来加工二寸条。另外,当二寸条的使用较多时,为了避免材料的不必要损耗,也可指定专人利用手锤钢凿集中加工。

集中开凿时,最好在地上垫好麻袋或草袋等,使开凿力量能够均匀分布,然后将砖块大面朝上,平放于麻袋上,操作者用脚顶踩砖的丁面,左手持凿,右手持锤,轻轻开凿。一般先用尖头钢凿顺砖的丁面→大面→另一丁面→另一大面轻轻密排打凿一遍,然后以钢凿顺已开凿的印子打凿即能凿开。

总之,无论是以手持砖并旋转,还是砖的开凿,都需要一定的基本功。基本功是靠勤学苦练才能学到手的,要求初学者花很大的工夫在枯燥乏味的基本功练习上,而不能仅仅满足于书本知识。只有这样,才能尽快地提高自己的实际操作能力。

### 2.4.2 "三一"砌筑法

所谓"三一"砌筑法是指一铲灰、一块砖、一挤揉这三个"一"的动作过程。

"三一"砌筑法可分解为铲灰、取砖、转身、铺灰、挤揉和将余灰甩入竖缝6个动作,如图2-30所示。

#### 2.4.2.1 "三一"砌筑法的步法

一般的步法是操作者背向前进方向,斜站成步距约0.8米的丁字步,以便随着砌筑部位的变化,取砖、铲灰时身体能灵活转动。一个丁字步可以完成1m长的砌筑工作量。在砌离身体较远的砖墙时,身体重心放在前足,后足跟可以略微抬起;砌到近身部位时,身体重心移到后腿,前腿逐渐后缩。在完成1m工作量后,前足后移半步,人体正面对墙,还可以砌500mm,这时铲灰,砌

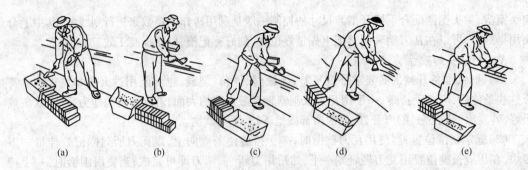

图 2 – 30 "三一"砌筑法的动作分解
(a)铲灰取砖;(b)转身;(c)铺灰;(d)挤压;(e)余灰甩入

砖脚步可以以后足为轴心稍微转动,砌完
1.5m 长的墙,人就移动一个工作段。这种砌
法的优点是操作者的视线能看着已砌好的
墙面,因此,便于检查墙面的平直度,并能及
时纠正,但因为人斜向墙面,竖缝不易看准,
因此,要严加注意。"三一"砌筑法的步法如
图 2 – 31 所示。

#### 2.4.2.2 "三一"砌筑法的手法
"三一"砌筑法的手法有 6 种,如图 2 –32 所示。

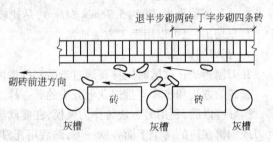

图 2 – 31 "三一"砌筑法的步法

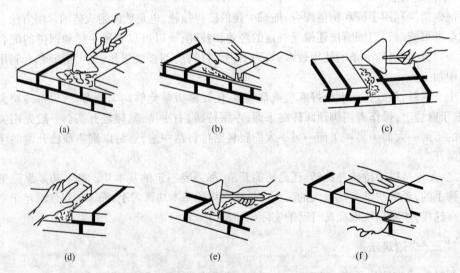

图 2 – 32 "三一"砌筑法的手法
(a)条砖正手甩浆手法;(b)一带二条砖挤揉浆手法;(c)丁砖正手甩浆手法;(d)丁砖一带三条头灰挤揉浆手法;
(e)丁砖反手甩浆手法;(f)条砖揉灰挤揉灰刮浆手法

#### 2.4.2.3 操作环境布置
砖和灰斗在操作面上的安放位置,应方便操作者砌筑,若安放不当会打乱操作者步法,增加
砌筑中的多余动作。

灰斗的放置由墙角开始,第一个灰斗布置在离大角 60 ~ 80cm 处,沿墙的灰斗距离为 1.5m

左右,灰斗之间码放两排砖,要求排放整齐,遇有门窗洞口处可不放料,灰斗位置相应退出窗口边60～80cm,材料与墙之间留出50cm,作为操作者的工作面。砖和砂浆的运输在墙内楼面上进行。灰斗和砖的排放如图2－33所示。

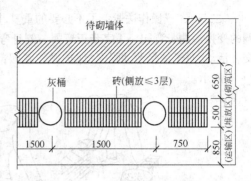

图2－33 灰斗和砖的排放

### 2.4.3 "二三八一"操作法

"二三八一"操作法就是把瓦工砌砖的动作过程归纳为两种步法、三种弯腰姿势、八种铺灰手法、一种挤浆动作,也叫做"二三八一"砌砖动作规范,简称"二三八一"操作(砌筑)法。

经过仔细分析,认为砌一块砖要有17种动作:90°弯腰—在灰斗内翻拌砂浆—选砖—拿砖—转身—移步—把砂浆扣在砌筑面上—用铲推平砂浆—敲砖—第一次刮取灰缝中挤出的余浆—将余浆甩入碰头竖缝内—第二次敲砖—第二次刮取余浆—将余浆甩入灰斗内。这是根据一般砖瓦工的操作进行分解的,由此发现砌一块砖实在太复杂了,而瓦工一天要砌1000多块砖,特别容易疲劳,于是根据人体工程学的原理,对使用大铲砌砖的一系列动作进行合并,并使动作科学化。按此办法进行砌砖,不仅能提高功效,而且人也不容易疲劳。

#### 2.4.3.1 两种步法

在总结"三一"砌筑法的基础上,对步法进行了分析,并规定了比较轻松的两种步法,那就是丁字步和并列步。

砌砖时采用"拉槽砌法",操作者背向砌砖前进方向退步砌筑。开始砌筑时,人斜站成丁字步,左足在前,右足在后,后腿紧靠灰斗。这种站立的方法稳定有力,可以适应砌筑部位的远近高低变化,只要把身体的重心在前后之间变换,就可以完成砌筑任务。

后腿靠近灰斗以后,右手自然下垂,就可以方便地在灰斗中取灰。左足绕足跟稍微转动一下,又可以方便地取到砖块。

砌到近身以后,左足后撤半步,右足稍稍移动即成为并列步,操作者基本上面对墙身,又可完成50cm长的砖墙砌筑。在并列步时,靠两足的稍稍旋转来完成取灰和取砖的动作。

一段砌体全部砌完后,左足后撤半步,右足后撤一步,又第二次站成丁字步,再继续重复前面的动作。每一次的步法循环,可以砌完1.5m长的墙。这一点与"三一"砌筑法是一样的。

#### 2.4.3.2 三种弯腰姿势

A 侧身弯腰

当操作者站成丁字步的姿势铲灰和取砖时,应采取侧身弯腰的动作,利用后腿微弯、斜肩和侧身弯腰来降低身体的高度,以达到铲灰和取砖的目的。侧身弯腰时动作时间短,腰部只承担轻度负荷。在完成铲灰取砖后,可借助伸直后腿和转身的动作,使身体重心移动向前腿而转换成正弯腰(砌低矮墙时)。

由于动作连贯,腿、肩、腰三部分形成了复合的肌肉活动,从而减轻了单一弯腰的劳动强度。

B 丁字步正弯腰

当操作者站成丁字步,并砌筑离身体较远的矮墙时,应采用丁字步正弯腰动作。

C 并列步正弯腰

丁字步正弯腰时重心在前腿,当砌到近身砖墙并改成并列步砌筑时,操作者就应采用并列步正弯腰动作。

　　"二三八一"操作法避免了不必要的重复,同时各种弯腰姿势根据砌筑部位的不同而进行协调的变换。侧身弯腰→丁字步正弯腰→侧身弯腰→并列步正弯腰的交替变换,可以使腰部肌肉交替活动,对于减轻劳动强度、保护操作者腰部健康是有益的。三种弯腰姿势的动作分解如图2-34所示。

(a)　　　　　　　　(b)　　　　　　　　(c)

(d)　　　　　　　　(e)　　　　　　　　(f)

图2-34　三种弯腰的动作分解

(a)丁字步弯腰;(b)丁字步弯腰;(c)并列步正弯腰;
(d)侧身弯腰;(e)侧身弯腰;(f)丁字步弯腰

### 2.4.3.3　八种铺灰手法

**A　砌条砖时的三种手法**

**a　甩法**

　　甩法是"三一"砌筑法中的基本手法,适用于砌离身体部位低而远的墙体。铲取的砂浆要求呈条状均匀落下,甩灰的动作分解如图2-35所示。

**b　扣法**

　　扣法适用于砌近身和较高部位的墙体,人站成并列步。铲灰时以后腿足跟为轴心转向灰斗,转过身来反铲扣出灰条,铲面的运动路线与甩法正好相反,也可以说是一种反甩法,尤其在砌低矮的近身墙时更是如此。扣灰时手心向下,利用手臂的前推力扣落砂浆,其动作形式如图2-36所示。

图2-35　砌条砖"甩"的铺灰动作分解

**c　泼法**

　　泼法适用于砌近身部位及身体后部的墙体。用大铲铲取扁平状的灰条,提到砌筑面上,将铲面翻转,手柄在前,平行向前推进泼出灰条,其手法如图2-37所示。

**B　砌丁砖时的三种手法**

**a　砌里丁砖的溜法**

　　溜法适用于砌一砖半的丁砖。铲取的灰条要求呈扁平状,前部略厚。铺灰时将手臂伸过准线,使大铲边与墙边取平,采用抽铲落灰的办法,如图2-38所示。

图2-36　砌条砖"扣"的铺灰动作分解

图2-37　砌条砖"泼"的铺灰动作分解

b　砌丁砖的扣法

铲灰条时要求做到前部略低,扣到砖面上后,灰条外口稍厚,其动作如图2-39所示。

图2-38　砌里丁砖"溜"的铺灰动作分解

图2-39　砌里丁砖"扣"的铺灰动作

c　砌丁砖的泼法

当砌三七墙的外丁砖时可采用泼法。大铲铲取扁平状的灰条,泼灰时落点向里移一点,可以避免反面刮浆的动作。砌离身体较远的砖可以平拉反泼,砌近身处的砖采用正泼,其手法如图2-40所示。

C　砌角砖时的溜法

砌角砖时,用大铲铲起扁平状的灰条,提送到墙角部位并与墙边取齐,然后抽铲落灰。采用这一手法可以减少落地灰,如图2-41所示。

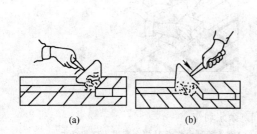

图2-40　砌外丁砖的"泼"法
(a)平拉反泼;(b)正泼

图2-41　砌角砖"溜"的铺灰动作

D　一带二铺灰法

由于砌丁砖时,竖缝的挤浆面积比条砖大一倍,外口砂浆不易挤严,所以可以先在灰斗处将丁砖的碰头灰打上,再铲取砂浆转身铺灰砌筑,这样做就多了一次打灰动作。一带二铺灰法是将这两个动作合并起来,利用在砌筑面上铺灰时,将砖的丁头伸入落灰处接打碰头灰。这种做法在铺灰后要摊一下砂浆才可摆砖挤浆,因此在步法上也要作相应变换,其手法如图2-42所示。

#### 2.4.3.4　一种挤浆动作

挤浆时应将砖落在灰条 2/3 的长度或宽度处,将超过灰缝厚度的那部分砂浆挤入竖缝内。如果铺灰过厚,可用搓揉的办法将过多的砂浆挤出。

在挤浆和搓揉时,大铲应及时接刮从灰缝中挤出的余浆。像"三一"砌筑法一样,刮下的余浆可以甩入竖缝内,当竖缝严实时也可甩入灰斗中。如果是砌清水墙,可以用铲尖稍稍伸入平缝中刮浆,这样不仅刮了浆,而且减少了勒缝的工作量,节约了材料挤浆和刮浆的动作,如图 2 - 43 所示。

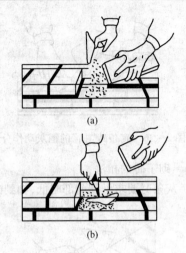

图 2 - 42　"一带二"铺灰动作
（适用于砌外墙丁砖）
（a)将砖的丁头接碰头灰;（b)摊铺砂浆

#### 2.4.3.5　实施"二三八一"操作法的条件

"二三八一"操作法把原来的 17 个动作复合为 4 个动作,即双手同时铲灰和拿砖→转身铺灰→挤浆和接刮余浆→甩出余灰,大大简化了操作,而且使身体各部肌肉轮流运动,减少疲劳。但和"三一"砌筑法一样,必须具备一定的条件,才能很好地实施"二三八一"操作法。

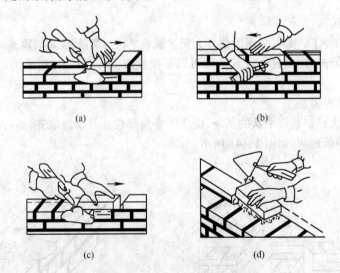

图 2 - 43　挤浆和刮余浆动作
（a)挤浆刮余浆同时砌丁砖;（b)砌外条砖刮余浆;（c)砌条砖刮余浆;（d)将余浆甩入碰头缝内

#### A　工具准备

大铲是铲取灰浆的工具,砌筑时,要求大铲铲起的灰浆刚好能砌一块砖,再通过各种手法的配合才能达到预期的效果。铲面呈三角形,铲边弧线平缓,铲柄角度合适的大铲才便于使用。可以利用废带锯片根据各人的生理条件自行加工。

#### B　材料准备

砖必须浇水达到合适的程度,即砖的里层应吸够一定水分,而且表面阴干。一般可提前 1 ~ 2 天浇水,停半天后使用。吸水合适的砖,可以保持砂浆的稠度,使挤浆顺利进行。

砂子一定要过筛,不然在挤浆时会因为有粗颗粒而造成挤浆困难。除了砂浆的配合比和稠度必须符合要求外,砂浆的保水性也很重要,离析的砂浆很难进行挤浆操作。

C　操作面的布置

同"三一"砌筑法的要求。

D　加强基本功的训练

要认真推行"二三八一"操作法,必须培养和训练操作人员。本法对于砖瓦工的初学者,由于没有习惯动作,训练起来更见效。一般经过3个月的训练就可达日砌1500块砖的效率。

## 2.5　砖基础的砌筑

### 2.5.1　砖基础砌筑的工艺顺序

砖基础砌筑的工艺顺序如下:

准备工作→拌制砂浆→确定组砌方式→摆砖撂底→砌筑→抹防潮层

### 2.5.2　砖基础砌筑的操作工艺要点

#### 2.5.2.1　准备工作

A　施工准备

砖基础砌筑是在土方开挖结束后,垫层施工完毕并且已经放线立好皮数杆的前提下进行的。砖基础施工前,一方面应熟悉施工图,了解设计要求;另一方面应对上道工序进行验收,如检查土方开挖尺寸和坡度是否正确,基底墨斗线是否齐全、清楚,基础皮数杆的钉设是否恰当,垫层或基底标高是否与基础皮数杆相符等等。必要时应在龙门板上绷线检查基槽墨斗线的准确程度。

B　材料准备

a　砖

检查砖的规格、强度等级、品种等是否符合设计要求,并提前做好浇水润砖的工作。

b　水泥

一般采用强度等级为32.5的普通硅酸盐水泥或矿渣硅酸盐水泥。要弄清水泥是袋装还是散装,它们的出厂日期、标号是否符合要求。如果是袋装水泥,要抽查过秤,以检查袋装水泥的计量正确程度。

c　砂子

砂子一般用中砂,要求先经过5mm筛。M5以上的砂浆,砂子的含泥量不得超过5%;对于M5以下的砂浆,砂子的含泥量不得超过10%。树皮草根等杂物应在过筛时除去,如果碎散草根较多无法除去,则该类砂子不能使用。如果采用细砂,应提请施工人员调整配合比。砂粒必须有足够的强度,粉末量应与含泥量一样被限制。

d　掺和料

掺和料指石灰膏、粉煤灰等,冬期施工时也有掺入磨细的生石灰。对于石灰膏,要了解它的稠度,以便控制掺入量。

e　外加剂

有时为了节约石灰膏和改善砂浆的和易性,需添加微沫剂,这时应了解其性能和添加方法。

f　其他材料

其他材料如拉结筋、预埋件、木砖、防水粉(或防水剂)等均应一一检查其数量、规格是否符合要求。

C　作业条件准备

作业条件准备即操作前的准备,是直接为操作服务的,操作者应予以足够的重视。

（1）检查基槽土方开挖是否符合要求，灰土或混凝土垫层是否验收合格，土壁是否安全，上下有无踏步或梯子。

（2）检查基础皮数杆最下一层砖是否为整砖，如不为整砖，要弄清各皮数杆的情况，确定是"提灰"还是"压灰"。如果差距较大，且超过2cm以上，应用细石混凝土找平。

（3）检查砂浆搅拌机械是否正常，后台计量器具是否齐全、准确。对运送原材料的车辆进行过秤计量，以便于装砂后确定总配比计量。

（4）对基槽内的积水要予以排除，为排除积水，要了解泵的运转情况和完好程度。

### 2.5.2.2　拌制砂浆

（1）砂浆的配合比。砂浆的配合比是以重量比的形式来表达的，是经过试验确定的。配合比确定以后，操作者应严格按规定要求计量配料。水泥的称量精度控制在±2%以内；砂子和石灰膏等掺和料的称量精度控制在±5%以内；外加剂由于掺入量很少，更要按说明要求或技术交底严格计量加料，不能多加。

（2）砂浆应随拌随用，对于水泥砂浆或水泥石灰砂浆，必须在砂浆拌制后的3～4h内使用完毕。

（3）每一施工段或250m³每种砂浆应制作一组（6块）试块，如砂浆强度等级或配合比有变动，应另作试块。

## 2.6　砖墙的砌筑

### 2.6.1　砖墙砌筑的工艺顺序

砖墙砌筑的工艺顺序如下：

准备工作→拌制砂浆→确定组砌方式→排砖撂底→砌筑墙身→砌筑窗台→构造柱边的处理→梁板底砖的处理→楼层砌筑→做过梁和圈梁→封山和拨檐→清水墙勾缝。

### 2.6.2　砖墙砌筑的操作工艺要点

#### 2.6.2.1　准备工作

A　施工准备

砖墙的构造比基础复杂一些，如增加了门窗洞口、预埋件也增多了，所以更要很好地熟悉图纸。在熟悉图纸的基础上，检查已砌基础和复核轴线及开间的尺寸、门窗洞口的放线位置、皮数杆的绘制情况等。全部弄清以后才可以操作。

同时还要检查皮数杆的竖立情况，弄清皮数杆的±0.000与测定点的±0.000是否吻合，各皮数杆的±0.000标高是否在同一水平面上。

要弄清墙体是清水墙还是混水墙；轴线是正中还是偏中；窗口是出平砖还是侧砖；门窗过梁是预制还是现浇，是拱碹（碴）还是钢筋砖过梁；有无后砌的隔断墙等。

也要弄清房屋有几层，楼梯与砖墙是什么关系，有无圈梁及阳台挑梁等等。

总之，操作前的准备工作做得越细，工作起来就越顺手，工作效率就越高。

B　材料准备

a　砖

检查了解砖的品种、规格、强度等级、外观尺寸等，如果是砌清水墙还要观察砖的色泽是否一致。经检查符合要求以后即可浇水调砖。砖要提前1天浇透，以水渗入砖四周内15mm以上为好，此时砖的含水量约达到10%～15%。砖洇湿后应晾半天，待表面略干后使用最好。如果碰到雨季,应检查进场的砖的含水量,必要时应对砖堆作防雨遮盖。

b 砂子

先检查砂子的细度和含泥量,结合本书材料部分的介绍逐一检查。砂子符合要求后要过筛,筛孔直径以 6～8mm 为宜。雨期施工时,砂子应筛好留出一定的储备量。

c 水泥

了解水泥的品种、强度等级、储备量等,同时要知道是袋装还是散装。袋装水泥应抽检每袋水泥的重量是否为 50kg,散装水泥应了解计量方法。

d 掺和料

了解是否使用粉煤灰等掺和料,了解掺和料的技术性能。

e 石灰膏

了解其稠度和性能。

f 其他材料

了解木砖、拉筋、预制过梁、墙内加筋等是否进场。木砖是否涂好防腐剂,预制件规格尺寸和强度等级是否符合要求。如果是先立门窗框的,要了解门窗框的进厂数量、规格等。

C 操作准备

(1)了解搅拌设备、运输设备、脚手架和运输道路的安装架设情况以及计量器情况等。

(2)检查防潮层是否完好,墨线是否清晰。

(3)检查防潮层的水平度和皮数杆的第一皮砖是否符合砖层要求,检查有没有需要"压灰"或"提灰"和用细石混凝土找平的情况。

(4)检查运输道路是否完好、畅通;室内填土是否完成,地沟盖板是否盖好,如有问题应该预先修筑和铺设好。布置道路时要考虑垂直运输设备如龙门架等的位置。

### 2.6.2.2 拌制砂浆

拌制砂浆的办法见基础砌筑部分。

### 2.6.2.3 确定组砌方式

A 确定组砌方式

砖墙的组砌方式很多,可以是一顺一丁、梅花丁等。一般选用一顺一丁组砌方式,如果砖的规格不太理想,则可以选用梅花丁组砌方式。

B 确定接头方式

组砌方式确定以后,接头形式也随之而定,采用一顺一丁方式组砌的砖墙的接头形式如图 2－44、图 2－45、图 2－46 所示。

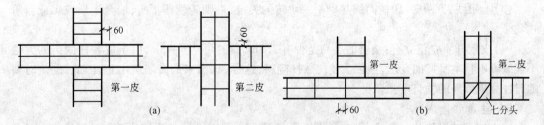

图 2－44 一砖墙的接头(Ⅰ)

(a)十字接头;(b)丁字接头

### 2.6.2.4 排砖摆底

防潮层上的墨线弹好以后,要通盘地干排砖。排砖要根据"山丁檐条"的原则进行,不仅要

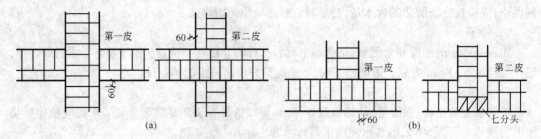

图 2 - 45　一砖墙的接头(Ⅱ)
(a)十字接头;(b)丁字接头

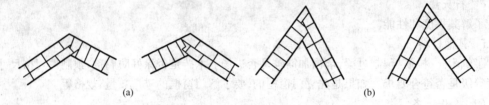

图 2 - 46　钝角和锐角接头
(a)钝角接头;(b)锐角接头

像基础排砖一样,把墙的转角、交接处排好,达到接槎合理、操作方便的目的,对于门口和窗口(窗口位置应在防潮层上用粉线弹线以便预排,对于清水墙尤其要这样做),还要排成砖的模数,如果排下来不合适,可以对门窗口位置调整 1 ～ 2cm,以达到砌筑美观的目的。对于清水墙更要注意不能排成"阴阳脖"(即门窗口两侧不对称)。

防潮层的上表面应该水平,但与皮数杆上的皮数是否吻合则可能有问题,所以要通过摆底找正确标高。如果水平灰缝太厚,一次找不到标高,可以分次分皮逐步找到标高,争取在窗台口甚至窗上口达到皮数杆规定标高,但四周的水平缝必须在同一水平线上。

### 2.6.2.5　墙身的砌筑

**A　墙身砌筑的原则**

(1)角砖要平、绷线要紧:盘好角是砌好墙的保证,盘角时应该重视一个"直"字,砌好角才能挂好线,而线挂好绷紧了才能砌好墙。

(2)上灰要准、铺灰要活:底、角、线都达到了要求,也不一定就能砌好墙,墙能否摆平与灰是否铺好有很大关系。

(3)上跟线,下跟棱:跟棱附线是砌平一块砖的关键,否则砖就摆不平,墙会走形或砌成台阶式。

(4)皮数杆要立正立直:楼房的层高至少有 2.8m,高的可达 4 ～ 5m,由于皮数杆固定的方法不佳或者木料本身弯曲变形,往往会使皮数杆倾斜,这样,砌出的砖墙就不正,因此,砌筑时要随时注意皮数杆的垂直度。

**B　盘角和挂线**

应由技术较好的技工盘角,每次盘角的高度不要超过五皮砖,然后用线锤作吊直检查。盘角时必须对照皮数杆,特别要控制好砖层上口高度,不要与皮数杆相应皮数高差太多,一般经验做法是比皮数杆标定皮数低 5 ～ 10mm 为宜。五皮砖盘好后两端要拉通线检查,先检查砖墙槎口是否有抬头和低头的现象,再与相对盘角的操作者核对砖的皮数,千万不能出现错层。

砌筑砖墙必须拉通线,砌一砖半以上的墙必须双面挂线。砖瓦工砌墙主要依靠准线来掌握墙体的平直度,所以挂线工作十分重要。外墙大角挂线的办法是用线拴上半截砖头,挂在大角的砖缝里,然后用别线棍把线别住,别线棍的直径约为1mm,放在离大角2~4cm处。砌筑内墙时,一般采用先拴立线,再将准线挂在立线上的办法进行,这样就可以避免因槎口砖偏斜带来的误差。当墙面比较长,挂线长度超过20m时,线就会因自重而下垂,这时要在墙身的中间砌上一块挑出3~4cm的腰线砖,托住准线,然后从一端穿看平直,再用砖将线压住。大角挂线的方式如图2-47所示,挑线的办法如图2-48所示,内墙挂线的办法如图2-49所示。

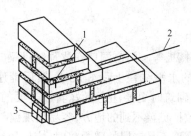

图2-47　大角挂线
1—别线棍;2—挂线;3—简易挂线锤

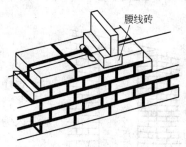

图2-48　挑线

#### C　外墙大角的砌法

外墙大角就是指砖墙在外墙的拐角处,由于房屋的形状不同,可有钝角、锐角和直角之分,本处仅介绍直角形式的大角砌法。

大角处1m范围内,要挑选方正和规格较好的砖砌筑,砌清水墙时尤其要如此。大角处用的"七分头"一定要棱角方正、打制尺寸正确,一般先打好一批备用,拣其中打制尺寸较差的用于次要部位。开始时先砌3~5皮砖,用方尺检查其方正度,用线

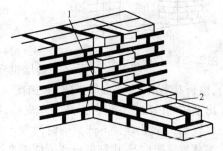

图2-49　内墙挂准线的方法
1—立线;2—准线

锤检查其垂直度。大角砌到1m左右高时,应该使用托线板认真检查大角的垂直度,再继续往上砌。操作中要用眼"穿"看已砌好的角,根据三点共线的原理掌握垂直度。另外,还要不断用托线板检查垂直度。砌墙时砖块一定要摆平整,否则容易出现垂直偏差。砌房屋大角的人员应相对固定,避免因操作者手艺手法不同而造成大角偏差垂直度不稳定的现象。砌墙砌到翻架子(由下一层脚手翻到上一层脚手砌筑)时,特别容易出偏差,那是因为人蹲在手脚板上砌筑,砖层低于人的脚底,一方面容易疲劳,另一方面也影响操作者视力的穿透,这时要加强检查工作,随时纠正偏差。

#### D　门窗洞口处的砌法

门洞口是在一开始砌墙时就要遇到的。如果先立门框,砌砖时就要离开门框边3mm左右,不能顶死,以免门框受挤压而变形。同时要经常检查门框的位置和垂直度,随时纠正偏差。门框与砖墙用燕尾木砖拉结(如图2-50所示)。

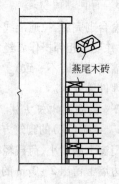

燕尾木砖

图2-50　先立樘子木砖放法

如果后立门框或者叫嵌樘子,则应按墨斗线砌筑砖墙(一般所弹的墨斗线比门框外包宽2cm),并根据门框高度安放木砖。第一次的木砖应放在第三或第四皮砖上;第二次的木砖应放在1m左右的高度上,因为这个高度

一般是安装门锁的高度;如果是2m高的门洞口,第三次的木砖就应放在从上往下数第三或第四皮砖上;如果是2m以上带腰头的门,第三次的木砖就应放在2m左右的高度上,即中冒头以下,此外,在门上口以下三、四皮砖处还要放第四次木砖。金属门框不用放木砖,另用铁件或射钉固定。窗框侧的墙做同样处理。一般无腰头的窗放两次木砖,上下各离2~3皮砖;有腰头的窗要放三次,即除了上下各一次以外中间还要放一次。这里所说的"次"是指每次在每一个门窗口左右各放一块的意思。嵌樘子的木砖放法如图2-51所示。应注意使用的木砖必须经过防腐处理。

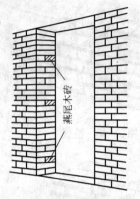

图2-51　后嵌樘子木砖放法

**E　构配件的安放**

构件是指过梁、搁板等。门窗洞口安放预制过梁时应取样棒从墙根处测定的水平线往上量好尺寸,然后铺座灰砂浆,安放过梁。内墙砌筑时更要注意量好安放过梁的标高,因为内墙可能有皮数杆覆盖不到的地方,容易出现偏差。

当构配件安装高度不是砖层的整数倍时,应使用细石混凝土垫至设计标高。

**2.6.2.6　窗台、拱碹以及过梁的砌筑**

**A　窗台的砌筑**

窗口处除了要放木砖外,还要考虑窗台如何砌的问题。砖墙砌到1m左右就要分窗口,在砌窗间墙之前一般都要砌窗台,窗台有平出(出6cm厚平砖)和出虎头砖(出12cm高侧砖)两种。出平砖的做法是在窗台标高下一皮砖,根据窗口线把平出砖砌过分口线6cm,挑出墙面6cm。砌时两端操作者先砌2~3块挑砖,将准线移到挑砖口上,中间的操作者依据准线砌挑砖。砌挑砖时,挑出部分的砖头上要用披灰法打上竖缝,砌通窗台时,也采用同样办法。由于窗台挑砖上部是空口容易使砖碰掉,成品保护比较困难,因此可以采取只砌窗间墙下压住的挑砖,窗口处的挑砖可以等到抹灰以前再砌。出虎头砖的办法与此相仿,只是虎头砖一般都是清水,要注意选砖。竖缝要披足嵌严,并且要向外出2cm的泛水。窗台的砌筑方法如图2-52所示。

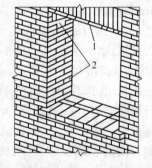

图2-52　窗台的砌法
1—碹胎板;2—木砖

**B　窗间墙的砌筑**

窗台砌完后,拉通准线砌窗间墙。窗间墙部分一般都是一个人独立操作,操作时要求跟通线进行,并要与相邻操作者经常通气。砌第一皮砖时要防止窗口砌成"阴阳膀"(窗口两边不一致,窗间墙两端用砖不一致)。往上砌时,位于皮数杆处的操作者,要经常提醒大家皮数杆上标志的预留埋件等要求。

**C　拱碹的砌筑方法**

**a　平碹(碴)的砌筑方法**

门窗上跨度小、荷载轻时,可以采用平碹做门窗过梁。一般做法是当砌到口的上平时,在口的两边墙上留出2~3cm的错台,俗称碹肩,然后砌筑碹的两侧墙,称碹膀子。除清水立碹外,其他碹膀子要砍成坡度,一般一砖碹上端要斜进去3~4cm,一砖半碹上端要斜进去5~6cm。膀子砌够高度后,门窗口处应支上碹胎板,碹胎板的宽度应该与墙厚相等。胎膜支好后,先在板上铺一层湿砂,使湿砂的中间厚20mm、两端厚5mm,作为碹的起拱。碹的砖数必须为单数,跨中一块,其余左右对称。要先排好砖的块数和立缝宽度,并用红铅笔在碹胎板上画好线,才不会砌错。发碹时应从两侧同时往中间砌,发碹的砖应用披灰法打好灰缝,不过要留出砖的中间部分不披灰,留待砌完碹后灌浆。最后发碹的中间一块砖要两面打灰往下挤塞,俗称锁砖。发碹时要掌握好灰缝的厚度,上口灰缝不得超过 15mm,下口灰缝不得小于 5mm。发碹时灰浆要饱满,要把砖挤紧,碹身要同墙面平齐,发碹的方法如图 2 - 53 所示。

平碹随其组砌方法的不同而分为立砖碹、斜形碹和插入碹三种,如图 2 - 54 所示。

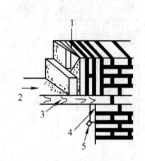

图 2 - 53 发平碹的方法图

1—碹发好后灌入稀砂浆;2—湿砂;3—碹胎板;
4—干砖;5—4 英寸钉支点

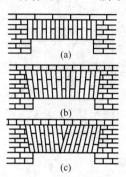

图 2 - 54 平碹的形式

(a)立砖碹;(b)斜形碹;(c)插入碹

b  弧形碹(碰)的砌筑方法

弧形碹的砌筑方法与平碹基本相同,当碹两侧的砖墙砌到碹脚标高后,支上胎膜,然后砌碹膀子,砌完后开始在胎膜上发碹,碹的砖数也必须为单数,由两端向中间发,立缝与胎膜面要保持垂直。大跨度的弧形碹厚度常在 一砖以上,宜采用一碹一伏的砌法,就是发完第一层碹后灌好浆,然后砌一层伏砖(平砌砖),再砌上面一层碹,伏砖上下的立缝可以错开,这样可以使整个碹的上下边灰缝厚度相差不太多,弧形碹的做法如图 2 - 55 所示。

D  平砌式钢筋砖过梁

平砌式钢筋砖过梁一般用于 1 ~ 2m 宽的门窗洞口,具体要求由设计规定,并要求上面没有集中荷重。它的一般做法是当砌完墙洞口的顶边后(根据皮数杆决定),就可支上过梁底模板,然后将板面浇水润湿,抹上 3cm 厚 1∶3 的水泥砂浆。按图纸要求把加工好的钢筋放入砂浆内,两端伸入支座砌体内不少于 24cm。钢筋两端应弯成 90° 的弯钩,安放钢筋时弯钩应该朝上,勾在竖缝中。过梁段的砂浆至少比墙体的砂浆高一个强度等级或者按设计要求确定。砖过梁的砌筑高度应该是跨度的 1/4,但至少不得小于七皮砖。砌第一皮砖时应该砌丁砖,并且两端的第一块砖应紧贴钢筋弯钩,使钢筋达到勾牢的效果。平砌式钢筋砖过梁的做法如图 2 - 56 所示。

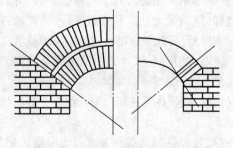

图 2 - 55 弧形碹(碰)的做法

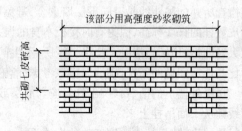

图 2 - 56 平砌式钢筋砖过梁的做法

#### 2.6.2.7　构造柱的处理

凡设有钢筋混凝土构造柱的砌体,在砌砖前应根据设计图纸弹出构造柱的位置,并把构造柱插筋顺直,砌砖墙时,与构造柱连接砌成大马牙槎,每一个马牙槎沿高度方向不宜超过五皮砖,应先放后收,一般放 60mm,高各 300mm。砖墙与构造柱之间沿高度方向每 50cm 设置水平拉结筋,每边伸入墙内不少于 1m,构造柱处的做法如图 2-57 所示。

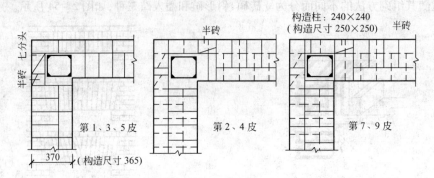

图 2-57　构造柱处的做法

#### 2.6.2.8　梁底和板底砖的处理

砖墙砌到楼板底时应砌成丁砖层。如楼板是现浇的,并直接支承在砖墙上,则砖墙应砌低一皮砖,使楼板的支承处混凝土加厚,支承点得到加强。

框架间砌体砌到框架梁底时,墙与梁底的缝隙要用铁楔子或木锲子打紧,然后用 1:2 的水泥砂浆嵌填密实。如果是混水墙,可以用与平面交角在 45°~60°的斜砌砖顶紧(俗称走马撑或鹅毛皮)。假如框架间砌体是外墙应等砌体沉降结束,砂浆达到强度后再用楔子楔紧,然后用 1:2 的水泥砂浆嵌填密实,因为这一部分是薄弱点,最容易造成外墙渗漏,施工时要特别注意。梁板底的处理如图 2-58 所示。

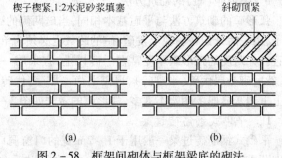

图 2-58　框架间砌体与框架梁底的砌法
(a)清水墙;(b)混水墙

#### 2.6.2.9　楼层砌筑

在楼层砌砖,应考虑到现浇混凝土的养护期、多孔板的灌缝、找平层的施工等多种因素。砌筑之前要检查皮数杆是否由下层标高引测以及皮数杆的绘制方法是否与下层吻合。对于内墙,应检查所弹的墨斗线是否同下层墙重合,避免墙身位移,影响受力性能和管道安装,还要检查内墙皮数杆的杆底标高,因为有时楼板本身的误差和安装误差,可能导致第一皮砖砌不下或者灰缝太大,这时要用细石混凝土垫平。厕所、卫生间等容易积水的房间,要注意图纸上该类房间的地面比其他房间低的情况,砌墙时应该考虑标高上的高差。

楼层外墙上的门、窗、挑出件等应与底层或下层门、窗、挑出件等在同一垂直线上。分口线应用线锤从下面吊挂上来。

楼层砌砖时,特别要注意砖的堆放不能太多,不准超过允许的荷载。如造成房屋楼板超荷,有时会引起重大事故。

2.6.2.10 其他砌筑

A 封山

坡屋顶的山墙在砌到檐口标高处要往上收山尖。砌山尖时,把山尖皮数杆(或称样棒)钉在山墙中心线上,在皮数杆上的屋脊标高处上一个钉子,然后向前后檐挂斜线,按皮数杆的皮数或斜线的标志以退踏步楼的形式向上砌筑。这时,皮数杆的中间,两坡只有斜线,其灰缝厚度完全靠操作者的技术水平掌握,可以用砌3~5皮砖量一下高度的办法来控制。山尖砌好以后就可以安放檩条。

檩条安放固定后,即可封山。封山有两种形式,一种是砌平面的,叫做平封山;另一种是把山墙砌出屋面,类似封火山墙的形式,叫做高封山。

平封山的砌法是按已放好的檩条上皮拉线砌,或按屋面钉好的望板找平砌,封山顶坡的砖要砍成楔形砌成斜坡,然后抹灰找平等待盖瓦。

高封山的砌法是根据图纸要求,在脊檩端钉一小挂线杆,然后自高封山顶部标高往前后檐拉线,线的坡度应与屋面的坡度一致,作为砌高封山的标准。在封山内侧20cm高处调出6cm的平砖作为滴水檐。高封山砌完后,在墙上砌1~2层压顶山檐砖,高封山在外观上屋脊处和檐口处高出屋面应该一致,要做到这一点必须要把斜线挂好。收山尖和高封山的形式分别如图2-59和图2-60所示。

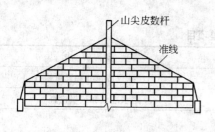

图2-59 收山尖的形式

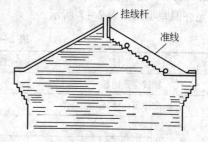

图2-60 高封山的形式

B 封檐和拔檐

在坡屋顶的檐口部分,前后沿墙砌到檐口底时,先调出2~3皮砖以顶到屋面板,此道工序被称为封檐。封檐前应检查墙身高度是否符合要求,前后两皮及左右两边是否连接,两端高度是否在同一高度水平线上。砌筑前先在封檐两端挑出1~2块砖,再顺着砖的下口拉线穿平,清水墙封檐的灰缝应与砖墙灰缝错开,砌挑檐砖时,头缝应拔灰,同时外口应略高于里口。

在檐墙做封檐的同时,两山墙也要做好挑檐,挑檐的砖要选用边角整齐者,如为清水墙,还要选择色泽一致的砖。山墙挑檐也叫拔檐,一般挑出的层数较多,要求把砖泅透水,砌筑时灰缝严密,特别是挑层中竖向灰缝必须饱满。砌筑时宜由外向里水平靠向已砌好的砖,将竖缝挤紧,放砖动作要快,砖放平后不宜再动,然后再砌一块把它压住。当出檐或拔檐较大时,不宜一次完成,以免重量过大,造成水平缝变形而倒塌。

## 2.6.3 质量标准

2.6.3.1 保证项目

见砖基础砌筑中保证项目的内容。

2.6.3.2 基本项目

(1)砖砌体上下错缝应符合以下规定:

合格:砖柱、砖垛无包心砌法;窗间墙及清水墙面无通缝;混水墙每间(处)4~6皮砖的通缝不超过 3 处。

优良:砖柱、砖垛无包心砌法;窗间墙及清水墙面无通缝;混水墙每间(处)无 4 皮砖的通缝。

(2)砖砌体的接槎应符合以下规定:

合格:接槎处灰浆密实,缝、砖平直,每处接槎部位水平灰缝厚度小于 5mm 或透亮的缺陷不超过 10 个。

优良:接槎处灰浆密实,缝、砖平直,每处接槎部位水平灰缝厚度小于 5mm 或透亮的缺陷不超过 5 个。

(3)预埋拉结筋应符合以下规定:

合格:数量、长度均应符合设计要求和施工规范规定,留置间距偏差不超过 3 皮砖。

优良:数量、长度均应符合设计要求和施工规范规定,留置间距偏差不超过 1 皮砖。

(4)留置构造柱应符合以下规定:

合格:留置位置应正确,大马牙槎先退后进;残留砂浆清理干净。

(5)清水墙面应符合以下规定:

合格:组砌正确、刮缝深度适宜、墙面整洁。

优良:组砌正确,竖缝通顺,刮缝浓度适宜、一致,棱角整齐,墙面清洁美观。

### 2.6.3.3　允许偏差项目

允许偏差项目如表 2-7 所示。

表 2-7　允许偏差项目

| 项　　目 | | | 允许偏差/mm | 检　验　方　法 |
|---|---|---|---|---|
| 轴线位置偏移 | | | 10 | 用经纬仪或拉线和尺量检查 |
| 砌体顶面标高 | | | ±15 | 用水准仪和尺量检查 |
| 垂直度 | 每　层 | | 5 | 用经纬仪或吊线和尺量检查 |
| | 全高 | ≤10m | 10 | |
| | | >10m | 20 | |
| 表面平整度 | 清水墙、柱 | | 5 | 用 2m 直尺和楔形塞尺检查 |
| | 混水墙、柱 | | 8 | |
| 水平灰缝平直度 | 清水墙 | | 7 | 拉 10m 线和尺量检查 |
| | 混水墙 | | 10 | |
| 水平灰缝厚度(10 皮砖累计数) | | | ±8 | 与皮数杆比较,尺量检查 |
| 清水墙面游丁走缝 | | | 20 | 吊线和尺量检查,以底层第一皮砖为准 |
| 门窗洞口 (后塞口) | 宽　度 | | ±5 | 尺量检查 |
| | 门口高度 | | ±15,-5 | |
| 预留构造柱截面(宽度、深度) | | | ±10 | 尺量检查 |
| 外墙上下窗口偏移 | | | 20 | 用经纬仪或吊线检查,以底层窗口为准 |

## 2.6.4　应注意的质量问题

砖砌体中可能出现的质量问题较多,其中影响最大的是砂浆强度不足和饱满度不够。除了在砖基础中已介绍的应注意的质量问题之外,还应该注意将砖洇透和推行"三一"砌筑法或"二三八一"砌筑法。

**A　砌体组砌方法的错误**

混水墙出现通缝和花槽通天缝以及砖柱采用包心砌法等错误的产生,主要是操作人员忽视混水墙的砌筑和不恰当地打"七分头"造成的。要避免这种错误,主要是要使操作者明确砖墙组砌方法的规定不仅是为了美观,还是受力的需要。当利用半砖时,应将半砖分散砌于墙中,同时也要满足搭接 1/4 砖长的要求。砖柱的砌筑,除了要有丰富的经验以外,还要干摆确定组砌方式,包心砌法会严重影响砖柱的受力性能,绝不允许采用。墙体的组砌形式,应根据所砌部位的受力性质和砖的规格来确定。一般清水墙常采用一顺一丁和梅花丁砌筑;在地震区,为增强齿缝受拉强度,可以采用骑马缝砌筑;砌蓄水池可以采用三顺一丁砌法;双面清水墙可采用梅花丁砌法等等。

**B　"罗丝墙"**

"罗丝墙"又叫错层,就是砌完一个层高的墙体时,同一层的标高差一皮砖的厚度,不能交圈。这是由于砌筑时没有跟上皮数杆层数的缘故,由于楼板标高偏差较大,皮数杆往往不能与砖层吻合,需要在砌筑中用灰缝厚度来逐步调整。如果砌同一层砖时,误将负偏差当作正偏差,把提灰当成了压灰,砌筑的结果就差了一层砖。要解决这个问题,内墙可用细石混凝土找平,清水外墙只好用提压灰缝的办法来调整。在操作开始时,皮数杆附近的操作者要互相招呼、核准皮数。施工人员要及时弹出 0.5m 高的水平线,供操作者核准皮数。当内外墙有高差时,应以窗台为界由上向下清点砖层数。当砌至一定高度后,可穿看与相邻墙体水平线的平等度,以发现并纠正偏差。

**C　墙面凹凸不平、水平灰缝不直**

墙面凹凸不平有的是砌筑过程中产生的,有的则是因后浇的构造柱等在浇捣过程中把砖墙撑出去的。砌筑过程中产生墙面凹凸不平、水平灰缝不直的原因不外乎砖的规格不一、拉的准线不紧,而遇上刮风天、砖过分潮湿、出现游墙、脚手架层面处操作不便等因素也会导致墙面凹凸不平。要改变这种状况,应把过分超标的砖挑出来使用于不重要的地方,特别潮湿的砖不宜上墙或者适当调整砂浆的稠度,脚手架层面处由专人巡回检查操作质量等。至于准线,一方面要绷紧,可用食、中二指拈开托住准线,大拇指在中间往下按压的办法来估测绷紧的程度;另一方面,在砌筑时应使砖在两个方向(上下方向和进出方向)均离准线 1mm,操作者的手指尽量不碰线,同时要经常注意同一准线操作的其他人员有没有碰线的现象,在准线两端和中间操作的人员要经常穿线和弹线。水平灰缝不直的主要原因也是不会运用准线,如砌筑时要么超线要么低线,超过 20m 长的准线没有中间挑线等等。

**D　清水墙游丁走缝**

大面积的清水墙面经常出现丁砖竖缝歪斜、宽窄不匀、丁不压中,窗台部位与窗间墙部位的上下竖缝发生错位等现象。产生这种现象的原因主要是砖的规格不一,砖超长,但宽度方向却缩小,在丁顺互换的过程中产生偏差。这种现象若事先又没有在干排摆砖中解决,那么在砌窗间墙时,由于分窗口的边线不在竖缝位置,就会导致窗间墙的竖缝搬家、上下错位。另外,采用里脚手架砌外墙(反手墙)时,砌到一定高度后穿线就会有困难,也是造成游丁走缝的原因。

要避免游丁走缝,摆砖干排是很重要的,一定要认真进行,最好把窗口的位置在摆砖时一起考虑。当窗口分好后,如果竖缝错位,可在 2cm 范围内适当调整。另外可以沿墙面每隔一定距离,就在竖缝处弹墨线,墨线用经纬仪或线锤引测,砌至一定高度后,将墨线向上引伸,以作为控制游丁走缝的基准。

**E　留槎不符合要求**

有些砖墙的接槎处出现通缝,或者后砌部分的砖没有伸至槎根,产生这些问题的原因一方面是操作者对接槎的重要性认识不足,另一方面是施工组织不当,造成留槎过多。纠正的办法是加强对操作者的教育,马牙槎要随砌随清,拉结条及其他加筋要经常清点检查,避免遗漏。在施工组织和安排时,也要统一考虑留槎位置。

　　F　清水墙面勾缝污染

　　清水墙面勾缝深浅不一、竖缝不直、十字缝搭接不平等质量问题产生的原因主要有:墙面浇水不透,有的没有开缝,隙缝太小,溜子无法嵌入缝内;采取加浆勾缝时,因托灰板接触墙面造成污染,勾缝结束又未彻底清扫。所以勾缝前要对墙面浇好水,做好灰缝开补,勾缝结束后要彻底清扫。

### 2.6.5　安全注意事项

　　(1)检查脚手架:砖瓦工上班前要检查脚手架绑扎是否符合要求,木脚手架的铁丝是否锈蚀,竹脚手架的竹篾是否枯断,钢管脚手架的扣件是否松动。雨雪天或大雨以后要检查脚手架是否下沉,还要检查有无空头板和迭头板,如发现上述问题要立即通知有关人员予以纠正。

　　(2)正确使用脚手架:无论是单排或双排脚手架,其承载能力都是 $2700N/m^2$ ,一般在脚手架上不得堆放超过三层的砖,操作人员不能在脚手架上嬉戏和多人集中在一起,不得坐在脚手栏杆上休息,发现有脚手板损坏要及时更换。

　　(3)严禁站在墙上工作或行走,工作完毕应将墙上和脚手架上多余的材料、工具清除干净。在脚手架上砍凿砖块时,应面对墙面,把砍下的砖块碎屑随时填入墙内利用,或集中在容器内运走。

　　(4)先立门窗框的拉结条应固定在楼面上,不得拉在脚手架上。

　　(5)山墙砌到顶以后,悬臂高度较高,应及时安装檩条,如不能及时安装檩条,应用支撑撑牢,以防大风刮倒。

　　(6)砌筑出檐墙时,应按层砌,不得先砌墙角后砌墙身,以防出檐倾翻。

　　(7)使用卷扬机龙门架吊物时,应由专人负责开机,每次吊物不得超载,并应安放平稳。吊物下面禁止人员通行,不得将头、手伸入井架,严禁乘坐吊篮上下。

# 3 钢筋工程施工

## 3.1 钢筋的现场检查验收与管理

### 3.1.1 钢筋的分类、识别与外观检查

#### 3.1.1.1 钢筋的分类与识别

**A 钢筋的分类**

钢筋按化学成分分为:碳素钢钢筋(含碳量小于 0.25% 的称低碳钢钢筋,含碳量为0.25% ~ 0.6%的称中碳钢钢筋,含碳量大于 0.6% 的称高碳钢钢筋)和普通低合金钢钢筋。

钢筋按生产工艺分为:热轧钢筋、热处理钢筋、冷扎钢筋、冷拉钢筋、冷拔钢丝、消除应力钢丝及钢绞线。

钢筋按外形分为:光面钢筋、变形(螺纹、人字纹、月牙纹)钢筋、等高肋钢筋与刻痕钢筋等。

钢筋按级别分为:HPB235、HRB335、HRB400、RRB400、HRB500。

钢筋按直径分为:钢丝(3~5mm)、细钢筋(6~10mm)、中粗钢筋(12~20mm)、粗钢筋(大于20mm)。

钢筋按供应形式分为:盘圆或盘条钢筋(直径 6~9mm,盘重应不小于 35kg,允许每批中有5%的盘数不足 35kg,但不得小于 25kg,每盘钢筋应由整条钢筋盘成)和直条钢筋(直径 10~40mm,通常长度为 6~12m)。

钢筋按其在构件中的作用分为:受力钢筋(包括受拉钢筋、受压钢筋和弯起钢筋等)、构造钢筋(包括分布钢筋、架立钢筋和箍筋等)。

**B 钢筋的识别**

各类钢筋的常用符号及各级钢筋的外形比较,分别见表 3-1 和表 3-2。

表 3-1 钢筋常用符号

| 钢 筋 种 类 | | 符 号 |
|---|---|---|
| 热轧钢筋 | HPB235(旧等级Ⅰ级,旧牌号 R235) | Φ |
| | HRB335(旧等级Ⅱ级,旧牌号 RI335) | $\Phi$ |
| | HRB400(旧等级Ⅲ级,旧牌号 RI400) | $\Phi$ |
| | HRB500(为新增,接近旧等级Ⅳ级、旧牌号 RI540) | (Φ) |
| 热处理 HRB400 钢筋 | | $\Phi^R$ |
| Q235 等做母材普通混凝土用冷轧带肋钢筋 | CRB550(旧牌号 LL550) | $\Phi^{cr5}$ |
| 冷拉 HPB235 钢筋 | | $\Phi^t$ |
| 冷拔 HPB235 钢丝 | | $\Phi^u$ |
| 消除应力钢丝:刻痕 | | $\Phi^L$ |
| 钢绞线 | | $\Phi^S$ |

注:上表中( )内为不确定符号或旧符号。

表 3 - 2　热轧钢筋外形

| 牌号（成分或结构钢牌号） | 符　号 | 直径/mm | 钢筋外形 | 涂色标记 |
|---|---|---|---|---|
| HPB235（Q235 碳素结构钢轧制） | Φ | 6 ~ 40 | 光圆 | 红 |
| HRB335（20MnSi） | Φ | 8 ~ 40 | 月牙纹 | — |
| HRB400（20MnSiV,20MnSiNb,20MnTi） | Φ | 8 ~ 40 | 月牙纹 | 白 |
| RRB400（K20MnSi,余热处理） | Φ^R | 10 ~ 28 | 月牙纹 | — |
| HRB500 | （Φ） | | 等高肋 | 黄 |

变形钢筋的外形如图 3 - 1 所示。

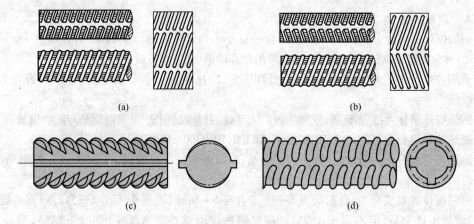

（a）　　　　　　　　　　　　　　　（b）

（c）　　　　　　　　　　　　　　　（d）

图 3 - 1　变形钢筋的外形
（a）螺旋纹钢筋；（b）人字纹钢筋；（c）月牙纹钢筋；（d）等高肋钢筋

**3.1.1.2　钢筋的外观检查**

必须对钢筋的外观进行检查,如表面不得有裂缝、节疤、折叠、分层、夹杂、油污,并不得有超过横肋高度的凸块。钢筋外形尺寸应符合有关规定。钢筋外观检查每捆均应进行。

## 3.1.2　钢筋的检验与管理

**3.1.2.1　钢筋的检验**

钢筋检验时应注意以下要点:

（1）检验拟用钢筋是否有出厂合格证书及试验报告单,每捆(盘)钢筋均应有牌号。

（2）钢筋运至加工现场或施工现场,应按炉罐(批)号及直径分批验收,验收的内容包括查对标牌、外观检查,并按有关标准规定抽取试样做机械性能试验,经验收合格后方可使用。

（3）热轧钢筋的检验。在每批钢筋中任意抽出两根试样钢筋,一根试件做拉力试验(测定屈服点、抗拉强度、伸长率),另一根试件做冷弯试验。四个指标中如有一个试验项目结果不符合该钢筋的机械性能所规定的数值,则应另取双倍数量的试件对不合格的项目做第二次试验,如仍有一根试件不合格,则该批钢筋不予验收。如对钢筋的质量有疑问,除做机械性能检验外,还需进行化学成分分析。

（4）钢筋在加工使用过程中,如发生脆断、焊接性能不良或机械性能异常,则应进行化学成分检验或其他专项检验。

(5)对国外进口钢筋应特别注意机械性能和化学成分的分析。

### 3.1.2.2 钢筋的保管

钢筋运到施工现场后,必须保管得当,否则会影响工程质量,造成不必要的浪费。因此,在钢筋堆放、保管工作中,一般应做好以下工作:

(1)应有专人认真验收入库钢筋,不但要注意数量的验收,而且对进库的钢筋规格、等级、牌号也要认真地进行验收。

(2)入库钢筋应尽量堆放在料棚或仓库内,并应按库内指定的堆放区分品种、规格、等级等堆放。

(3)每垛钢筋应立标签,每捆(盘)钢筋上应扎有标牌。标签和标牌应写有钢筋的品种、等级、直径、技术证书编号及数量等。钢筋保管要做到账、物、牌(单)三相符,凡库存钢筋应附有出厂证明书或试验报告单。

(4)如条件不具备时,可选择地势较高、土质坚实、较为平坦的露天场地堆放,并应在钢筋垛下用木方垫起或将钢筋堆放在堆放架上。

(5)堆放场地应注意防水和通风,钢筋不应和酸、盐、油等一类物品一起存放,以防被腐蚀。

(6)钢筋的库存量应和钢筋加工能力相适宜,周转期应尽量缩短,避免存放期过长,使钢筋发生锈蚀。

## 3.2 钢筋加工

### 3.2.1 钢筋调直、除锈、下料切断与弯曲成型

#### 3.2.1.1 钢筋调直
A 钢丝的人工调直

在工程量少或者设备不易解决的地方可采用蛇形管调直钢丝,如图3-2所示。

B 钢筋的调直

有人工调直和机械调直两种。对于直径在12mm以内的盘圆钢筋,一般用绞磨、卷扬机或调直机调直。用绞磨拉直钢筋的基本操作方法是:首先将盘圆钢筋搁在放圈架上,用人工将钢筋拉到一定的长度切断,分别将钢筋两端夹在地锚和绞磨端的夹具上,推动绞磨,即可将钢筋基本拉直,但有时为减小劳动强度、提高效率,可用卷扬机代替绞磨作为动力,粗钢筋的人工调直示意图如图3-3所示。对于直径在12mm以上的直条状钢筋,可采用锤直、扳直和调直机进行调直,钢筋调直机及其工作原理如图3-4所示。

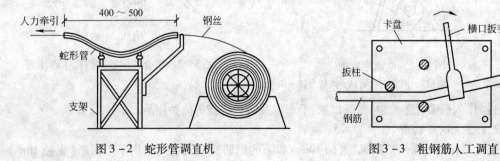

图3-2 蛇形管调直机

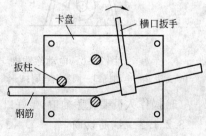

图3-3 粗钢筋人工调直

此外,钢筋调直可利用冷拉进行,若冷拉只是为了调直,则应注意控制冷拉率或拉到钢筋表面的氧化铁皮开始剥落为止。

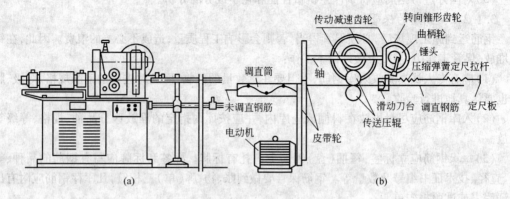

图 3 - 4　钢筋调直机及其工作原理

(a)TQ4 - 8 钢筋调直机;(b)钢筋调直机工作原理

### 3.2.1.2　钢筋除锈

经过冷拉的钢筋,一般不必再进行除锈。如钢筋只有锈蚀得不很严重的浮锈,可采用麻袋布擦拭;如钢筋锈蚀较严重,则可采用人工除锈(用钢丝刷、砂盘)、酸洗除锈、喷砂或除锈机除锈(如图 3 - 5、图 3 - 6、图3 - 7所示)。使用除锈机除锈的操作要点是:

(1)检查除锈机各组成部分运转是否正常、是否设置防护罩;

(2)操作时应将钢筋放平握紧,操作人员必须侧身送料,严禁在除锈机的正前方站人,钢筋较长时,应有两人进行操作。钢筋刷动时,不可在附近清扫锈尘;

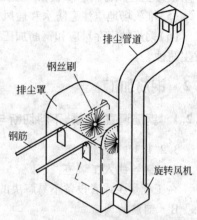

图 3 - 5　固定式钢筋除锈机

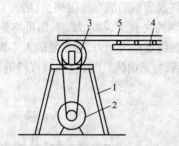

图 3 - 6　电动除锈机

1—支架;2—电动机;3—圆盘钢丝刷;4—滚轴台;5—钢筋

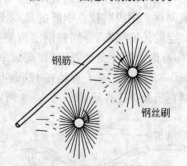

图 3 - 7　组合式钢筋除锈机工作原理

(3)操作人员要扎紧袖口,戴好口罩、手套以及防护眼镜等防护用品。

### 3.2.1.3　钢筋切断

钢筋下料切断可采用切断机(直径 40mm 以下的钢筋)切断,也可采用手工切断(直径 16mm 以下的钢筋)。

手工切断的主要工具有:切断钳、手动液压切断机、手压切断器等。

曲柄连杆式钢筋切断机的传动系统如图 3 - 8 所示。

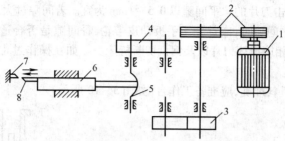

图 3-8 曲柄连杆式钢筋切断机传动系统

1—电动机;2—皮带轮;3,4—减速齿轮;5—偏心轴;6—连杆;7—定刀片;8—动刀片

切断机技术性能及每次可切断钢筋的根数见表 3-3。

表 3-3 切断机技术性能及每次可切断钢筋的根数

| 型 号 | 可切断钢筋 直径/mm | 每分钟切断 次数/次·分钟$^{-1}$ | 钢筋直径/mm | | | | | | |
|---|---|---|---|---|---|---|---|---|---|
| | | | 6 | 8 | 10 | 12 | 14~16 | 18~20 | 22~40 |
| JG-40 | 6~40 | 32~35 | 每次切断根数 | | | | | | |
| | | | 12 | 8 | 6 | 4 | 3 | 2 | 1 |

A 钢筋切断机的操作要点及安全注意事项

(1)使用前应检查切断机刀片安装是否正确、牢固,润滑油是否充足,应空车试运转正常后再进行操作。

(2)钢筋切断应在调直后进行,断料时应将钢筋拉紧,在活动刀片向后退时,迅速将钢筋送入刀口(为保证断料正确,钢筋应与刀口垂直),以防伤人。长度在 300mm 以下的短钢筋,不准直接用手送料,可用长钳子夹住送料。

(3)禁止切断机械性能规定范围外的钢材(如型钢)以及超过刀片硬度或烧红的钢筋。

(4)切断钢筋后,不得用手直接抹除或用嘴吹遗留在机身上的铁末,而应用毛刷清扫。

(5)在进行钢筋切断时,由于钢筋切断机冲切刀片的作用,钢筋会发生大幅度的摆动,使操作人员比较费力,还容易发生钢筋末端摆动伤人的事故。为避免这种情况发生,可在钢筋切断机刀口两侧机座上安装两个角铁杆,如图 3-9 所示。

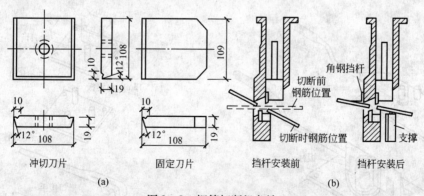

图 3-9 钢筋切断机角铁

(a)固定刀片和冲切刀片;(b)钢筋切断机的角钢挡板

(6)断料钢筋的长度尺寸应力求准确,其允许偏差应根据钢筋具体情况,并符合有关规定。

B 钢筋切断前的准备

(1)断料前要复核配料单,并严格按配料单进行剪切,先断短料。

（2）固定刀片与冲击刀片的水平间隙以 0.5～1mm 为宜。若间隙过大，切断断头容易发生马蹄形（弯头）。调整水平间隙时，应首先用手扳动皮带轮，看间隙是否合适。不应在未调整好前启动电动机，以防刀片相撞损坏刀片以及钢盘切断机床身。如在操作过程中发现水平间隙发生变化，应及时停车调整。

（3）为操作方便、量料准确，应准备工作台（如图 3 – 10 所示）。

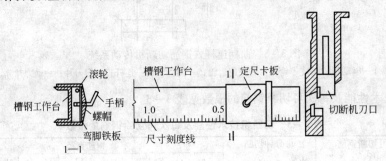

图 3 – 10   切断机工作台和定尺卡板

### 3.2.1.4   钢筋弯曲成型

将已切断配好的钢筋弯曲成所要求的形状尺寸，是一道技术性较强的工作。弯曲成型方法分手工弯曲成型和机械弯曲成型两种。

**A   手工弯曲成型**

a   工具和设备

工作台：当弯曲细钢筋时，工作台台面尺寸为 4000mm × 800mm（长 × 宽），可用 100mm 厚的木板钉制；当弯曲粗钢筋时，工作台台面尺寸为 8000mm × 800mm（长 × 宽），可用 200mm × 200mm 厚木方拼成，工作台高度以 900～1000mm 为宜，工作台也可用槽钢拼制。工作台要求稳固牢靠，避免在操作时发生晃动。

手摇板：由一块钢板底盘、扳柱（钢筋柱）和扳手组成，如图 3 – 11 所示。

卡盘和钢筋扳子如图 3 – 12 所示。

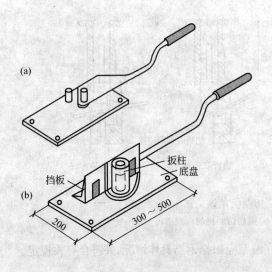

图 3 – 11   手摇板

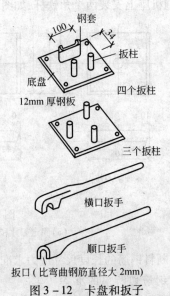

图 3 – 12   卡盘和扳子

b 操作要点

(1)钢筋弯曲前要熟悉其规格尺寸,确定弯曲顺序,避免在弯曲时将钢筋反复掉转,影响工效。

(2)划线:就是在钢筋弯曲前,将钢筋的各段长度尺寸划在钢筋上(必须考虑到钢筋中间弯钩的量度差值和末端弯钩的增加值)。当弯曲钢筋形状比较复杂时,可以先在工作台上放出实样,然后用扒钉钉在工作台上控制钢筋的各个弯转角,以保证钢筋的形状正确、平面平整。

(3)弯制钢筋时,扳子必须托平,不可上下摆动,以免发生翘曲现象。起弯时用力要慢,以防扳子脱扳。结束时要稳,保证弯曲角度。

(4)为避免操作时扳子端部碰到扳柱,扳子与扳柱间必须有一定的距离,即扳距,如图3-13所示。扳距大小见表3-4。

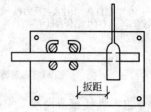

图3-13 扳子与扳柱的距离

c 钢筋人工弯曲成型举例

钢筋人工弯曲成型的例子如图3-14所示。

表3-4 扳距参考表

| 弯曲角度/(°) | 45 | 90 | 135 | 180 | 备 注 |
|---|---|---|---|---|---|
| 扳 距 | $1.5d \sim 2.0d$ | $2.5d \sim 3.0d$ | $3.0d \sim 3.5d$ | $3.5d \sim 4.0d$ | $d$ 为弯曲钢筋直径 |

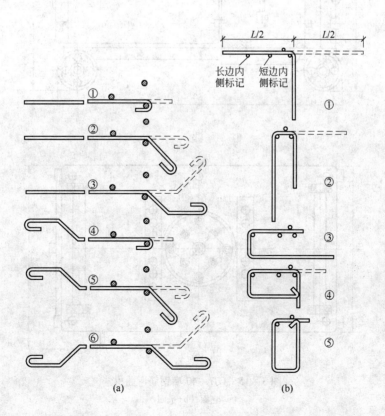

(a)　　　　　(b)

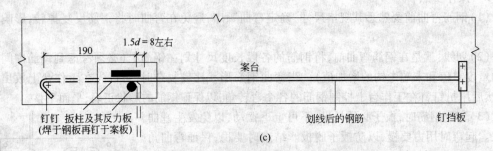

(c)

图 3 – 14　钢筋人工弯曲成型举例

(a)弯起钢筋成型步骤;(b)箍筋成型步骤;(c)手工弯曲构造柱箍筋方案图

**B　机械弯曲成型**

弯曲机可弯曲直径在 40mm 以下的钢筋,弯曲角度可在 180°范围内任意调整,GJ7 – 40 型钢筋弯曲机如图 3 – 15 所示。

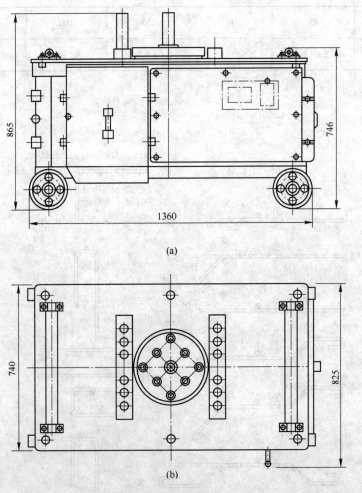

(a)

(b)

图 3 – 15　GJ7 – 40 型钢筋弯曲机

(a)立面;(b)平面

a　钢筋弯曲机操作要点

(1)操作前要对弯曲机进行全面检查并应在试弯合格后才能正式弯曲。

(2)对倒顺开关控制工作盘旋转方向要熟练掌握。交换工作盘旋转方向时,操作开关从顺至倒(或由倒至顺)必须由"停"挡过渡,不得跨越"停"挡。

(3)根据钢筋直径和所要求的圆弧弯曲直径大小随时更换轴套,划线的线点与中心轴线边缘的距离应根据使用经验进行适当调整,如图 3 – 16 所示。

(4)不允许在弯曲机运转过程中更换心轴,成型轴也不要在运转过程中加油或清扫。

b　钢筋机械弯曲成型举例

钢筋机械弯曲成型的例子如图 3 – 17 所示。

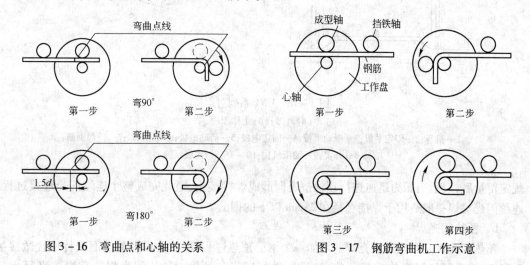

图 3 – 16　弯曲点和心轴的关系　　　　图 3 – 17　钢筋弯曲机工作示意

c　钢筋弯曲成型后允许偏差

全长 ±10mm,弯起钢筋弯起点位移 20mm,弯起高度 ±5mm,箍筋边长 ±5mm。

C　钢筋质量检查

(1)钢筋形状正确,平面上没有翘曲不平现象;

(2)钢筋末端弯钩的净空直径不小于钢筋直径的 2.5 倍;

(3)钢筋弯曲处不得有裂纹,因此对 HRB335 及 HRB335 以上的钢筋不得弯过头再弯回来。

## 3.2.2　钢筋的焊接

钢筋的焊接方法有闪光对焊、电弧焊、电渣压力焊和电阻点焊等。

### 3.2.2.1　闪光对焊

钢筋的闪光对焊是利用对焊机使两端钢筋接触,通过低电压的强电流把电能转化为热能,当钢筋加热到接近熔点时施加压力顶锻,使两根钢筋焊接在一起形成对焊接头,对焊机如图 3 – 18 所示。

对焊是钢筋接头焊接中成本低、质量好、效率高的一种焊接方法,适用于 HPB235 ~ HRB500 钢筋,预应力钢筋也广泛应用。

A　闪光对焊

a　连续闪光焊

先将钢筋夹入对焊机的两极中,闭合电源,然后使钢筋断面轻微接触,促进钢筋间隙中产生闪光,接着继续将钢筋断面逐渐移近,新的触点不断生成,即形成连续闪光过程。当钢筋烧化完

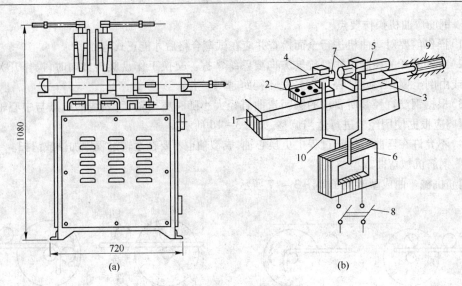

图 3 – 18　UN1 系列对焊机
(a)外形;(b)工作原理
1—机身;2—固定平板;3—滑动平板;4—固定电极;5—活动电极;6—变压器;7—待焊钢筋;
8—开关;9—加压机构;10—变压器次级线圈

规定留量后,以适当压力迅速进行顶锻挤压即形成焊接接头,至此完成整个连续闪光焊接过程。连续闪光对焊一般适用于焊接直径在 25mm 以下的钢筋。

　　b　预热闪光焊

　　预热闪光焊是在连续闪光焊前增加一个钢筋预热过程,即使两根钢筋端面交替地轻微接触和断开,发出断续闪光使钢筋预热,然后再进行闪光和顶锻。预热闪光焊适宜焊接直径大于 25mm 并且端面比较平整的钢筋。

　　c　闪光—预热—闪光焊

　　这是在预热闪光焊之前再增加一次闪光过程,使不平整的钢筋端面闪成较平整的端面。此法适宜焊接直径大于 25mm 并且端面不够平整的钢筋。

　　B　对焊注意事项

　　(1)对焊钢筋端头如有弯曲应予调直或切除,端头约 150mm 内如有铁锈、污泥、油污等应清除干净。

　　(2)夹紧钢筋时,应使两钢筋端面的凸出部分相接触,以利均匀加热和保证焊缝与钢轴线相互垂直。

　　(3)钢筋焊接完毕后,应待接头处由白红色变为黑红色才能松开夹具平稳地取出钢筋,以免引起接头弯曲。但焊接后张预应力钢筋时,应在焊后趁热将焊缝周围毛刺打掉,以便钢筋穿入预留孔道。

　　(4)焊接场地应有防风、防雨措施,以免接头区骤然冷却发生脆裂。当气候比较低的时候,接头部位可适当用保温材料予以保温。

　　3.2.2.2　电弧焊

　　电弧焊包括手工电弧焊、自动埋弧焊和半自动埋弧焊。此处主要介绍手工电弧焊。

　　手工电弧焊的原理如图 3 – 19 所示。它由夹有焊条的焊把、电焊机、焊件和导线等构成。打火引弧后,在涂有药皮的焊条端和焊件间产生电弧,使焊条中的焊丝熔化,滴落在被电弧吹成的

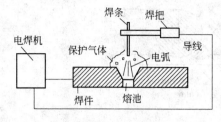

图 3 – 19 手工焊原理

焊件熔池中,同时在熔池周围形成保护气体,在熔化的焊缝金属表面形成熔渣,使空中的氧、氮等气体与熔池中的液体金属隔绝,避免形成易裂的脆性化合物,焊缝冷却后即把焊件连成一体。

电弧焊广泛应用于钢筋搭接接长、焊接钢筋骨架、钢筋与钢板的连接以及装配式结构接头焊接等处。

电弧焊的主要设备是弧焊机,工地上常用的主要是交流弧焊机。

钢筋电弧焊接时使用的焊条牌号见表 3 – 5。其中"结"表示钢结构电焊条,后两位表示焊缝金属抗拉强度的最小值,第三位数字表示药皮类型。

表 3 – 5  钢筋电弧焊时使用的焊条牌号

| 钢筋级别(级) | 搭接焊、帮条焊、熔槽帮条焊[①] | 坡口焊[①] |
| --- | --- | --- |
| HPB235 | 结 42X | 结 42X |
| HRB335 | 结 50X | 结 55X |
| HRB400 | 结 50X | 结 55X |

①X 为表示药皮类型的数字。

A  电弧焊接头的主要形式

a  搭接焊

主要适用于直径 10～40mm 的 HPB235～HRB500 钢筋,其接头形式如图 3 – 20 所示。

b  帮条焊

适用范围同搭接焊,其接头形式如图 3 – 21 所示。

搭接焊、帮条焊焊缝尺寸如图 3 – 22 所示,其中 $h$ 为焊缝高度,$b$ 为焊缝宽度,$d$ 为焊接钢筋直径。

c  坡口焊

坡口焊接头多用于装配式框架结构现浇接头,适用于直径 16～40mm 的 HPB235～HRB500 钢筋,其接头形式如图 3 – 23 所示。

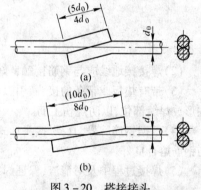

图 3 – 20  搭接接头
(a)双面焊缝;(b)单面焊缝

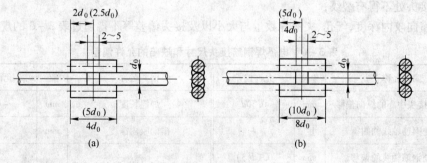

图 3 – 21 · 帮条接头
(a)双面焊缝;(b)单面焊缝

B  电弧焊的注意事项

(1)帮条尺寸、坡口角度、钢筋端头间隙以及钢筋轴线等均应符合有关规定。

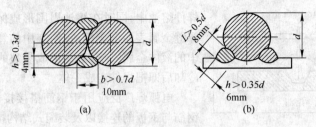

图 3 – 22　焊缝尺寸示意

(a)钢筋接头;(b)钢筋与钢板接头

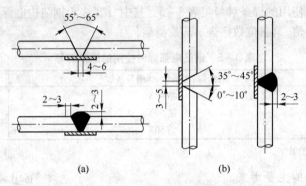

图 3 – 23　钢筋坡口接头

(a)坡口平焊;(b)坡口立焊

(2)焊接接地线应与钢筋接触良好,防止因起弧而烧伤钢筋。

(3)带有垫板或帮条的接头,引弧应在钢板或帮条上进行;无钢板或无帮条的接头,引弧应在形成焊缝部位,以防烧伤主筋。

(4)根据钢筋牌号、直径、接头形式和焊接位置选择适宜的焊条直径和焊接电流,保证焊缝与钢筋熔合良好。

(5)焊接过程中及时清渣,保证焊缝表面光滑平整,加强焊缝时应平缓过渡,弧坑应填满。

C　外观检查

钢筋电弧焊接头外观检查结果应符合下列要求:

(1)焊缝表面平整,不得有较大的凹陷,焊瘤;

(2)接头处不得有裂纹;

(3)横向咬内深度,气孔、夹渣等数量与大小以及接头偏差等不得超过表 3 – 6 的规定。

表 3 – 6　电弧焊钢筋接头尺寸和缺陷的允许偏差

| 偏差名称 | 单位 | 允许偏差 | 偏差名称 | 单位 | 允许偏差 |
|---|---|---|---|---|---|
| 帮条对焊接头中心的纵向偏移 | mm | $0.50d$ | 焊缝长度 | mm | $-0.50d$ |
| 接头处钢筋轴线的曲折 | 度 | 4 | 横向咬内深度 | mm | 0.5 |
| 接头处钢筋轴线的偏移 | mm | $0.1d(3)$ | 焊缝表面上气孔和夹渣在长 $2d$ 的焊缝表面上(对坡口焊为全部焊缝上) | 个 | 2 |
| 焊缝高度 | mm | $-0.50d$ | | mm² | 6 |
| 焊缝宽度 | mm | $-0.10d$ | | | |

注:允许偏差值在同一项目内如有两个数值时,应按其中较严的数值控制;$d$ 为钢筋直径。

(4)坡口焊焊缝的加固高度为 2~3mm。

外观检查不合格的接头经修补或补强后可提交二次验收。

### 3.2.2.3 电渣压力焊

电渣压力焊是利用电流通过渣池的电阻热将钢筋端部熔化后施加压力使钢筋焊接的,其工作原理如图 3-24 所示。

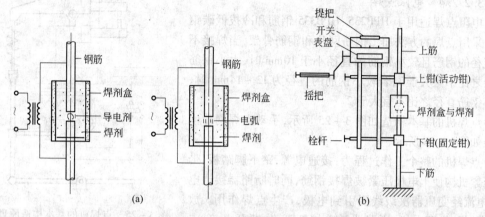

图 3-24 电渣压力焊
(a)电渣压力焊工作原理;(b)电渣压力焊焊机示意图

电渣压力焊用于现浇钢筋混凝土结构中竖向或斜向(倾斜度在 4:1 的范围内)钢筋的连接。

A 电渣压力焊操作要点

(1)施焊前先将钢筋端部 150mm 范围内的铁锈、杂质刷净,然后用焊接夹具的卜钳口(活动电极)和下钳口(固定电极)分别将上、下钢筋夹牢。

(2)两根钢筋接头处放一铁丝小球(钢筋端面较平整而焊机功率又较小时)或导电剂(钢筋较长、直径较大且钢筋端部较平整时)或电弧(钢筋直径较小,而焊机功率较大,但钢筋端部较粗糙时),然后在焊剂盒内装满焊剂。注意,钢筋端头应在溶剂盒中部,上、下钢筋的轴线应处于一直线上。

(3)施焊时,接通电源使小球(或导电剂或电弧)、钢筋的端部及焊剂相继熔化形成渣池,维持数秒后,方可用操纵压杆使钢筋缓缓下降,以免接头偏斜或接合不良,熔化量达到规定数值(用标尺控制)后,切断电路,用力迅速顶压,挤出金属熔渣和熔化金属,形成坚实的焊接接头。待冷却 1~3min 后打开溶剂盒,卸下夹具。

B 质量检查

a 取样数量和方法

钢筋电渣压力焊接头的外观检查应逐个进行。

强度检验时,从每批产品中切取三个试件进行拉力试验。

在一般构筑物中,每 300 个同类型接头(同钢筋级别、同钢筋直径)作为一批。

在现浇钢筋混凝土框架结构中,每一楼层中以 300 个同类型接头作为一批,不足 300 个时,仍作为一批。

b 外观检查

要求接头四周焊包均匀、无裂缝、钢筋表面无明显烧伤等缺陷;上、下钢筋的轴线偏移不得超过 0.1$d$($d$ 为钢筋直径),同时不大于 2mm;接头处弯折不大于 4°。

对外观检查不合格的接头,应将其切除重焊。

c　拉力试验

钢筋电渣压力焊接头拉力试验结果,三个试件均不得低于该级别钢筋的抗拉强度标准值。如有一个试件的抗拉强度低于规定数值,应取双倍数量的试件进行复验,复验结果仍有一个试件强度达不到上述要求,则该批接头即为不合格品。

### 3.2.2.4　电阻点焊

电阻点焊适用于 HPB235、HPB335 钢筋和冷拔低碳钢丝。采用点焊的方法加工钢筋网片和钢筋骨架,当焊接不同直径的钢筋且较小钢筋的直径小于 10mm 时,大小钢筋直径之比不宜大于 3;若较小钢筋的直径为 12～14mm 时,大小钢筋直径之比不宜大于 2。

点焊机的基本构造如图 3-25 所示,手动点焊网片生产线如图 3-26 所示。

点焊机的整个工作过程为:接通电源,踏下脚踏板,带动压紧机构使上电极压紧被焊接钢筋,同时断路器接通电流,电流经变压器次级线圈引到电极,产生点焊作用。放松脚踏板,松开电极,断路器随着杠杆下降,断开电流,点焊焊接过程即结束。

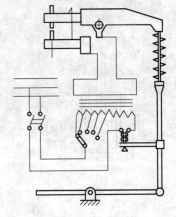

图 3-25　点焊机的基本构造原理

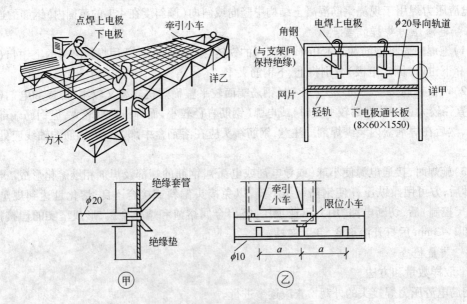

图 3-26　手动点焊网片生产线

## 3.3　钢筋的绑扎与安装

### 3.3.1　钢筋绑扎常用工具

A　绑扎架

钢筋绑扎架如图 3-27 所示,为提高绑扎钢筋的效率,绑扎钢筋骨架必须要用钢筋绑扎架。

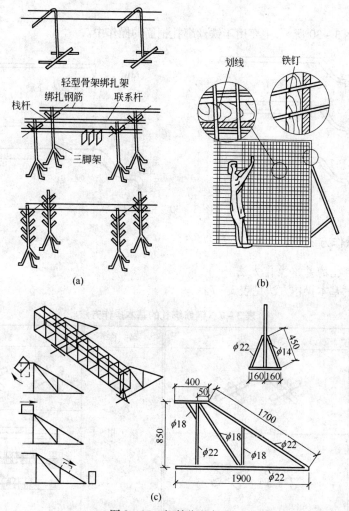

图 3 - 27　钢筋绑扎架
(a)骨架高位绑扎;(b)骨架低位绑扎;(c)网片立式绑扎

**B　小撬杠**

小撬杠如图 3 - 28 所示,在绑扎安装钢筋网架时,用以调整钢筋间距、矫直钢筋的部分弯曲以及垫保护层垫块。

**C　起拱扳子**

起拱扳子如图 3 - 29 所示,是在绑扎现浇楼板钢筋时弯制楼板弯起钢筋的专用工具。

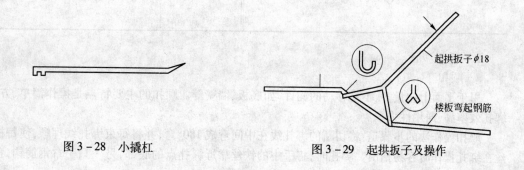

图 3 - 28　小撬杠　　　　　　　　　图 3 - 29　起拱扳子及操作

D　钢筋钩

钢筋钩如图 3 - 30 所示,主要用于铁丝绑扎钢筋的操作中。

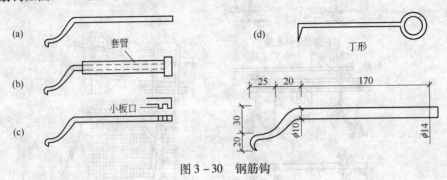

图 3 - 30　钢筋钩

## 3.3.2　基本操作方法

A　钢筋绑扎的基本操作方法

钢筋绑扎的基本操作方法见表 3 - 7。

表 3 - 7　钢筋绑扎的基本操作方法

| 名　称 | 绑　法 | 名　称 | 绑　法 |
| --- | --- | --- | --- |
| 顺　扣 |  | 缠　扣 |  |
| 十字扣 |  |  |  |
| 反十字扣 |  | 反十字缠扣 |  |
| 套　扣 |  | 兜　扣 |  |

B　适用范围

a　顺扣

用于平面上扣量多、不易移动的构件,如底板、墙壁等。顺扣的主要特点是操作简单、方便,绑扎效率高,通用性强。

顺扣操作法的步骤是:将切断的绑扎线在中间弯成180°弯,并将每束绑扎线理顺,使每根铁丝在绑扎操作时容易抽出。绑扎时,将手中的铁丝靠近绑扎点的底部,另一只手拿钢筋钩,食指压在钩的前部用钩尖端钩着铁丝底扣处,并紧靠铁丝开口端绕铁丝扭转两圈半。绑扎时铁丝扣伸出钢筋底部要短,并用钩尖将铁丝扣锤紧,这样可使铁丝扎得更牢,且绑扎速度快,效率高。

b 十字扣

主要用于要求比较牢固处,如平板钢筋网和箍筋处的绑扎。

c 反十字扣

用于梁骨架的箍筋和主筋的绑扎。

d 兜扣

适用于梁的箍筋转角处与纵向钢筋的连接及平板钢筋网的绑扎。

e 缠扣

用于钢筋接长,为防止钢筋下滑也用于墙钢筋网和柱箍。一般绑扎钢筋网片每隔1m左右应加一个缠扣,缠绕方向可根据钢筋可能移动的情况来确定。

f 套扣

用于梁的架立筋与箍筋的绑扎处,绑扎时往钢筋交叉点插套即可。

上述各种绑扎法与顺扣相比较,绑扎速度慢、效率低,但绑扎点要牢固,在一定间隔处可以使用。

### 3.3.3 钢筋绑扎的要求

钢筋绑扎的要求如下:

(1)钢筋的交叉点应采用铁丝扎牢,常用绑扎铁丝的规格是20~22号,绑扎钢筋网片一般用单根铁丝,绑扎梁柱钢筋骨架时则用双根铁丝。当绑扎直径12mm以下钢筋时,宜用22号铁丝,绑扎直径14mm以上钢筋时宜用20号铁丝。绑扎铁丝的长度一般用钢筋钩拧2~3转后,铁丝出头长度留20mm左右为宜。

(2)板和墙的钢筋网除靠近外围两行钢筋的相交点全部绑扎外,中间部分交叉点可间隔交错扎牢,双向受力的钢筋必须全部扎牢。

(3)梁和柱的箍筋除设计有特殊要求外,应与受力钢筋垂直设置。箍筋弯钩叠合处,在柱中应按四角错开绑扎,不要绑扎在同一根主筋上;在梁中则应沿受力钢筋方向交错绑扎在不同的架立筋上,箍筋弯钩应放在受压区。

(4)箍筋转角与钢筋的交接点均应绑扎,但箍筋平直部分和钢筋的交接点可成梅花式交错绑扎。

(5)为防止骨架发生歪斜变形,绑扣应采用八字形绑扎法(分左右方向扎口)。

(6)柱中竖向钢筋搭接时,角部钢筋的弯钩平面与模板面的夹角,对矩形柱应为45°角,对多边形柱则为模板内角的平分角。圆形柱钢筋的弯钩平面应与模板的切平面垂直,中间钢筋的弯钩平面应与模板面垂直。如柱截面较小,为避免振动器碰到钢筋,弯钩可放偏一些,但与模板所成角度不得小于15°。

(7)绑扎时必须先将接头绑好,不允许接头和钢筋一起绑扎。

(8)大面积网片绑扎时,为防止歪斜,不应从头到尾逐个绑扎,应隔十几个交叉点绑一个,但四周交叉点应多绑扎,找直后再进行全部绑扎。

(9)在条件允许的情况下,应尽量采用预制钢筋网(骨)架,然后再将预制钢筋网(骨)架放入模板内(如图3-31)。但钢筋网(骨)架在预制时,应注意网(骨)架外形尺寸的正确,特别是组成多边形的钢筋骨架更要注意多边形的各个内角和各边长是否正确,避免在入模安装时发生困难,无条件预制骨架安装时,应采用现场绑扎(如图3-31)。

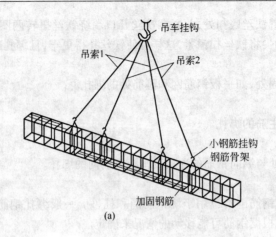

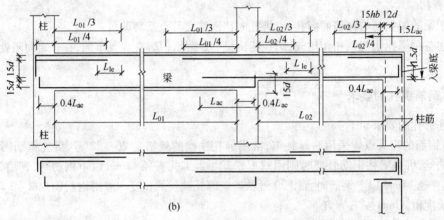

图 3 – 31　预制钢筋骨架和现场绑扎分解图

（a）预制钢筋骨架与吊升；（b）框架梁纵向钢筋锚固与现场绑扎分解图

（10）钢筋绑扎前，首先应根据不同的构件确定相应的绑扎顺序，特别是在一些钢筋种类、编号、数量多，形状复杂、标高层叠的构件中，更应结合具体情况逐个编号，并按顺序绑扎，以免错绑、漏绑或钢筋穿不进去造成返工，造成人力、材料的浪费并影响工期。

### 3.3.4　钢筋绑扎接头的要求

钢筋绑扎接头有以下的要求：

（1）搭接长度的末端距钢筋弯折处不得小于钢筋直径的 10 倍，也不宜放在构件最大弯矩处。

（2）在受拉区内，HPB235 光圆钢筋应在末端做弯钩。

（3）下列钢筋的末端可不做弯钩：

1）HRB335、HRB400 钢筋；

2）焊接网（骨）架中的 HPB235 钢筋；

3）直径小于 12mm 的受压 HPB235 钢筋的末端以及轴心受压构件中任意直径的受力钢筋的末端可不做弯钩，但搭接长度不应小于钢筋直径的 30 倍。

（4）钢筋搭接处应在中心和两端用铁丝扎牢，如图 3 – 32 所示。

（5）受拉钢筋绑扎接头的搭接长度应符合表 3 – 8 的规定，受压钢筋绑扎接头的搭接长度为

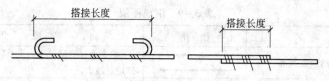

图 3 – 32　钢筋的搭接绑扎

表 3 – 8 中数值的 0.7 倍。

表 3 – 8　受拉钢筋绑扎接头的搭接长度

| 钢筋类别 | | 混凝土强度等级 | | |
|---|---|---|---|---|
| | | C20 | C25 | ≥C30 |
| HPB235 钢筋 | | 35$d$ | 30$d$ | 25$d$ |
| 月牙绞 | HRB335 钢筋 | 45$d$ | 40$d$ | 35$d$ |
| | HRB400 钢筋 | 35$d$ | 50$d$ | 45$d$ |
| 冷拔低碳钢丝 | | 300mm | | |

注:1. 当 HPB235、HRB335 钢筋的直径 $d > 25$mm 时,其受拉钢筋的搭接长度应按表中数值增加 5$d$ 采用;
　　2. 当螺纹钢筋 $d ≤ 25$mm 时,其受拉钢筋的搭接长度应按表中数值减少 5$d$ 采用;
　　3. 当混凝土在凝固过程中受力钢筋易受扰动(如滑模施工)时,其搭接长度宜适当增加;
　　4. 在任何情况下,纵向受拉钢筋的搭接长度不应小于 300mm;受压钢筋的搭接长度不应小于 200mm;
　　5. 轻骨料混凝土的钢筋绑扎接头搭设长度应按普通混凝土搭接长度增加 5$d$ (冷拔低碳钢丝增加 50mm);
　　6. 当混凝土强度等级低于 C20 时,HPB235、HRB335 钢筋的最小搭接长度应按表中 C20 的相应数值增加 10$d$,HRB400 钢筋不宜使用;
　　7. 有抗震要求的钢筋,其搭接长度应增加,对一级抗震等级相应增加 10$d$,二级抗震等级相应增加 5$d$;
　　8. 两根直径不同钢筋的搭接长度以细钢筋的直径为准。

(6)各受力钢筋之间的绑扎接头位置应相互错开,在同一截面内绑扎接头的钢筋截面面积占受力钢筋总截面面积的百分比,在受压区中不得超过 50%,在受拉区中不得超过 25%。在同一截面中的绑扎接头,中距不得小于搭接长度的 1.3 倍。

(7)在绑扎钢筋骨架中非焊接的搭接接头长度范围内,当搭接钢筋为受拉时,其箍筋的间距不应大于 5$d$,且不大于 100mm;搭接钢筋为受压时,其箍筋间距不应大于 10$d$($d$ 为受力钢筋的最小直径),且不大于 200mm。

(8)轴心受拉和小偏心受拉杆件中的钢筋接头均应焊接;普通混凝土中直径大于 22mm 的钢筋和轻骨料混凝土中直径大于 20mm 的 HPB235 钢筋及直径大于 25mm 的 HRB335、HRB400 钢筋的接头均宜采用焊接;对轴心受压和偏心受压柱中的受压钢筋,当直径大于 32mm 时,应采用焊接。

### 3.3.5　基础、柱、梁、板、墙、屋架及框架结构钢筋的绑扎安装

#### 3.3.5.1　钢筋绑扎前的准备工作

(1)熟悉图纸:施工平面图是钢筋安装的依据。首先看施工总说明及建筑施工图,其次看结构平面图,主要是搞清构件的编号、数量、平面位置及这些构件的图号。如果是标准图集还需要把图集号、图号搞清楚。构件详图的配筋图是看图的重点,必须看清、弄懂。看配筋图时,要将配筋立面图和配筋剖面图、钢筋明细表对照起来看,搞清楚每个构件中每个编号钢筋的直径、种类、形状、数量、位置以及标高等。钢筋图例如表 3 – 9 所示。

表 3 - 9　钢筋图例

| 序号 | 名 称 | 图 例 | 说 明 |
|---|---|---|---|
| 1 | 无弯钩的钢筋端部 | | 下图表示长短钢筋投影重叠时可在短钢筋的端部用 45°短划线表示 |
| 2 | 带半圆形弯钩的钢筋端部 | | |
| 3 | 带直钩的钢筋端部 | | |
| 4 | 带丝扣的钢筋端部 | | |
| 5 | 无弯钩的钢筋搭接 | | |
| 6 | 带半圆弯钩的钢筋搭接 | | |
| 7 | 带直钩的钢筋搭接 | | |
| 8 | 套管接头(花篮螺丝) | | |

(2)核对钢筋配料单:要在熟悉图纸的过程中核对成品钢筋的牌号、直径、形状、尺寸和数量是否与配料单相符,有无错配、漏配的钢筋,如有应纠正、增补。

(3)确定钢筋安装顺序及施工方法,明确进度要求。

(4)机具的准备:准备绑扎用铁丝、绑扎工具、绑扎架等。

(5)准备控制混凝土保护层用的水泥砂浆垫块:水泥砂浆垫块的厚度应等于保护层厚度。垫块的平面尺寸,当保护层厚度不大于 20mm 时为 30mm × 30mm,当保护层厚度大于 20mm 时为 50mm × 50mm。当在垂直方向使用垫块时,可在垫块中埋入 20 号铁丝。

### 3.3.5.2　基础钢筋的绑扎安装

**A　基础钢筋绑扎安装的要点**

(1)钢筋的绑扎:四周两行钢筋交叉点每点应扎牢,中间部分交叉点可相隔交错扎牢,但必须保证不位移。双向主筋的钢筋网应将全部钢筋相交点扎牢。绑扎点的铁丝扣要呈八字形,以免网片歪斜变形。

(2)基础底板采用双层钢筋时,在上层钢筋网下面应设置钢筋撑脚,以保证钢筋位置正确。钢筋撑脚的形式与尺寸如图 3 - 33 所示,每隔 1m 放置一个。其直径选用:当板厚 $h \leqslant 30$mm 时,为 8 ~ 10mm;当板厚 $h = 30 ~ 50$mm 时,为 12 ~ 14mm;当板厚 $h > 50$mm 时,为 16 ~ 18mm。

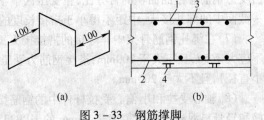

(a)　　　　　　　　(b)

图 3 - 33　钢筋撑脚

(a)钢筋撑脚;(b)撑脚位置

1—上层钢筋网;2—下层钢筋网;3—撑脚;4—水泥垫块

(3)钢筋的弯钩应朝上,不要倒向一边,但双层钢筋网的上层钢筋弯钩应朝下。

(4)独立柱基础为双向弯曲,其底面短边的钢筋应放在长边钢筋的上面。

(5)现浇柱与基础连接的插筋,其箍筋应比柱的箍筋缩小一个柱筋直径以便连接。插筋位置一定要固定牢靠,以免造成柱轴线偏移。

**B　基础的施工顺序**

(1)独立基础施工顺序:检查垫层尺寸、核对基础轴线→清扫垫层→按基础轴线画钢筋位置线→摆放钢筋(从中间向两边分)→绑扎(先在长边方向钢筋两端绑上面钢筋以固定纵向钢筋,再铺摆其他横向钢筋)→插筋处理(插筋下端用 90°弯钩与基础钢筋进行绑扎)→检查后填写隐蔽施工记录。

(2)箱形基础施工顺序:检查垫层尺寸、核对基础轴线→清扫垫层→底板钢筋绑扎,划分档标志(用色笔从中间向两边划出底板钢筋纵横标志,有放射性钢筋的按钢筋放射性分档标志)→摆下层钢筋(按分档标志摆放)→绑扎下层钢筋→垫砂浆垫块→绑墙、柱伸入底板插筋(将预留墙、柱插筋按弹好的墙、柱位置分档摆放)→摆放钢筋支架→绑扎上层钢筋→检查后填写隐蔽工程记录→墙、柱钢筋绑扎(在浇筑底板后进行,将准备好的箍筋一次套在伸出钢筋上,然后立竖筋,绑或焊好接头,再在竖筋上标档,然后按档从上往下绑扎箍筋)→墙体箍筋绑扎→附加箍筋绑扎(洞口、转角处箍筋)→垫保护层垫块→检查后填写隐蔽工程记录→顶板箍筋绑扎(墙、柱浇筑后进行,方法同底板箍筋)。

3.3.5.3 柱箍筋的绑扎安装

A 柱箍筋绑扎安装的要点

(1)柱中的竖向箍筋搭接时,角部箍筋的弯钩应与模板成45°角,中间钢筋的弯钩与模板成90°角。如果用插入式振捣器浇筑小型截面柱时,弯钩与模板的角度不得小于15°角。

(2)箍筋的接头(弯钩叠合处)应交错布置在四角纵向钢筋上,箍筋转角与纵向交叉点均应扎牢(箍筋平直部分与纵向钢筋交叉点可间隔扎牢),绑扎箍筋时,绑扣相互间应呈八字形。

(3)下层柱的钢筋露出楼面部分宜用工具式柱箍将其收进一个柱筋直径。必须在绑扎梁的钢筋之前,先行收缩准确。

(4)框架梁、牛腿及柱帽等处的钢筋应放在柱的纵向钢筋内侧。

B 柱的施工顺序

(1)预制柱施工顺序:立横杆(下柱2根、牛腿1根、上柱1根)→铺立纵向钢筋→划线(把柱箍间距用粉笔划在纵向钢筋上)→套下柱及牛腿部分的箍筋→抽换横杆→绑下柱箍筋→绑牛腿部分钢筋→绑上柱钢筋→套上柱箍筋→抽取横杆(从下柱一端逐步抽取)→骨架入模→绑扎钢筋→安放垫块→检查后填写隐蔽工程记录。

(2)现浇柱施工顺序:检查插筋→清理(将箍筋上的铁锈、水泥浆等污垢及基层清扫干净)→套入箍筋→摆放高凳或搭设架子→立主筋(先立柱子四周主筋,再立其余主筋,与插筋接头绑好,绑扣要向里,便于移动箍筋)→绑扎钢筋→安放垫块→检查后填写隐蔽工程记录。柱端箍筋加密区长度取矩形截面长边尺寸(或圆形截面直径)、层间柱净高1/6以及500mm三者中的最大值。

3.3.5.4 梁与板钢筋的绑扎安装

A 梁与板钢筋绑扎安装的要点

(1)纵向受力钢筋采用双层排列时,两排钢筋之间应垫直径不小于25mm的短钢筋以保持其设计距离。

(2)箍筋的接头(弯钩叠合处)应交错布置在两根架立筋上,其余同柱。

(3)板的钢筋网绑扎与基础相同,但应注意板上部的负筋,防止其被踩下,特别是雨篷、挑檐、阳台等悬臂板,要严格控制负筋位置,以免拆模后断裂。

(4)板、次梁与主梁交叉处,板的钢筋在上,次梁的钢筋居中,主梁的钢筋在下,当有圈梁或梁垫时,主梁的钢筋在上。

(5)框架节点处钢筋穿插十分稠密时,应特别注意梁顶面主筋间的净距要有30mm,以利灌注混凝土。

B 梁与板的施工顺序

(1)现浇梁施工顺序(钢筋在模内绑扎法):在模板侧绑画好箍筋间距→放箍筋、摆主筋→穿次梁弓铁和立筋→绑扎架立筋(架立筋和箍筋用套扣法绑扎)→绑扎主筋→垫保护层垫块→检查后填写隐蔽工程记录。钢筋骨架预制绑扎,如图3-34所示。

（2）现浇板施工顺序：准备工作（清扫模板上的污物，弹线或用粉笔在模板上画好主筋和分布筋间距）→摆放下层钢筋（先摆受力筋，后摆分布筋；弯钩朝上，若弯钩高度超过面板，则应将弯钩放斜，甚至放倒，以免造成露钩）→绑扎下层钢筋→摆放与绑扎负弯起钢筋→摆放钢筋支架或马凳→摆放和绑扎上层钢筋网→垫保护层垫块→检查后填写隐蔽工程记录。

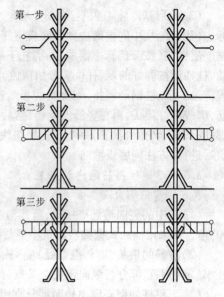

图 3－34　钢筋骨架预制绑扎顺序

#### 3.3.5.5　墙板钢筋的绑扎安装

**A　墙板钢筋绑扎安装的要点**

（1）墙（包括水塔壁、烟囱筒身、池壁等）的垂直钢筋每段长度不超过 4m（钢筋直径 $d \leqslant 12mm$）或 6m（钢筋直径 $d > 12mm$），水平钢筋每段长度不宜超过 8m，以利绑扎。

（2）墙的钢筋网绑扎同基础，钢筋的弯钩应朝向混凝土内。

（3）采用双层钢筋网时，在两层钢筋间应摆设铁撑，以固定钢筋间距。

**B　墙板的施工顺序**

整理伸出钢筋（清锈及污物）→绑扎钢筋及钢筋网（双层钢筋网，先绑先立模板一侧的钢筋；在钢筋长度范围内先立 2～4 根竖筋，圆钢弯钩背朝模板，与伸出钢筋绑扎牢；用色笔画好横筋分档标志，在下部及齐胸处各绑一根横筋以固定位置，在齐胸处横筋上画竖筋分档标志，然后依次绑扎竖筋，最后由上往下安放绑扎其余横筋）→点焊（或绑扎）钢筋网片→垫保护层垫块→检查后填写隐蔽工程记录。

#### 3.3.5.6　框架结构钢筋的绑扎安装

框架结构绑扎安装的一般顺序是：先绑柱，其次主梁、次梁、边梁，最后是楼板钢筋。绑扎方法同前述梁、板、柱。

#### 3.3.5.7　屋架钢筋的绑扎安装

屋架钢筋绑扎安装的一般顺序是：先绑腹杆钢筋并放入模内，然后在上下弦外模上放上楞木，铺放上、下弦骨架主筋并按箍筋间距划线，套上箍筋（包括节点处箍筋），按间距排放好。先绑模板内的钢筋，再绑模板底的钢筋，绑扎完毕，穿入节点附加钢筋和节点箍筋绑扎，最后绑扎端节点的钢筋。

### 3.3.6　钢筋安装完毕后的检查

钢筋安装完毕后应进行检查和验收，检查内容为：

（1）钢筋的牌号、直径、根数、间距及位置是否与设计图纸相符，特别是要检查负筋位置。

（2）检查钢筋的接头位置及搭接长度是否符合规定。

（3）检查钢筋绑扎是否牢固，有无松动变形的现象。

（4）检查保护层是否符合要求。

（5）钢筋表面是否清洁（有无油污、铁锈、污物等）。

（6）钢筋位置的允许偏差是否符合规定。

### 3.3.7　钢筋安装中的安全技术

（1）在高空绑扎和安装钢筋时，不要把钢筋集中堆放在模板或脚手架的某一部位以保安全，特别是悬臂构件,更要检查支撑是否稳固。

(2)不要在脚手架上随便放置工具、箍筋或短钢筋,避免放置不稳下落伤人。

(3)在高空安装预制钢筋骨架和绑扎圈梁钢筋时,不允许站在模板或墙上操作。操作地点应搭脚手架,严禁操作人员抬钢筋在墙上行走。

(4)应尽量避免在高空修整、扳弯粗钢筋。在必须操作时,要系好安全带,选好位置,人要站稳,防止脱手伤人。

(5)绑扎烟囱、水池等筒式结构时,不准踩在钢筋骨架上操作或上下行走。

(6)安装钢筋时不要碰撞电线,避免发生触电事故。

(7)在雷雨时,必须停止露天操作,预防雷击钢筋伤人。

## 3.4 钢筋锥螺纹接头

钢筋锥螺纹接头是一种能承受拉、压两种作用力的机械接头,其特点是工艺简单、连接速度快、不受钢筋含碳量和有无花纹的限制、不污染环境、无明火作业、接头质量安全可靠、可节约大量的钢材和能源等,是20世纪80年代初国外开发研究的新技术,已广泛应用于抗震、防爆以及要求很高的建筑物,国内虽然起步较晚,但发展迅速,并成功应用于高层建筑、地铁车站、电站等建筑物的基础、墙、梁、柱、板等构件,取得了明显的技术、经济和社会效益。

钢筋锥螺纹接头就是把构件的连接加工成锥形螺纹(简称丝头),通过锥螺纹连接套,把两根带丝头的钢筋按规定的力矩值连成一体的钢筋接头。钢筋锥螺纹接头适用作钢筋直径为16～40mm的HPB235、HRB335钢筋的接头。

### 3.4.1 钢筋锥螺纹接头的应用

钢筋锥螺纹接头应用时应注意以下内容:

(1)钢筋锥螺纹接头性能等级的选用应符合下列规定:

1)混凝土结构中要求充分发挥钢筋强度或对接头延性要求较高的部位应采用A级接头。

2)混凝土结构中钢筋受力较小对接头延性要求不高的部位可采用B级接头(根据钢筋锥螺纹接头的基础受力性能可将其分为A、B两级。两种接头检验项目相同,只是B级接头比A级接头检验指标偏低)。

(2)设置在同一构件内同一截面受力钢筋的接头位置应相互错开。在任一接头中心至长度为钢筋直径的35倍的区段范围内,有接头的受力钢筋截面面积占受力钢筋总截面面积的百分率应符合下列规定:

1)受拉区的受力钢筋接头百分率不超过50%。

2)在受拉区的钢筋剪力较小的部位,A级接头的百分率不受限制。

3)接头应避开有抗震设防要求的框架梁端和柱端箍筋加密区;当无法避开时,接头应采用A级接头,且接头百分率不应超过50%。

4)在受压区和装配式构件中钢筋受力较小的部位,A级和B级接头百分率不受限制。

(3)考虑到本接头的构造特点,严禁在接头处弯曲;如需要弯曲成型,必须在接头以外10倍钢筋直径以外进行,避免破坏接头的连接强度。如施工需要弯曲钢筋,可先弯曲钢筋再连接。接头可选用单向或双向可调接头。

(4)不同直径钢筋连接时,根据结构的受力要求,一次连接钢筋直径之差不宜超过二级。

(5)钢筋连接套的混凝土保护层厚度应满足《混凝土结构设计规范》中受力钢筋混凝土保护层最小厚度的要求,且不得小于15mm。连接套之间的横向净距不宜小于25mm。

### 3.4.2 施工规定

#### 3.4.2.1 施工准备

施工前的准备工作主要有：

（1）鉴于钢筋套丝、现场质量检验、钢筋连接方法、力矩扳手（连接和检验钢筋接头紧固程度的扭力扳手）的正确使用、接头的质量要求和检验等均有专门的技术要求，所以凡参与接头施工的操作人员、技术管理人员和质量管理人员均应参加技术规程培训；操作工人应经考核后持证上岗。

（2）钢筋应先调直再下斜。为了保证套丝质量，减少套丝机和梳刀的损坏，钢筋下料时，应做到切口断面垂直钢筋轴线，不得有马蹄形和挠曲，不得用气割下斜。

（3）提供锥螺纹连接套应有产品合格证；两端锥孔应有密封盖；套筒表面应有规定标记。进场时，施工单位应进行复验。

#### 3.4.2.2 钢筋锥螺纹加工

钢筋锥螺纹加工时，应注意以下几点：

（1）加工的钢筋锥螺纹的锥度、牙形、螺距等必须与连接套的锥度、牙形、螺距一致，且须经配套的量规检测合格。鉴于国内现有的钢筋锥螺纹接头的技术参数不同，其套丝机、螺纹锥度、牙形、螺距等也不一样，为此施工单位采用时要特别注意，对技术参数不一样的接头决不能混用，避免出现质量问题。检查加工质量用的月牙规、锥螺纹塞规等均由提供钢筋连接技术的单位配套提供。

（2）加工钢筋锥螺纹时，应采用水溶性切削润滑液；当气温低于0℃时，应掺入15%~20%的亚硝酸钠。不得用机油作润滑液或不加润滑液套丝。

（3）操作人员应按加工质量检验方法的要求逐个检查钢筋丝头的外观质量。

（4）钢筋锥螺纹丝头质量的好坏直接影响连接质量，为此要求在工人自检的基础上，按每种规格钢筋加工批量的10%，且不少于10个进行随机抽检。决不允许使用月牙撕裂、掉牙、牙瘦、小端直径过小、钢筋纵肋上无齿等不合格的丝头连接钢筋。查出一个不合格丝头，则应重检该批丝头。对不合格的丝头可切去一部分，再重新加工出合格丝头，并及时填写检验记录，不得追记。

（5）为防止堆放、吊装搬运过程弄脏或碰坏钢筋丝头，要求经检验合格的丝头应加以保护。钢筋一端丝头带上保护帽，另一端按表3-10规定的力矩拧紧连接套，并按规格分类堆放整齐待用。

表3-10 接头拧紧力矩值

| 钢筋直径/mm | 16 | 18 | 20 | 22 | 25~28 | 32 | 36~40 |
|---|---|---|---|---|---|---|---|
| 拧紧力矩/N·m | 118 | 45 | 77 | 216 | 275 | 314 | 343 |

#### 3.4.2.3 钢筋连接

钢筋连接时，应注意以下几点：

（1）接头的质量和锥螺纹的加工质量有关。如果弄脏或碰伤钢筋丝头就会影响接头的连接质量，为此连接钢筋时，钢筋和连接套的规格应一致，并确保钢筋和连接套的丝扣干净完好无损。

（2）采用预埋接头时，连接套的位置、规格和数量应符合设计要求。带连接套的钢筋应固定牢，连接套的外露端应有密封盖。

（3）必须用力矩扳手拧紧接头。力矩扳手是连接钢筋和检验接头质量的定量工具，可确保钢筋连接质量。为保证产品质量，力矩扳手应由具有生产计量器具许可证的加工厂加工制造，产品出产时应有产品出厂合格证。

（4）力矩扳手的精确度为±5%，要求每半年用扭力仪检定一次（考虑到力矩扳手的使用次数不一样，可根据需要将使用频繁的力矩扳手提前检定）。不准用力矩扳手当锤子或撬杠使用，要轻拿轻放，不许坐、踏，不用时应把力矩扳手调到0刻度，以保证力矩扳手的精确度。

（5）连接钢筋时，应先将钢筋对正轴线，然后拧入锥螺纹连接套筒中，再用力矩扳手拧到表3－10规定的力矩值。决不应在钢筋锥螺纹没拧入锥螺纹连接套筒时，就用力矩扳手连接钢筋，否则会损坏接头丝扣造成接头质量不合格。不得超拧，目的是防止接头漏拧，为防止接头漏拧，每个接头拧到规定的力矩值后，一定要在接头上做标记，以便检查。

（6）力矩扳手使用一段时间后，精度有可能发生变化。为确保质检用的力矩扳手精度，规定质检用的力矩扳手与施工用的扳手分开使用，不得混用。

### 3.4.3 接头型式检验

钢筋锥螺纹接头的型式检验应符合现行行业标准《钢筋机械连接通用技术规程》（JGJ107）的有关规定。

### 3.4.4 接头施工现场检查验收

接头施工现场检查验收应注意以下几个要点：

（1）工程中应用钢筋锥螺纹接头时，该技术提供单位应提供有效的型式检验报告。

（2）连接钢筋时，应检查连接套出厂合格证、钢筋锥螺纹加工检验记录。

（3）钢筋连接工程开始前及施工过程中，应对每批进场钢筋和接头进行工艺检验：

1）每批规格钢筋母材进行抗拉强度试验；

2）每种规格钢筋接头的试件数量不应小于3个；

3）接头试验应达到现行行业标准《钢筋机械连接通用技术规程》（JGJ107）中表3.0.5中相应等级的强度要求。计算钢筋抗拉强度时，应采取钢筋的实际横截面积计算。

（4）随机抽取同规格接头数的10%进行外观检查。钢筋与连接套的规格应一致，接头丝扣无完整丝扣（连续一圈的标准牙）外露。如发现有完整丝扣外露，说明有丝扣损坏或有赃物进入接头丝扣，丝头小端质检超差或用小规格的连接套；连接套和钢筋之间如有一圈明显的间隙，则说明用了大规格的连接套连接了细钢筋。出现以上情况时应及时查明原因、排除故障，并重新连接钢筋。如接头已不能重复连接，可采用E50XX型焊条补强，将钢筋与连接套焊在一起，焊缝高度不小于5mm。当连接HRB400钢筋时，应先做可焊性试验，经试验合格后，方可焊接。

（5）用质检力矩扳手按表3－10规定的接头拧紧值抽检接头的连接质量。抽检数量：梁、柱构件按接头数的5%，且每个构件的接头数抽检数不得小于一个接头；基础、墙、板构件按各自接头数，每100个接头作为一个验收批，不足100个也作为一个验收批，每批抽验3个接头。抽验的接头应全部合格，如果一个接头不合格，则该验收批接头应逐个检查，对查出不合格接头应进行补强，并按要求填写接头质量检查记录。

（6）接头的现场检验按验收批进行。同一个施工条件下的同一批材料的同等级、同规模接头以500个为一验收批进行检验与验收，不足500个也作为一个验收批。

（7）对接头的每一验收批，应在工程结构中随机截取3个试件做单向拉伸试验，按设计要求的接头性能等级进行检查与评定，并按要求填写接头拉伸试验报告。

（8）在现场连续检验10个验收批，全部单向拉伸试件一次抽样全部合格时，验收批接头数量可扩大一倍。

### 3.4.5　构件加工质量检验方法

A　锥螺纹丝头牙形检验

牙形饱满,无断牙、秃牙缺陷,且与牙形规的牙形吻合,牙齿表面光洁的为合格品(如图 3-35)。

图 3-35　锥螺纹丝头牙形检验

B　锥螺纹丝头锥度与小端直径检验

丝头锥度与卡规或环规吻合,小端直径在卡规或环规的允许误差之内为合格(如图 3-36)。

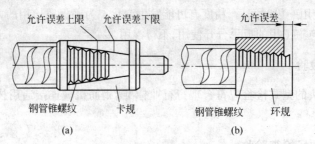

图 3-36　锥螺纹丝头锥度与小端直径检验

(a)卡规检验;(b)环规检验

C　连接套质量检验

锥螺纹塞规拧入连接套后,连接套的大端边缘在锥螺纹塞规大端的缺口范围内为合格(如图 3-37)。

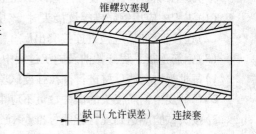

图 3-37　连接套质量检验

### 3.4.6　常用接头连接方法

A　同径或异径普通接头

分别用力矩扳手将 1 与 2、2 与 3 拧到规定的力矩值(如图 3-38)。

B　单向可调接头

分别用力矩扳手将 1 与 2、3 与 4 拧到规定的力矩值,再把 5 与 2 拧紧(如图 3-39)。

C　双向可调接头

分别用力矩扳手将 1 与 2、3 与 4 拧到规定的力矩值,且保持 2、3 的外露丝扣数相等,然后分别夹住 2 与 3,把 5 拧紧(如图 3-40)。

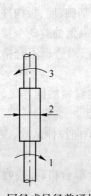
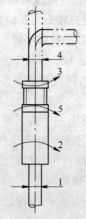
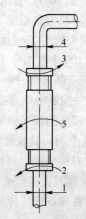

图 3-38　同径或异径普通接头　　图 3-39　单向可调接头　　图 3-40　双向可调接头

## 3.5 钢筋隐蔽工程记录与质量检查

### 3.5.1 钢筋隐蔽工程记录表

钢筋隐蔽工程验收记录表如表3-11所示。

**表3-11 隐蔽工程验收记录表**

验收日期　　　　年　　　月　　　日

| 工程名称 | | 工程地点 | | 建设单位 | | 设计单位 | 施工单位 |
|---|---|---|---|---|---|---|---|
| | | | | | | | |
| 验收内容 | 分部分项工程说明 | 部位(轴线、标高) | 规格 | 单位 | 数量 | 简图说明 | |
| | | | | | | | |
| | | | | | | | |
| | | | | | | | |
| 检查意见 | | | | | | | |
| 设计单位 | | | 建设(监理)单位 | | | 单位工程负责人 | |

### 3.5.2 钢筋安装及预埋件位置的允许偏差和检验方法

钢筋安装及预埋件位置的允许偏差和检验方法如表3-12所示。

**表3-12 钢筋安装及预埋件位置的允许偏差和检验方法**

| 项　　目 | | 允许偏差 | 检 验 方 法 |
|---|---|---|---|
| 网的长度、宽度 | | ±10 | 尺量偏差 |
| 网眼尺寸 | 焊接 | ±10 | 尺量连续三挡取其最大值 |
| | 绑扎 | ±20 | |
| 骨架的宽度、高度 | | ±5 | 尺量检查 |
| 骨架的长度 | | ±10 | |
| 受力钢筋 | 间距 | ±10 | 尺量两端、中间各一点取其最大值 |
| | 排距 | ±5 | |
| 箍筋、构造筋间距 | 焊接 | ±10 | 尺量连续三挡取其最大值 |
| | 绑扎 | ±20 | |
| 钢筋弯起点位移 | | 20 | |
| 焊接预埋件 | 中心线位移 | 5 | |
| | 水平高差 | +3，-0 | 尺量检查 |
| 受力钢筋保护层 | 基础 | ±10 | |
| | 梁、柱 | ±5 | |
| | 墙、板 | ±3 | |

### 3.5.3　质量检查主要项目与检查方法

#### 3.5.3.1　保证项目

(1)钢筋的品种和质量,焊条、焊剂的牌号、性能,接头中使用的钢板和型钢均必须符合设计要求和有关标准的规定。进口钢筋须先经化学成分检验和焊条试验,符合有关规定后方可用于工程中。检验方法:检验出厂质量证明书和试验报告。

(2)冷拉冷拔钢筋的机械性能必须符合设计要求和施工规范的规定。检验方法:检查出厂质量证明书、试验报告和冷拉记录。

(3)钢筋的表面必须清洁。带有颗粒状或片状老锈并经除锈后仍留有麻点的钢筋严禁按原规格使用。检验方法:观察检查。

(4)钢筋的规格、形状、尺寸、数量、间距、锚固长度、接头设置必须符合设计要求和施工规范的规定。检验方法:观察或尺量检查。

(5)钢筋焊接接头、焊接制品的机械性能必须符合钢筋焊接及验收的专门规定。检验方法:检查焊接试件试验报告。

#### 3.5.3.2　基本项目

(1)钢筋网片、骨架的绑扎和焊接质量应符合下列规定:

1)绑扎:

合格:缺扣的数量不超过应绑扎扣数的20%,且不应集中。

优良:缺扣、松扣的数量不超过应绑扎扣数的10%,且不应集中。

2)焊接:

合格:骨架无漏焊、开焊。钢筋网片漏焊、开焊不超过焊点的4%,且不应集中;板伸入支座范围内的焊点无漏焊、开焊。

优良:骨架无漏焊、开焊。钢筋网片漏焊、开焊不超过焊点数的2%,且不应集中;板伸入支座范围内的焊点无漏焊、开焊。

检查数量:按梁、柱和独立基础的件数各抽查10%,但均不应少于3件;带型基础、圈梁每30~50m抽查1处(每处3~5m),但均不少于3处;墙和板按有代表性的自然间抽查10%,礼堂、厂房等大间按两轴线为一间,墙每4m高左右为1个检查层,每面为1处,板每间为1处,但均不得少于3处。

检验方法:观察和手扳检查。

(2)弯钩朝向应正确。绑扎接头应符合施工规范规定,其中搭接长度尚应符合以下规定:

合格:搭接长度均不小于规定值的95%。

优良:搭接长度均不小于规定值。

检查数量:同本项(1)款中的规定。

检验方法:观察或尺量检查。

(3)用 HRB335 钢筋或冷拔低碳钢丝制造的箍筋,其数量、弯钩角度和平直长度均应符合以下规定:

合格:数量符合设计要求,弯钩角度和平直长度基本符合施工规范的规定。

优良:数量符合设计要求,弯钩角度和平直长度符合施工规范的规定。

检查数量:同本项(1)款中的规定。

检验方法:观察或尺量检查。

(4)钢筋的焊点与接头尺寸和外观质量应符合下列规定:

1）点焊焊点：

合格：无裂纹、多孔性缺陷及明显烧伤。焊点压入深度符合钢筋焊接及验收的专门规定。

优良：焊点处熔化金属均匀，无裂纹、多孔性缺陷及烧伤。焊点压入深度符合钢筋焊接及验收的专门规定。

2）对焊接头：

合格：接头处弯折不大于 $4°$；钢筋轴线位移不大于 $0.1d$ 且不大于 $2mm$。无横向裂纹。HPB235、HRB335、HRB400 钢筋无明显烧伤；低温对焊时，HRB335、HRB400 均无烧伤。

优良：接头处弯折不大于 $4°$；钢筋轴线位移不大于 $0.1d$ 且不大于 $2mm$。无横向裂纹和烧伤，焊包均匀。

3）电弧焊接头：

合格：帮条沿接头中心线的纵向位移不大于 $0.5d$；接头处弯折不大于 $4°$；钢筋轴线位移不大于 $0.1d$ 且不大于 $3mm$；焊缝厚度不小于 $0.05d$，宽度不小于 $0.1d$，长度不小于 $0.5d$。无较大的凹陷、焊瘤，接头处无裂纹。咬边深度不大于 $0.5mm$（低温焊接咬边深度不大于 $0.2mm$）。帮条焊、搭接焊在长度 $2d$ 的焊缝表面上，坡口焊、熔槽帮条焊在全部焊缝上气孔及夹渣均不多于两处，且每处面积不大于 $6mm^2$。预埋件和钢筋焊接处，直径大于 $1.5mm$ 的气孔或夹渣，每件不超过 3 个。

优良：帮条沿接头中心线的纵向位移不大于 $0.5d$；接头处弯折不大于 $4°$；钢筋轴线位移不大于 $0.1d$ 且不大于 $3mm$；焊缝厚度不小于 $0.05d$，宽度不小于 $0.1d$，长度不小于 $0.5d$。焊缝表面平整，无凹陷、焊瘤。接头处无裂纹、气孔、夹渣及咬边。

4）电渣压力焊接头：

合格：接头处弯折不大于 $4°$；钢筋轴线位移不大于 $0.1d$ 且不大于 $2mm$。无裂纹及明显烧伤。

优良：接头处弯折不大于 $4°$；钢筋轴线位移不大于 $0.1d$ 且不大于 $2mm$。焊包均匀，无裂纹及烧伤。

5）埋弧压力焊接头：

合格：接头处弯折不大于 $4°$，钢筋无明显烧伤，咬边深度不超过 $0.5mm$。钢板无焊穿、凹陷。

优良：接头处弯折不大于 $4°$，焊包均匀，钢筋无烧伤，咬边。钢板无焊穿、凹陷。

检查数量：点焊网片、骨架按同一类型制品抽查 5%，梁、柱、桁架等重要制品抽查 10%，但均不应少于 3 件；对焊接头抽查 10%，但不少于 10 个接头；电弧焊、电渣压力焊接头抽查 10%，但不应少于 5 件。

检验方法：用小锤、放大镜、钢板尺和焊缝量规检查，对焊应用刻槽尺检查。$d$ 为钢筋直径，单位为 $mm$。

## 3.6 钢筋工程易产生的质量通病分析与处理

### 3.6.1 钢筋加工易产生的质量通病

钢筋加工易产生的质量通病如表 3-13 所示。

### 3.6.2 钢筋安装易产生的质量通病

钢筋安装易产生的质量通病如表 3-14 所示。

**表 3 - 13　钢筋加工易产生的质量通病**

| 质量通病 | 现　象 | 产生原因 | 预防措施 | 处理方法 |
|---|---|---|---|---|
| 剪断尺寸不准 | 1. 剪断尺寸不准；<br>2. 端部不平 | 1. 定尺卡板活动；<br>2. 刀片间隙过大 | 1. 拧紧定尺卡板的紧固螺栓；<br>2. 调整刀片间的水平间隙 | 根据钢筋所在部位和剪断误差情况决定是否可用或返工 |
| 箍筋不规范 | 1. 矩形钢筋成型后转角不是90°；<br>2. 两对角线长度不相等 | 1. 没严格控制弯曲角度；<br>2. 多根钢筋同时弯曲时没有逐根对齐；<br>3. 箍筋边长过长 | 1. 注意操作方法控制弯曲角度；<br>2. 多根钢筋同时弯曲时，应在弯折处逐根对齐；<br>3. 控制钢筋边长尺寸 | 1. 对 HPB235 钢筋，调直后重新返工（可返工一次）；<br>2. HRB335、HRB400 钢筋不得重新弯曲 |
| 成型尺寸不准 | 钢筋长度、弯曲角度不符合图纸要求 | 1. 下料不准确；<br>2. 画线方法不对或误差大；<br>3. 手工弯曲时，扳距选择不当；<br>4. 角度控制没有采取保证措施 | 1. 保证下料尺寸正确；<br>2. 画线准确；<br>3. 扳距适当；<br>4. 画出角度准线或采取钉扒钉做标志的措施 | 1. 误差不超过质量标准允许值且对结构无不良影响时，应尽量使用；<br>2. 返工 |
| 成型钢筋变形 | 钢筋成型时外形尺寸准确，但在堆放过程中发生扭曲，角度偏差 | 1. 不平；<br>2. 互相碰撞；<br>3. 往地面择得过重；<br>4. 堆过高被压弯；<br>5. 搬运次数多 | 1. 搬运、堆放要轻抬轻放；<br>2. 放置地点要平；<br>3. 按施工需要运至现场；<br>4. 避免不必要翻垛 | 1. 将变形过大者重新矫正；<br>2. 如变形过大，应检查弯折处是否有碰撞或局部出现裂纹，并根据具体情况处理 |

**表 3 - 14　钢筋安装易产生的质量通病**

| 质量通病 | 现　象 | 产生原因 | 预防措施 | 处理方法 |
|---|---|---|---|---|
| 骨架外形尺寸不准 | 预制钢筋骨架无法放入模内 | 1. 钢筋加工外形不准确；<br>2. 骨架中各号钢筋端部未对齐；<br>3. 绑扎时钢筋位置不对；<br>4. 骨架变形 | 1. 加工尺寸正确；<br>2. 将各号钢筋端部对齐；<br>3. 防止钢筋绑扎偏斜；<br>4. 防止钢筋骨架变形 | 将骨架外形尺寸不准的钢筋解开重新安装绑扎，不可用锤子敲击 |
| 骨架歪斜 | 钢筋骨架绑扎完或堆放一段时间后及运输不当所产生的歪斜现象 | 1. 绑扎不牢；<br>2. 绑扎形式不当；<br>3. 绑扎点太稀；<br>4. 纵向构造钢筋、拉筋或附加筋太少；<br>5. 堆放骨架地面不平；<br>6. 骨架受压或相互碰撞 | 1. 正确选择绑扎形式，增加绑扣数量，绑扎要牢固；<br>2. 按规定设置纵向构造钢筋、附加箍筋或拉筋；<br>3. 堆放骨架地面要平整；<br>4. 轻抬轻放 | 根据骨架歪斜状况和程度进行修复或加固 |

| 质量通病 | 现象 | 产生原因 | 预防措施 | 处理方法 |
|---|---|---|---|---|
| 绑扎钢筋网片斜扭 | 绑扎后的钢筋网片在搬运或安装过程中发生歪斜、扭曲现象 | 1. 搬运不当；<br>2. 堆放场地不平；<br>3. 绑扎点稀少；<br>4. 绑扎扣方向变换太少 | 1. 地要平整,运输时轻抬轻放；<br>2. 增加绑扣数量；<br>3. 采用八字形绑扎法 | 1. 将斜扭网片正直；<br>2. 增加绑点,绑扎要牢固；<br>3. 必要时增加斜拉筋 |
| 骨架吊装变形 | 钢筋骨架用吊车吊装入模时发生扭曲、弯折、歪斜等变形 | 1. 骨架本身刚度低；<br>2. 起吊后受到碰撞；<br>3. 骨架绑扎不牢 | 1. 加固钢筋骨架、增加其刚度或用铁扁担进行起吊；<br>2. 起吊要平稳；<br>3. 绑扎牢固,必要时可用电焊焊几点 | 变形骨架应在模板内或周围附近修整,变形过大的骨架应拆开,矫正后重新绑扎安装 |
| 同截面接头过多 | 同一截面内,受力钢筋接头过多,某截面面积占受力钢筋总截面面积的百分数超过规范规定的数值 | 1. 配料时没考虑钢筋长度；<br>2. 有些杆件中的钢筋接头不允许采用绑扎接头；<br>3. 没有按规定确定钢筋接头位置 | 1. 配料时,应根据原材料长度按下料单钢筋编号再划出几个搭配分号；<br>2. 不允许绑扎的接头均应焊接；<br>3. 按规定确定钢筋接头位置 | 1. 重新考虑设置方案；<br>2. 拆除骨架或抽出有问题的钢筋返工,也可采用加焊帮条的方法解决；<br>3. 将绑扎接头改为焊接接头 |
| 柱箍筋接头位置同向 | 柱箍筋接头位置方向相同,重复搭接 | 绑扎箍筋时疏忽 | 安装操作时,精力集中,按规定将接头位置错开绑扎 | 将同向的箍筋解开、调向,重新绑扎 |
| 露 筋 | 构件拆模后发现混凝土表面有钢筋露出 | 1. 垫块少或垫块滑移；<br>2. 钢筋受到振动器撞击绑扎松懈,钢筋发生位移；<br>3. 钢筋尺寸不准或骨架外形尺寸偏大、变形 | 1. 保证足够数量的垫块,为防止垫块滑移,可用绑线将垫块与受力钢筋绑在一起；<br>2. 振捣时,振动器不得撞击钢筋；<br>3. 控制钢筋成形尺寸及骨架外形尺寸 | 见钢筋混凝土有关内容 |
| 钢筋搭接长度与接头位置错误 | 绑扎后发现钢筋搭接长度不够,接头位置有错误 | 没有按规定进行绑扎 | 牢记钢筋搭接长度及接头位置的有关规定 | 将绑扎错误的钢筋改正 |
| 钢筋间距不一致 | 实际用钢筋数量与配料单上的数量不符 | 图纸上标注的箍筋间距为近似值,若据此绑扎,则间距或根数会有出入 | 1. 先算好箍筋的实际分布间距；<br>2. 从构件中点向端部划线 | 适当增加1~2道箍筋 |

### 3.6.3 钢筋焊接易产生的质量通病

各种焊接方法易产生的质量通病,分别见表 3 – 15、表 3 – 16、表 3 – 17 和表 3 – 18。

表 3 – 15　闪光对焊易产生的质量通病

| 质量通病 | 现象 | 产生原因 | 预防措施 |
|---|---|---|---|
| 未焊透 | 1. 接头镦粗变形量小；<br>2. 出现涨开现象；<br>3. 接头中有氧化膜 | 1. 焊接工艺方法使用不当；<br>2. 焊接参数选择不适当 | 1. 严格掌握连续闪光焊的使用范围；<br>2. 增加预热程度；<br>3. 顶锻应在足够大的压力下快速完成；<br>4. 确保带电顶锻过程 |
| 氧化 | 焊口周围局部或大片区域被氧化膜覆盖，受到强烈氧化失去金属光泽 | 1. 烧化过程不稳定、不强烈、不连续、速度慢；<br>2. 顶锻压力小，速度慢；<br>3. 顶锻留量过大 | 1. 保证烧化过程的连续性，且有必要的强烈程度；<br>2. 加快邻近顶锻时的烧化速度；<br>3. 顶锻应在足够大的压力下快速完成；<br>4. 顶锻留量适当 |
| 过热 | 从焊缝或近缝区断口上可看到粗晶状态 | 1. 过分预热，预热时接触太轻，间歇时间短，焊口处热量过于集中；<br>2. 假热区域过宽，顶锻留量偏少；<br>3. 顶锻方法不对 | 1. 减少预热程度；<br>2. 控制预热接触时间、间歇时间；<br>3. 加快烧化速度，缩短焊接时间；<br>4. 控制顶锻时温度及留量；<br>5. 避免过多带电顶锻 |
| 脆断 | 钢筋接头无预兆突然断裂 | 1. 淬硬脆断；<br>2. 过热脆断；<br>3. 烧伤脆断 | 1. 根据钢筋的可焊性来选择相应的焊接工艺；<br>2. 正确控制热处理程度 |
| 烧化 | 钢筋与电极接触，在焊接时产生的熔化状态 | 1. 钢筋被夹紧部位不清洁；<br>2. 电极内表面有氧化物；<br>3. 夹紧力不够；<br>4. 导电面积不足 | 1. 清除钢筋被夹紧部位的铁锈和污物；<br>2. 清除电极内表面的氧化物；<br>3. 增加导电面积；<br>4. 夹紧钢筋 |

表 3 – 16　钢筋电弧焊易产生的质量通病

| 质量通病 | 现象 | 产生原因 | 预防措施 |
|---|---|---|---|
| 咬边 | 在焊缝与钢筋边缘处被电弧烧成凹槽 | 1. 焊接电流过大、焊弧过长及角度不当；<br>2. 焊工操作不熟练 | 1. 选用合适的电流；<br>2. 操作时电弧不要拉得过长；<br>3. 焊条角度适当；<br>4. 掌握操作方法 |
| 未熔合 | 填充金属与母材之间彼此没有熔合在一起 | 1. 电流过小、焊速过小、焊接过高过快；<br>2. 热量不足或焊条偏于坡口之一侧；<br>3. 焊缝金属表面不清洁 | 1. 选用稍大的电流，放慢焊速；<br>2. 焊条角度及运条速度适当；<br>3. 保持熔池清洁；<br>4. 分清熔渣与铁水 |
| 焊瘤 | 正常焊缝之外多余的焊着金属 | 1. 熔池温度过高，金属凝固较慢，在自重作用下流坠形成；<br>2. 在立、横、仰焊时焊接电流过大，焊条角度及操作方法不当 | 1. 可利用焊条左右摆动和挑弧动作加以控制；<br>2. 适当减小焊接电流；<br>3. 焊条角度及运条速度适当；<br>4. 熟练掌握操作方法 |

| 质量通病 | 现　象 | 产生原因 | 预防措施 |
|---|---|---|---|
| 未焊透 | 焊接金属与钢筋之间有局部未熔合 | 1. 焊工操做不熟练；<br>2. 焊接电流过小，焊接速度过快、间隙过小、钝边过大 | 1. 焊工熟练操作；<br>2. 控制坡口尺寸；<br>3. 焊接电流适当；<br>4. 对口间隙应大些（约为焊条直径），钝边则应小些（约为焊条直径的1/2 左右） |
| 夹渣 | 熔池中熔渣未浮出，存在于焊缝中 | 1. 操作技术不良；<br>2. 钢筋表面有铁锈或污物；<br>3. 焊条药皮渗入焊缝金属；<br>4. 熔渣未清理干净 | 1. 正确选择焊条与焊接电流；<br>2. 清除铁锈及污物；<br>3. 保证熔池清洁，分清渣与铁水；<br>4. 熟练掌握操作技术 |
| 气孔 | 熔池中的气体来不及逸出而停留在焊缝中的孔眼里 | 1. 碱性焊条受潮，药皮变质或剥落，酸性焊条烘熔温度过高使药皮变质失效；<br>2. 焊接区域内赃物没清理；<br>3. 电弧强烈不稳定；<br>4. 焊接速度过快或空气湿度大 | 1. 碱性焊条应按说明书规定的温度和时间进行烘熔，不用药皮变质、偏心剥落、焊芯锈蚀的焊条；<br>2. 尽量减少熔池中产生气体的因素；<br>3. 在条件许可的情况下适当加大焊接电流，降低焊接速度；<br>4. 熔池不宜过大；<br>5. 在开始引弧时，应将电弧拉长些，用电弧进行预热并逐渐形成熔池 |
| 裂纹 | 焊接接头有纵向裂纹、横向裂纹、熔合线裂纹、焊缝根部裂纹、弧坑裂纹等 | 1. 焊条质量不合格（锰含量不足，碳及硫含量偏高）；<br>2. 焊接应力过大；<br>3. 在低温下焊接时定位焊缝易开裂；<br>4. 焊接参数选用不合理 | 1. 使用经质量检验合格的焊条，还应选择合理的焊接参数；<br>2. 选择合理的焊接顺序，减小焊接应力；<br>3. 选择温度适宜的焊接环境；<br>4. 尽量避免强行组装后进行定位焊，定位焊缝长度应适当加大 |
| 烧伤 | 钢筋表面局部有缺肉或凹坑 | 操作不慎，使焊条、焊把与钢筋非焊接部位接触，短暂地引起电弧后把钢筋表面烧伤 | 1. 操作时，注意避免带电金属与钢筋相碰引起电弧；<br>2. 不得在非焊接部位随意引起电弧；<br>3. 注意地线应与钢筋紧固连接 |
| 弧坑 | 由于焊条收尾时未填满弧坑面使焊缝在该处存有较明显的缺肉 | 焊接过程中突然灭弧引起弧坑过大 | 焊条在收弧处稍多停留一会，有时因停留时间过长会导致熔池温度过高，造成熔池过大或焊瘤，此时应采用几次断续灭弧焊来填满，但碱性直流焊条不易采用此法，以防止产生气孔 |

表3-17　钢筋电渣压力焊易产生的质量通病

| 质量通病 | 现　象 | 产生原因 | 预防措施 |
|---|---|---|---|
| 接头偏心 | 焊接接头的轴线偏移大于允许偏差值 | 1. 钢筋端部不直,夹持歪斜;<br>2. 夹具磨损造成上下不同心;<br>3. 顶压时用力过大,使上钢筋晃动、移位;<br>4. 夹具过于放松 | 1. 把钢筋端部矫直;<br>2. 及时修理、更换夹具,使两钢筋夹持于夹具内,上下同心,焊接过程中上钢筋应保持垂直稳定;<br>3. 顶压用力适当;<br>4. 焊接结束后应停留一会再卸夹具 |
| 咬边 | 焊缝与钢筋边缘处有凹槽 | 1. 焊接电流过大,钢筋熔化过快;<br>2. 顶压量小,上钢筋端头没有压入熔池中或压入深度不够;<br>3. 通电时间长、停机晚 | 1. 适当降低焊接电流;<br>2. 适当缩短焊接通电时间,及时停机;<br>3. 适当加大顶压量 |
| 未熔合 | 上下钢筋结合面处没有很好熔化在一起 | 1. 上钢筋提升或下送速度过慢;<br>2. 焊接电流小或通电时间短;<br>3. 夹具出现故障 | 1. 提高钢筋下送速度;<br>2. 适当增加焊接电流,延迟断电时间;<br>3. 及时检查或更新夹具保证钢筋均匀下送 |
| 焊包不均 | 焊包大小不一或焊缝厚度不匀 | 1. 钢筋端部不平,熔化量不足;<br>2. 采用铁丝圈引弧时,铁丝圈安放不正 | 1. 钢筋端部切平;<br>2. 铁丝圈放置正中;<br>3. 适当增加熔化量 |
| 气孔 | 在焊包外部或焊缝内部由于气体的作用形成孔眼 | 1. 焊剂受潮,焊接过程中产生大量气体渗入熔池;<br>2. 接头处钢筋锈蚀或表面不清洁 | 1. 按规定烘熔焊剂;<br>2. 把钢筋端部铁锈、油污处理干净 |
| 烧伤 | 钢筋夹持处有许多斑点或小弧坑 | 1. 钢筋端部锈蚀严重;<br>2. 夹具内不清洁;<br>3. 钢筋未夹紧 | 1. 钢筋端部除锈;<br>2. 将夹具电极上的熔渣及氧化物清除干净;<br>3. 把钢筋夹紧后再施焊 |
| 夹渣 | 焊缝中有非金属夹杂物 | 1. 通电时间短,过早进行顶压,熔渣无法排除;<br>2. 焊接电流过大或过小;<br>3. 焊剂选择不当;<br>4. 顶压力小 | 1. 选择合适的焊接电流、通电时间以及顶压时机;<br>2. 正确选用焊剂;<br>3. 适当增大顶压力 |
| 成型不良 | 1. 焊包上翻;<br>2. 焊包下流 | 1. 焊接电流大、通电时间短、上钢筋熔化量大、顶压力过大造成焊包上翻;<br>2. 焊剂泄漏、熔化铁水失去约束、随焊剂泄漏造成焊包下流 | 1. 防止焊包上翻:适当减小焊接电流,增加通电时间,加压用力均匀适当;<br>2. 防止焊包下流:焊剂盒的下口及其间隙用石棉布(垫)封塞,防止焊剂泄漏 |

表 3–18　钢筋电阻点焊易产生的质量通病

| 质量通病 | 现　象 | 产生原因 | 预防措施 |
|---|---|---|---|
| 焊点过烧 | 钢筋焊接区上下电极与钢筋表面接触处均有烧伤,焊点处钢筋呈蓝黑色且毛刺较多 | 1. 电流过大;<br>2. 通电时间过长;<br>3. 钢筋表面不净,导电不良;<br>4. 电极表面不平;<br>5. 上下电极中心不对;<br>6. 继电器接触失灵 | 1. 降低变压器级数,缩短通电时间;<br>2. 控制电压升降在5%左右;<br>3. 清除钢筋表面铁锈污物;<br>4. 切断电源,校正电极;<br>5. 调节间隙,清理触点 |
| 焊点脱落 | 焊点周界熔化铁浆挤压不饱满,轻轻敲打即产生焊点分离 | 1. 电流过小,通电时间短;<br>2. 电极挤压力不足;<br>3. 压入深度不足;<br>4. 焊点强度低 | 1. 增加变压器级数,延长通电时间;<br>2. 加大弹簧压力或调大气压;<br>3. 调整两电极间距离符合压入深度要求;<br>4. 清除钢筋表面铁锈油污 |
| 钢筋表面烧伤 | 钢筋与电极接触处在焊接时产生熔化状态 | 1. 钢筋表面不清洁;<br>2. 上下电极表面不平整;<br>3. 焊接时没有预压过程或压力过小;<br>4. 通过电极时电流过大 | 1. 降低变压器级数;<br>2. 保证预压过程及适当的预压力;<br>3. 清除钢筋表面铁锈油污;<br>4. 清刷电极表面 |
| 焊点压陷深度过大或过小 | 焊点实际压陷深度超过焊接规范规定的上下限 | 1. 焊接电流愈大,焊点压陷深度也愈大,反之愈小;<br>2. 通电时间愈长,钢筋熔化愈大,焊点压陷深度也愈大,反之愈小;<br>3. 电极挤压力愈大,焊点压陷深度也愈大,反之愈小 | 正确选择焊接参数,控制焊接电流大小、通电时间长短、电极挤压力大小 |

# 4　模板工程施工

模板工程是混凝土工程的一个重要组成部分,是保证新浇混凝土成型的工具,是主导工程,其所需费用和时间占整个钢筋混凝土工程的比重较大。因此,在模板的设计和选择过程中,一定要注意模板的质量及其经济性,同时还要便于施工。具体地说,模板及支架系统必须满足以下要求:

(1)选材要因地制宜、就地取材,尽量实现周转次数多、耗费少、成本低,尽量采用先进技术、选用新型模板材料;

(2)能够保证工程结构和构件各部分形状尺寸和相互位置的正确;

(3)具有足够的强度、刚度和稳定性,能可靠地承受新混凝土的自重和侧压力以及施工过程中所产生的荷载;

(4)构造简单、装拆方便,便于钢筋的绑扎与安装,满足混凝土的浇筑和养护等工艺要求。

## 4.1　模板种类、规格及连接件

### 4.1.1　模板种类

钢筋混凝土施工中所采用的模板按其形式的不同可分为整体模板、定型模板、工具式模板、翻转模板、动模板、胎板等;按其所用材料的不同可分为木模板、钢木模板、钢模板、铝合金模板、塑料模板、玻璃钢模板、钢框胶合模板等;按模板的使用可分为散装模板、专用模板等。目前工程实际中大量采用的模板有钢模板、多层板模板和竹胶模板等。

### 4.1.2　木模板

木模板主要利用木材制作而成。目前,由于保护生态环境的要求,我国可供采伐的木材资源受到限制。同时,木材具有加工容易的特点。因此,木模板主要用于一些非标准设计、非模数设计的混凝土现浇构件和部位,如构造柱、基础、圆弧形的或其他不规则形状的梁、板、柱、墙等。木模板相对其他材料的模板而言,具有一次性投资小的特点。对中小型施工企业,尤其是实力较弱的乡镇企业而言,木模板仍然是一种主要施工用模板,它广泛用于各类混凝土现浇构件或部位。随着保护生态环境意识的增强以及可供采伐的木材储量进一步受到限制,木模板的用量会逐步减少。

木模板主要由板条和拼条组成,如图4-1所示。板条和拼条及其支撑系统由木材加工厂或现场木工棚制作,现场拼装而成。板条及拼条的长度、宽度、厚度等规格尺寸根据混凝土构件或部位的尺寸而定,大小

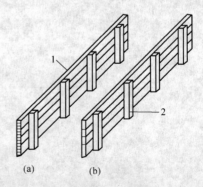

图4-1　模板的构造

(a)一般模板;(b)梁侧板的模板

1—板条;2—拼条

一般以两人能搬动为宜。板条的厚度一般为 25~50mm,宽度不超过 200mm;拼条一般的截面尺寸为(25~50)mm×(40~70)mm,它与板条垂直放置,其间距视所浇注混凝土的侧压力及板条的厚度而定,一般为 400~500mm。板条与拼条的连接一般采用钉子。钉子的长度一般为模板厚度的 1.5~2.0 倍。

木模板的支撑杆一般为圆木,要求尾径不小于 80mm。钢管可以利用搭设脚手架用的钢管。

在木模板的配置使用过程中应注意以下几个方面:

(1)木模板的配置要注意节约,并且考虑周转使用及拆模以后的适当改制使用;

(2)配置模板尺寸要考虑模板拼装接合的需要,适当加长或缩短某部分长度;

(3)拼装模板时,边板要找平刨直,接缝要严密,不能漏浆。木料上节疤、缺口等疵病的部位应放在模板反面或者截去,每块板在横档处至少要钉 2 个钉子,第二块板的钉子要朝向第一块板方向斜钉,使拼缝严密;

(4)直接与混凝土相接触的木模板宽度不宜大于 20cm,工具式木模板宽度不宜大于 15cm,梁和拱的底板如采用整块木板,其宽度不加限制;

(5)混凝土面不做粉刷的模板一般宜刨光,否则不必刨光;

(6)拼制完成后,不同部位的模板要进行编号,写明用途,分别堆放。备用的模板要遮盖保护,以免变形;

(7)模板堆放时应防止暴晒,以防模板变形。

### 4.1.3 定型组合钢模板

定型组合钢模板是一种工具式模板,即先在工厂按一定模数制作成各种尺寸的板块、角模、支承件、连接件,然后在施工现场根据混凝土构件或部位的不同组合成各种形状的梁、柱、板、基础等模板,也可以拼装成大模板、隧道台模等。

定型组合钢模板相对木模板具有以下的优点:

(1)制作工厂化,节约材料。

(2)由于模板按一定的模数制作,因此模板的组装与拆卸比较方便,可以用人力装拆,安装工效高、组装灵活。

(3)模板的周转次数多。一套定型组合钢模可重复使用 50~100 次。

(4)模板工厂制作,精度很高,因此能保证混凝土构件或部位的尺寸和形状正确。同时,能保证混凝土表面光滑,也能使混凝土构件或部位的棱角分明、整齐。

定型组合钢模板由钢模板、连接件、支承件组成。

钢模板分为平面模板(P)、阴角模板(E)、阳角模板(Y)、连接角模板(J)。平面模板由面板、边框、加劲肋组成。面板主要保证混凝土构件表面的平整,边框主要用于模板之间的连接,加劲肋主要用于增大面板的承力力。面板与边框一般采用轧制成型,加劲肋与面板、边框一般采用焊接连接。平面模板一般采用 P×××× 表示其规格,前两位数表示其宽度,后两位表示其长度。阳角模板、阴角膜板、连接角模板统称角模,它们主要用于平模板的连接及形成要求较高的棱角,其中阳角模板用于要求较高的阳角(不常用),阴角模板用于要求较高的阴角,而棱角要求不高时可采用连接角模板。常用钢模板的规格编码见表 4-1。

钢模板连接件有 U 形卡、L 形插销、钩头螺栓、对拉螺栓、紧固螺栓及紧固螺栓扣件等,利用这些连接件可以实现钢模板不同形状的连接,连接形状如图 4-2 所示。

U 形卡主要用于模板的拼接。模板边框上都开有小孔,间距不大于 300mm,一个小孔用一个 U 形卡将相邻两块模板拼接成一个整体。安装时一顺一倒相互错开。

**表 4 – 1　常用钢模板的规格编码**

| 模板长度/mm | | | 450 | | 600 | | 1500 | |
|---|---|---|---|---|---|---|---|---|
| | | | 代号 | 尺寸/mm | 代号 | 尺寸/mm | 代号 | 尺寸/mm |
| 平面模板（代号 P） | 宽度/mm | 300 | P3006 | 300×450 | P3006 | 300×600 | P3015 | 300×1500 |
| | | 250 | P2504 | 250×450 | P2506 | 250×600 | P2515 | 250×1500 |
| | | 200 | P2004 | 200×450 | P2006 | 250×600 | P2005 | 200×1500 |
| | | 150 | P1504 | 150×450 | P1506 | 250×600 | P1505 | 150×1500 |
| | | 100 | P1004 | 100×450 | P1006 | 250×600 | P1005 | 100×1500 |
| 阴角模板（代号 E） | | | E1504 | 150×150×450 | E1506 | 150×150×600 | E1515 | 150×150×1500 |
| | | | E1004 | 100×100×450 | E1006 | 100×100×600 | E1015 | 100×100×1500 |
| 阳角模板（代号 Y） | | | Y1004 | 100×100×450 | Y1006 | 100×100×600 | Y1015 | 100×100×1500 |
| | | | Y0504 | 50×50×450 | Y0506 | 50×50×600 | Y0515 | 50×50×1500 |
| 连接角模（代号 J） | | | J0004 | 50×50×450 | J0004 | 50×50×600 | J0015 | 50×50×1500 |

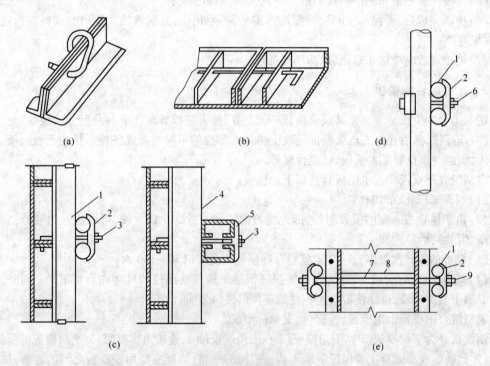

图 4 – 2　钢模板连接

(a)U 形卡连接；(b)L 形插销连接；(c)钩头螺栓连接；(d)紧固螺栓连接；(e)对拉螺栓连接

1— 圆钢管钢楞；2—"3"形扣件；3—钩头螺栓；4—内卷边槽钢楞；5—蝶形扣件；

6—紧固螺栓；7—对拉螺栓；8—塑料套管；9—螺母

　　L 形插销插入钢模板端部横肋的插销孔内,增加两相邻模板接头处的刚度和保证接头处表面平整。

　　钩头螺栓用于模板与内外钢楞的连固,安装间距一般不大于 600mm。

　　紧固螺栓主要用于紧固内外钢楞,长度应该与采用的钢楞尺寸相适应。

　　对拉螺栓用于连接墙壁两侧的模板,对拉装置的种类和规格尺寸可按设计要求和供应条件选用,其承载能力如表4-2。

表4-2 对拉螺栓承载能力

| 螺栓直径/mm | 螺母内径/mm | 净面积/mm² | 容许拉力/kN |
|---|---|---|---|
| M12 | 10.11 | 76 | 12.9 |
| M14 | 11.84 | 105 | 17.8 |
| M16 | 13.84 | 144 | 24.5 |
| M18 | 15.29 | 174 | 29.6 |
| M20 | 17.29 | 225 | 38.2 |
| M22 | 19.29 | 282 | 47.9 |

紧固螺栓扣件主要用于钢楞与钢模板或钢楞之间的扣紧,扣件有蝶形扣件和"3"形扣件,其中每种扣件又分大、小两种。扣件的选用要根据钢楞及钢模板的形状、规格选用。

模板的支撑件有:钢桁架、钢管支柱、四管支柱、钢筋托架、斜撑、钢楞等。

钢桁架主要用于支撑梁或板的底模,它的两端可支撑在钢筋托具上、墙上、梁侧模板横档上等。使用钢桁架之前应该进行强度和刚度的验算。常用的钢桁架制作尺寸如图4-3所示。

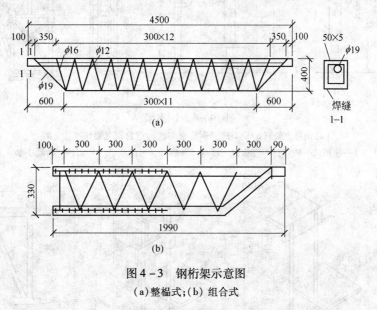

图4-3 钢桁架示意图
(a)整榀式;(b)组合式

图4-3(a)所示整榀式钢桁架一榀桁架的承载能力为30kN(均匀放置);图4-3(b)所示组合式桁架的可调整范围为2500~3000mm,一榀的承载能力为20kN(均匀放置)。

单根钢管支架的容许承载力见表4-3。

钢管支架又称琵琶撑,由内外两节钢管制成,如图4-4(a)所示,其高低调节距离模数为100mm。支架底部除垫块以外,均用木楔微调高度,以利于拆卸。另一种钢管支架半身装有调节螺杆,能调节一个孔间距的高度,使用方便,但成本较高,如图4-4(b)所示。支架主要用来支撑底模板或钢桁架,在使用时应计算其承载力和变形。当单根支柱承载力不够时,可采用四管支柱,如图4-4(c)所示。

钢筋托具随墙体砌筑时安装在需要位置,并配合支撑桁架使用,可以节约支撑木料;也可打入砖墙灰缝中使用,但以预先砌入为好,其构造如图4-5所示。

**表 4 – 3 钢管支架立柱容许荷载**

| 横杆步距/cm | φ48×3 钢管 | | φ48×3.5 钢管 | |
| --- | --- | --- | --- | --- |
| | 对接 | 搭接 | 对接 | 搭接 |
| | N/kN | N/kN | N/kN | N/kN |
| 1.0 | 34.4 | 12.8 | 39.1 | 14.5 |
| 1.25 | 31.7 | 12.3 | 36.2 | 14.0 |
| 1.50 | 28.6 | 11.8 | 32.4 | 13.3 |
| 1.80 | 24.5 | 10.9 | 27.6 | 12.3 |

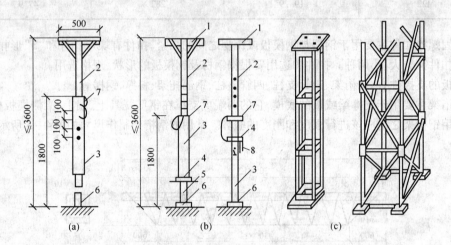

图 4 – 4 钢支架

(a)钢管支架;(b)调节螺杆钢管支架;(c)组合钢支架和风管支架
1—顶板;2—插管;3—套管;4—转盘;5—螺杆;6—底板;7—插销;8—转动手柄

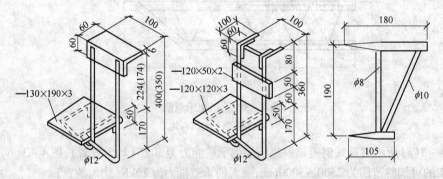

图 4 – 5 钢筋托具

斜撑主要用来调整模板的垂直度和固定模板的位置,其构造如图 4 – 6 所示。

钢楞即模板的横档与立档,主要用来承受模板表面传来的荷载,也可以用来加强模板结构的整体刚度及调整平直度。钢楞分内钢楞与外钢楞两种。内钢楞配置方向与外模板垂直,间距按荷载的大小及模板的力学性能决定,一般为 700 ~

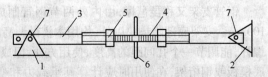

图 4 – 6 斜撑

1— 底座;2—顶撑;3—钢管斜撑;4—花篮螺丝;
5—螺帽;6—旋杆;7—销钉

900mm。外钢楞配置方向与内钢楞垂直,采用双根布置,间距可参照表4-4确定,钢楞可以由扁钢、钢管、矩形钢管、冷弯槽钢、内卷边槽钢等制作而成,具体规格及性能见表4-5。

表4-4 外钢楞配制最大间距选用表

| 形 式 | 规格/mm | 侧压力/kN | | | | | | |
|---|---|---|---|---|---|---|---|---|
| | | 10 | 20 | 30 | 40 | 50 | 60 | 70 |
| 圆钢管 | 2—φ48×3.5 | 115 | 95 | 85 | 75 | 65 | 60 | 61 |
| | 2—φ51×3.5 | 117 | 100 | 90 | 80 | 73 | 66 | |
| 矩形钢管 | 2—□60×40×2.5 | 130 | 110 | 90 | 78 | 70 | 64 | 60 |
| | 2—□80×40×2.0 | | 125 | 103 | 89 | 79 | 73 | 68 |
| 内卷边槽钢 | 2—[80×40×15×3.0 | 159 | 133 | 120 | 102 | | | 100 |
| | 2—[100×50×20×3.0 | | 160 | 143 | 430 | 117 | 107 | |
| 槽 钢 | 2—[8 | | 160 | 145 | 135 | 125 | 120 | 115 |

注:1. 内外钢楞均采用双根布置;
    2. 内钢楞的间距为75cm。

表4-5 外钢楞具体规格和性能

| | 规格/mm | 截面积 /cm² | 质量 /kN·cm⁻¹ | 截面惯性矩 I/cm³ | 截面模量 W/cm³ |
|---|---|---|---|---|---|
| 扁钢 | —70×5 | 3.5 | 2.75 | 14.29 | 4.08 |
| 角钢 | ∟75×25×3.0 | 2.91 | 2.28 | 17.17 | 3.76 |
| | ∟80×35×3.0 | 3.30 | 2.59 | 22.49 | 4.17 |
| 钢管 | φ48×3.0 | 4.24 | 3.33 | 10.78 | 4.49 |
| | φ48×3.5 | 4.89 | 3.84 | 12.19 | 5.08 |
| | φ51×3.5 | 5.22 | 4.10 | 14.81 | 5.81 |
| 矩形 钢管 | □60×40×2.5 | 4.57 | 3.59 | 21.88 | 7.29 |
| | □60×40×2.0 | 4.52 | 3.55 | 37.13 | 9.28 |
| | □100×50×3.0 | 8.64 | 6.78 | 112.12 | 22.42 |
| 冷弯 槽钢 | [80×40×3.0 | 4.50 | 3.53 | 43.92 | 10.98 |
| | [100×50×3.0 | 5.70 | 4.47 | 88.52 | 12.20 |
| 内卷边 槽钢 | [80×40×15×3.0 | 5.08 | 3.99 | 48.92 | 12.23 |
| | [100×50×20×3.0 | 6.58 | 5.16 | 100.28 | 20.06 |
| 槽钢 | [8 | 10.24 | 8.04 | 101.30 | 25.30 |

梁卡具又称梁托具,可以用钢管或槽钢制作,主要用于固定矩形梁、圈梁的侧模,节约斜撑等材料,也可用于侧模上口的卡固定位,卡具构造如图4-7和图4-8所示。

柱箍可以用木材、角钢、扁钢、圆钢制作,构造如图4-9~图4-12所示。柱箍主要用在柱模上以保证柱模在浇灌混凝土时不发生模板变形的现象,柱箍的间距与模板的厚度、混凝土的侧压力等有关,常为上稀下密,设置间距一般为500~700mm。

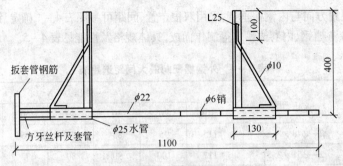

图 4-7 钢管卡具

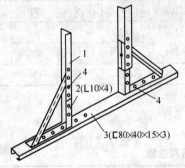

图 4-8 组合梁卡具
1—调节杆;2—三脚架;3—底座;4—螺栓

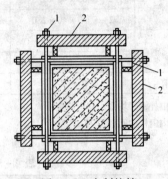

图 4-9 木制柱箍
1—$\phi$12~$\phi$16 夹紧螺栓;2—方木

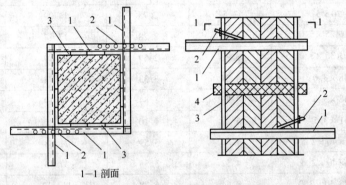

1—1 剖面

图 4-10 钢柱箍
1—L 50×4;2—$\phi$12 弯角螺栓;3—拼条;4—木箍

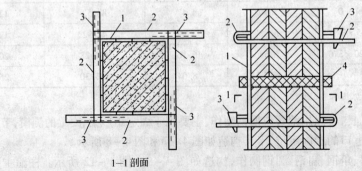

1—1 剖面

图 4-11 扁钢柱箍
1—木模;2—60×5 扁钢;3—钢板模;4—拼条

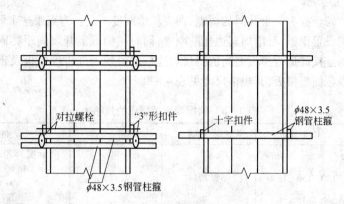

图 4 – 12 圆钢管柱箍

钢模板是一种工具式模板。在施工现场,钢模板应根据混凝土构件或部位的具体尺寸和规格来拼装。在拼装模板前,应绘制配板图,并标出钢模板的位置、规格型号及数量。在绘制配板图时应注意以下几点:

(1)优先采用通用规格及大规格的模板,这样可以减少模板的种类、数量及块数,保证模板的整体性,减少装拆时间,加快施工进度。

(2)合理使用模板,充分利用不同规格模板之间的互补性,尽可能减少或不用木模嵌补。模板的长度方向应沿梁长度方向及高度方向布置。模板的接头位置应错开。模板排列尽量采用全部横排或全部竖排,防止横排和竖排同时存在的情况。

(3)合理使用角模。在转角没有特殊要求时应尽量不采用阴角模板或阳角模板,少采用连接角模板。在柱头、梁口及其他短边转角处,也可用方木嵌补。

(4)应使支撑件布置简单,受力合理。

### 4.1.4 胶合模板

胶合模板有多层板(木胶合板)模板、竹胶模板、钢框胶合模板、钢框竹胶合模板等。

多层板(木胶合板)模板的规格见表 4 – 6。

竹胶模板有竹编胶合板、竹编表板竹帘芯胶合板、竹条胶合板三类。其规格尺寸见表 4 – 7。

<table>
<tr><td colspan="3">表 4 – 6 多层板(木胶合板)模板的规格</td><td colspan="3">表 4 – 7 竹胶模板的规格</td></tr>
<tr><td>长度/mm</td><td>宽度/mm</td><td>厚度/mm</td><td>长度/mm</td><td>宽度/mm</td><td>厚度/mm</td></tr>
<tr><td>1830</td><td>915</td><td rowspan="4">12,15,18</td><td>1830</td><td>915</td><td rowspan="5">11,12,18</td></tr>
<tr><td>1830</td><td>1220</td><td>2000</td><td>1000</td></tr>
<tr><td>2135</td><td>915</td><td>2135</td><td>915</td></tr>
<tr><td>2440</td><td>1220</td><td>2440</td><td>1220</td></tr>
<tr><td></td><td></td><td>300</td><td>1500</td></tr>
</table>

胶合模板根据厚度可分薄型(2 ~ 6mm)及厚型(≥7mm)两类。其中用做混凝土的竹胶合板厚度通常为 12mm 左右。目前多层板模板因一次投资小,已广泛应用于小型建筑施工企业,可锯成任意形状,轻便、堆积面积小,在现浇楼板中安装快捷(板缝用胶带密封)。此外,多层板模板的周转次数约为 3 ~ 6 次,故一栋十几层的楼房完工后模板大多基本报废。而大、中型建筑企业,在工程较为连续的情况下,更广泛地使用竹胶模板,因其不但具有多层板模板的优点,而且更耐用、不易变形。竹胶模板一次投资高于多层板模板,但远小于钢模板,周转次数约为 20 ~ 30 次,其中以 2000mm × 1000mm × 12mm 规格的竹胶模板最常用。

　　木胶合板及竹胶合板有一个共同的弱点,即模板边刚度不足。为克服这个弱点,在木胶合板及竹胶合板的四周设置钢框,可增加其边框的刚度,同时在钢框上开设间距相同的小孔,便于利用定型组合钢模的连接件进行模板之间的拼接。这样就得到钢框竹胶模板及钢框胶合模板,这两种又统称为钢框覆面板模板,其规格尺寸见表4-8。

表4-8　钢框覆面板模板的规格

| 宽度/mm | 长度/mm | 框高/mm | 厚度/mm | 备　　注 |
|---|---|---|---|---|
| 450,600,750,900 | 1200,1500,1800 | 55(70) | 9(12) | 长度1800以及900×1500和900×1800时,框高取70,厚度取12 |

　　竹胶模板、木胶合板模板、钢框覆面板模板均利用竹胶合板及木胶合板与构件表面接触,保证构件表面的平整及形状、位置的正确。因此竹胶板、木胶合板有一个覆面层。覆面层的做法有三种,即涂料、热压涂层、三聚氰胺浸渍纸面层。这样,在使用时既能满足木板的功能,又能保证模板能多次使用。

## 4.2　主要结构的模板配板设计

　　常用的木拼板模板及定型组合钢模板一般按经验配板,不需要进行设计验算,但对重要结构的模板、特殊形式的模板以及超出经验范围的一般模板应进行设计或验算,以保证工程质量和施工安全,防止浪费。

### 4.2.1　荷载及其组合

　　在进行模板配板设计时,为了能正确反映模板的实际受力情况,应考虑以下荷载。

　　A　模板及其支架自重

　　模板及其支架自重根据模板设计图纸计算确定。其中肋形楼板及平板模板的自重,可参照表4-9确定。

表4-9　肋形楼板模板及平板模板的自重

| 模板构件名称 | 木模板/kN·m$^{-2}$ | 定型组合钢模/kN·m$^{-2}$ |
|---|---|---|
| 平板的模板及小楞的自重 | 0.3 | 0.5 |
| 楼板模板的自重(其中包括梁的模板) | 0.5 | 0.75 |
| 楼板模板及其支架的自重(楼层高度4m以下) | 0.75 | 1.1 |

　　B　新浇混凝土自重

　　普通混凝土采用25kN/m$^3$,其他混凝土根据实际湿密度确定。

　　C　钢筋自重

　　钢筋自重根据工程图纸确定,一般梁板结构每1m$^3$构件中钢筋的自重可按下列数值取用:

　　　　楼板:1.1kN

　　　　梁:1.5kN

　　D　施工人员及施工设备的自重

　　(1)计算模板及直接支撑的小楞时,均布荷载可取2.5kN/m$^2$,另应以集中荷载2.5kN再行

验算,比较两者所得到的弯矩值,取其大者采用;

(2)计算直接支撑小楞结构构件的,均布荷载可取为 $1.5kN/m^2$;

(3)模板单块宽度小于150mm 时,集中荷载可分布在相邻的两块模板上;

(4)计算支架立柱及其支撑结构构件时,均布荷载可取 $1.0kN/m^2$。

注:1)对大型浇筑设备如上料平台、混凝土输送泵等,按实际情况计算;

2)混凝土堆积高度超过 100mm 以上者,按实际高度计算。

E　振捣混凝土时产生的荷载

对水平面模板可取 $2kN/m^2$。

对垂直面模板可取 $4kN/m^2$(作用范围在新浇混凝土侧压力的有效压头高度之内)。

F　新浇混凝土对模板侧面的压力

采用内部振捣器时,新浇混凝土作用于模板的最大侧压力可按下列公式计算,并取公式中的较小值:

$$F = 0.22\gamma_c t_0 \beta_1 \beta_2 v^{1/2}$$
$$F = \gamma_c H$$

式中　$F$——新浇混凝土对模板的最大侧压力(N);

$\gamma_c$——混凝土的重力密度($kN/m^3$);

$t_0$——新浇混凝土的初凝时间(h),可按实测确定。当缺乏试验资料时,可采用 $t_0 = 200/(T+15)$ 计算,$T$ 为混凝土的温度;

$v$——混凝土浇筑速度(m/h);

$H$——混凝土侧压力计算位置处至新浇混凝土顶面的高度(m);

$\beta_1$——外加剂影响修正系数,不掺外加剂时取 1.0,掺具有缓凝作用的外加剂时取 1.2;

$\beta_2$——混凝土坍落度影响系数,当坍落度小于 30mm 时取 0.85,当坍落度为 50~90mm 时取 1.0,110~150mm 时取 1.5。

混凝土侧压力的计算分图如图 4-13 所示。图中 $h$ 为有效压头高度(m),可按 $h = F/24$ 计算。

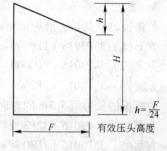

图 4-13　侧压力的计算分图

G　倾倒混凝土时产生的水平荷载

倾倒混凝土时产生的水平荷载按表 4-10 取用。

荷载计算以后,根据表 4-11 组合进行内力计算。

## 4.2.2　关于变形的规定

当验算模板及其支架的刚度时,其最大变形值不得超过下列允许值:

表 4-10　倾倒混凝土时产生的水平荷载

| 向模板中供料的方法 | 水平荷载/$kN \cdot m^{-2}$ |
| --- | --- |
| 用溜槽串筒或导管输出 | 2 |
| 用容量小于 $0.2m^3$ 的运输器倾倒 | 2 |
| 用容量为 $0.2~0.8m^3$ 的运输器倾倒 | 4 |
| 用容量大于 $0.8m^3$ 的运输器倾倒 | 6 |

注:作用范围在有效压头高度以内。

表 4 –11　组合内力计算

| 项　目 | 荷载类别 | |
|---|---|---|
| | 计算强度用 | 验算刚度用 |
| 平板和薄壳模板及其支架 | A + B + C + D | A + B + C |
| 梁和拱模板的底板 | A + B + C + E | A + B + C |
| 梁、拱、柱(边长 $a \leqslant 300\text{mm}$)、墙(厚 $h \leqslant 100\text{mm}$)的侧面模板 | E + F | F |
| 厚大结构、柱(边长 $a > 300\text{mm}$)、墙(厚 $h > 100\text{mm}$)的侧面模板 | F + G | F |

(1)结构表面外露的模板,为模板构件计算跨度的 1/400;

(2)结构表面隐蔽的模板,为模板构件计算跨度的 1/250;

(3)支架的压缩变形或弹性挠度,为形变的结构计算跨度的 1/1000。

此外,支架的立柱或桁架应保持稳定,并用撑拉杆件固定,风荷载的取值应符合专门的规定。

### 4.2.3　倾覆验算

为防止模板及其支架在风荷载作用下倾覆,应从构造上采取有效的防倾覆措施。当验算模板及支架在自重及风荷载作用下的抗倾覆稳定性时,其安全系数不宜小于 1.15。

**【例 4 –1】**　某框架结构现浇钢筋混凝土板,厚 100mm,其支模尺寸为 3.3m × 4.95m,楼层高为 4.5m,采用组合钢模及钢管支架支撑,要求作配板设计及模板结构布置及验算。

**解:**

A　配板方案

若模板以及其长边沿 4.95m 的方向排列,配板有三种方案:

方案(1):33P3015 + 11P3004,两种规格共 44 块;

方案(2):34P3015 + 2P3009 + 1P1515 + 2P1509,四种规格共 39 块;

方案(3):35P3015 + 1P3004 + 2P1515,三种规格共 38 块。

若模板的长边沿 3.3m 的方向排列,配板有三种方案:

方案(4):16P3015 + 32P3009 + 1P1515 + 2P1509 四种规格共 51 块;

方案(5):35P3015 + 1P3004 + 2P1515 三种规格共 38 块;

方案(6):34P3015 + 1P1515 + 2P1509 + 2P3009 四种规格共 39 块。

方案(3)比方案(5)模板规格少,同时又尽量采用了通用规格模板,模板数量也少,比较合适。先取方案(3)作模板结构布置及验算的依据。

B　模板结构布置

其内外钢楞用矩形钢管□60 × 40 × 2.5。钢楞截面抵抗矩 $W = 14.58\text{cm}^3$,惯性矩 $I = 43.78\text{cm}^4$,弹性模量 $E = 2 \times 10^5 \text{N/mm}^2$,内钢楞间距为 0.75m,外钢楞间距为 1.3m,内外钢楞交点处用 $\phi48 \times 3.5$ 钢管作支架,用搭接接长,各支柱间布置双向水平撑上下两道,并适当布置剪刀撑,结构布置图如图 4 –14 和图 4 –15 所示。

C　模板结构验算

(1)荷载计算:每平方米支撑面模板荷载(设钢筋混凝土楼板厚 100mm)。

模板及配板自重:0.5kN/m²

新浇混凝土自重:25 × 0.1 = 2.5kN/m²

钢筋自重:1.1 × 0.1 = 0.11kN/m²

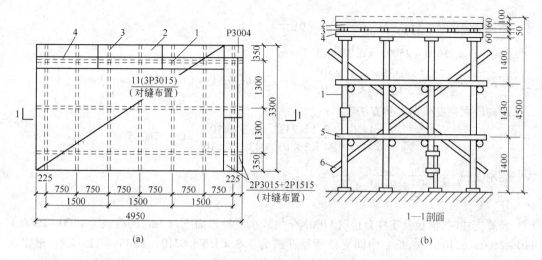

图 4-14 楼板模板的配板图及支撑

（a）配板图；（b）1—1 剖面

1—$\phi48 \times 3.5$ 钢管支柱；2—钢模板；3—内钢楞 2□$60 \times 40 \times 2.5$；4—外钢楞 2□$60 \times 40 \times 2.5$；

5—水平撑 $\phi48 \times 3.5$；6—剪刀撑 $\phi48 \times 3.5$

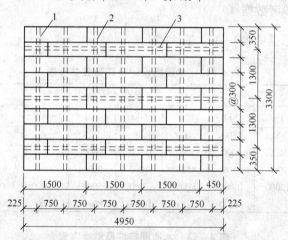

图 4-15 楼板模板按错缝排列的配板图

1—钢模板；2—内钢楞 2□$60 \times 40 \times 2.5$；3—外钢楞 2□$60 \times 40 \times 2.5$

施工荷载：$2.5 \text{kN/m}^2$

合计：$5.61 \text{kN/m}^2$

（2）内钢楞验算：内钢楞计算简图如图 4-16 所示，悬臂 $a = 0.35\text{m}$，内跨长 $l = 1.3\text{m}$。

荷载：$q = 5610 \times 0.75 = 4210 \text{N/m}$

支点 $A$ 处弯矩：$M_A = \dfrac{1}{2}qa^2 = \dfrac{1}{2} \times 4210 \times 0.35^2 = 257.8 \text{N} \cdot \text{m}$

支点 $B$ 处弯矩：$M_B = \dfrac{1}{8}ql^2\left[1 - 2 \times \left(\dfrac{0.35}{1.3}\right)^2\right] = 760 \text{N} \cdot \text{m}$

则最大抗弯强度：$\sigma = M_B/W = 760 \times 10^3/(14.58 \times 10^3) =$
$760 \text{N/mm}^2 \leqslant f = 210 \text{N/mm}^2$，满足要求。

图 4-16 计算简图

悬臂端挠度：$\delta = \dfrac{q'al^3}{48EI}[-1 + 6(\dfrac{a}{l})^2 + 6(\dfrac{a}{l})^2]$

其中：$q' = (5610 - 2500) \times 0.75 = 2332\text{N/m}$

故挠度：$\delta = \dfrac{2332 \times 0.35 \times 1.3^3 \times 10^9}{48 \times 2 \times 10^5 \times 43.76 \times 10^4} = [-1 + 6(\dfrac{0.35}{1.3})^2 + 6(\dfrac{0.35}{1.3})^2] = 0.19\text{mm}$

跨内最大挠度根据力学方法求出：

$$\delta' = \frac{0.1q'l^4}{24EI} = \frac{0.1 \times 2332 \times 1.3^4 \times 10^9}{24 \times 2 \times 10^5 \times 43.76 \times 10^4} = 0.317\text{mm}$$

则刚度：$\dfrac{\delta'}{l} = \dfrac{0.317}{1300} = \dfrac{1}{4100} \leqslant [\dfrac{\delta}{l}] = \dfrac{1}{400}$，满足要求。

D　支柱验算

验算支柱时，模板及支柱自重取1100N/m²，故水平投影面上每1m²的荷载为1100 + 2500 + 110 + 2500 = 6210N/m²，每一中间支柱所受荷载为1.3 × 1.5 × 6210 + 12100 = 12.1kN。根据表4-5，当采用 φ48 × 3.5 钢管，用扣件搭接接长，横杆步距为1.5m时，每根钢管的容许荷载为13.3kN，大于支架支柱所受荷载12.1kN，故模板及支架安全。

注：上述计算未考虑集中活荷载（应对其另作验算），也未考虑外楞计算（应对其进行验算）。

### 4.2.4　木模板设计参考数据

木模板设计参考数据见表4-12~表4-21。

表 4-12　木模板设计容许荷载参考表　　　　　　　单位：N/m²

| 板厚 /mm | 支点间距/mm | | | | | | | | | |
|---|---|---|---|---|---|---|---|---|---|---|
| | 400 | 450 | 500 | 550 | 600 | 700 | 800 | 900 | 1000 | 1200 |
| 20 | 4000 | 3000 | 2500 | 2000 | | | | | | |
| 25 | 6000 | 5000 | 4000 | 3000 | 2500 | 2000 | | | | |
| 30 | 9000 | 7000 | 5500 | 4500 | 4000 | 3000 | 2000 | | | |
| 40 | 15000 | 12000 | 10000 | 8000 | 7000 | 5000 | 4000 | 3000 | | |
| 50 | | 15000 | 13000 | 10000 | 8000 | 6000 | 5000 | 4000 | 2500 | |

表 4-13　木搁栅容许荷载参考表　　　　　　　单位：N/m²

| 断面(宽×高)/mm | 跨距/mm | | | | | | |
|---|---|---|---|---|---|---|---|
| | 700 | 800 | 900 | 1000 | 1200 | 1500 | 2000 |
| 50×50 | 4000 | 3000 | 2500 | 2000 | 1300 | 900 | 500 |

表 4-14　牵杠木容许荷载参考表　　　　　　　单位：N/m²

| 断面(宽×高)/mm | 跨距/mm | | | | | |
|---|---|---|---|---|---|---|
| | 700 | 1000 | 1200 | 1500 | 2000 | 2500 |
| 50×100 | 8000 | 4000 | 2700 | 1700 | 1000 | |
| 50×120 | 11500 | 5500 | 4000 | 2500 | 1500 | |
| 70×150 | 25000 | 12000 | 8500 | 5500 | 3000 | 2000 |
| 70×200 | 38000 | 22000 | 15000 | 9500 | 8500 | 3500 |
| 100×100 | 16000 | 8000 | 5500 | 3500 | 2000 | |
| φ120 | 15000 | 7000 | 5000 | 3000 | 1800 | |

### 表4-15 木支柱容许荷载参考表   单位:N/m²

| 断面(宽×高)/mm | 高度/mm | | | | |
|---|---|---|---|---|---|
| | 2000 | 3000 | 4000 | 5000 | 6000 |
| 80×100 | 35000 | 15000 | 10000 | | |
| 100×100 | 55000 | 30000 | 20000 | 10000 | |
| 150×150 | 200000 | 150000 | 90000 | 55000 | 4000 |
| φ80 | 15000 | 7000 | 4000 | | |
| φ100 | 38000 | 17000 | 10000 | 6500 | |
| φ120 | 70000 | 35000 | 20000 | 15000 | 10000 |

### 表4-16 基础木模用料尺寸参考表   单位:mm

| 基础高度 | 木档间距(板厚25,振动捣固) | 木档断面 | 附注 |
|---|---|---|---|
| 300 | 500 | 50×50 | |
| 400 | 500 | 50×50 | |
| 500 | 500 | 50×75 | 平摆 |
| 600 | 400~500 | 50×75 | 平摆 |
| 700 | 400~500 | 50×75 | 平摆 |

### 表4-17 矩形柱木模板用料参考表(用振动器捣固)   单位:mm

| 柱孔断面 | 横档间距 | 横档断面 | 附注 |
|---|---|---|---|
| | 柱子模板厚50,门子板厚25 | | |
| 300×300 | 450 | 50×50 | |
| 400×400 | 450 | 50×50 | |
| 500×500 | 400 | 50×75 | 平摆 |
| 600×600 | 400 | 50×75 | 平摆 |
| 700×700 | 400 | 50×150 | 平摆 |
| 800×800 | 400 | 50×150 | 平摆 |

### 表4-18 梁模板用料参考表   单位:mm

| 梁 高 | 梁侧板(厚度不小于25) | | 梁底板(厚度40) | |
|---|---|---|---|---|
| | 木档间距 | 木档断面 | 支撑点间距 | 支撑琵琶头断面 |
| 300 | 500 | 50×50 | 1250 | 50×100 |
| 400 | 550 | 50×50 | 1150 | 50×100 |
| 500 | 500 | 50×75 平摆 | 1050 | 50×100 |
| 600 | 450 | 50×75 立摆 | 1000 | 50×100 |
| 800 | 450 | 50×75 立摆 | 900 | 50×100 |
| 1000 | 400 | 50×100 立摆 | 850 | 50×100 |
| 12000 | 400 | 50×100 立摆 | 800 | 50×100 |

注:1. 支柱用100×100的方木或80~120的圆木;
2. 琵琶头(梁高500以下)长度为梁高×2+梁底板宽+300。

### 表4-19 板模板用料参考表(用振动器捣固)   单位:mm

| 混凝土板厚 | 搁栅断面 | 搁栅间距 | 底板板厚 | 牵杆断面 | 牵杆撑间距 | 牵杆间距 |
|---|---|---|---|---|---|---|
| 60~120 | 50×100 | 500 | 25 | 75×150 | 1500 | 1200 |
| 140~200 | 50×100 | 400~500 | 25 | 75×200 | 1500~3000 | 1200 |

### 表4-20 墙模板用工料参考表   单位:mm

| 墙 厚 | 模板厚 | 立档间距 | 立档断面 | 横档间距 | 横档断面 | 加固拉条 |
|---|---|---|---|---|---|---|
| 200以下 | 25 | 500 | 50×100 | 1200 | 100×100 | 用8~10号铁丝或用φ12~φ16 |
| 200以上 | 25 | 500 | 50×100 | 700 | 100×100 | 螺栓,间距不大于1m纵横排列 |

表 4 - 21　板式楼梯木模板用料参考表　　　　　　　单位:mm

| 斜搁栅断面 | 斜搁栅间距 | 牵杆断面 | 牵杆撑间距 | 底模板厚 | 统长顺带断面 |
|---|---|---|---|---|---|
| 50×100 | 400~500 | 70×150 | 1000~1200 | 20~25 | 70×150 |

## 4.3　主要结构模板的安装和拆除

在模板配板设计完成后,可以进行模板安装。在模板安装之前,应先检查模板的质量、规格、数量是否符合要求,同时在模板安装之前应弹出模板位置。

### 4.3.1　基础模板

A　阶形基础模板

阶形基础模板如图 4 - 17 所示。

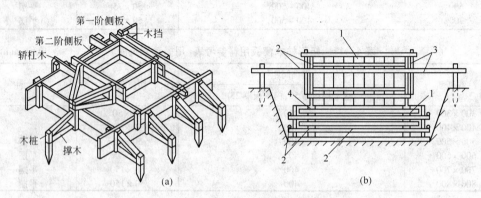

图 4 - 17　阶形基础模板
(a)木模板;(b)组合钢模板
1—钢模板;2—钢管;3—定位杆;4—混凝土垫块

模板安装及预埋件、预留孔洞的允许偏差和检验方法见表 4 - 22。

表 4 - 22　模板安装及预埋件、预留孔洞的允许偏差和检验方法

| 项　目 | | 允许偏差/mm | | | | 检 验 方 法 |
|---|---|---|---|---|---|---|
| | | 单、多层 | 高层框架 | 多层大模 | 高层大模 | |
| 轴线位移 | 基　础 | 5 | 5 | 5 | 5 | 尺量检查 |
| | 柱、墙、梁 | 5 | 3 | 5 | 3 | |
| 标　高 | | ±5 | +2 -5 | ±5 | ±5 | 用水准仪或拉线、尺量检查 |
| 截面尺寸 | 基　础 | ±10 | ±10 | ±10 | ±10 | 尺量检查 |
| | 柱、墙、梁 | +4 -5 | +2 -5 | ±2 | ±2 | |
| 每层垂直度 | | 3 | 3 | 3 | 3 | 用2m托线板检查 |
| 相邻两板表面高低差 | | 2 | 2 | 2 | 2 | 用直尺和尺量检查 |
| 表面平整度 | | 5 | 5 | 2 | 2 | 用2m靠尺或楔形塞尺检查 |

续表4-22

| 项　目 | | 允许偏差/mm | | | | 检验方法 |
|---|---|---|---|---|---|---|
| | | 单、多层 | 高层框架 | 多层大模 | 高层大模 | |
| 预埋钢板中心线位移 | | 3 | 3 | 3 | 3 | 拉线及尺量检查 |
| 预埋管预留孔中心线位移 | | 3 | 3 | 3 | 3 | |
| 预埋螺栓 | 中心线位移 | 3 | 3 | 3 | 3 | 拉线及尺量检查 |
| | 外露长度 | +10<br>0 | +10<br>0 | +10<br>0 | +10<br>0 | |
| 预留洞 | 中心线位移 | 10 | 10 | 10 | 10 | |
| | 截面内部尺寸 | +10<br>0 | +10<br>0 | +10<br>0 | +10<br>0 | |

**B　杯形基础模板**

杯形基础模板如图4-18~图4-20所示。

**C　条形基础模板**

条形基础模板如图4-21所示。

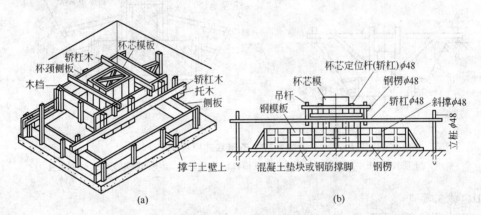

图4-18　杯形基础模板

(a)木模板;(b)组合钢模板

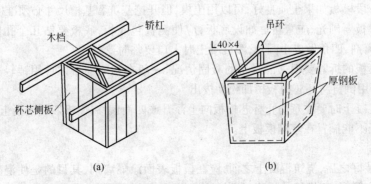

图4-19　整体式杯芯模板

(a)木模板;(b)钢制杯芯模板

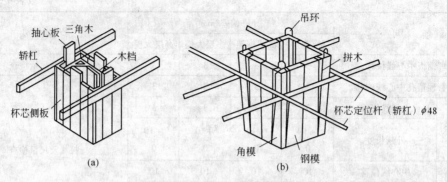

图 4 - 20　装配式杯芯模板
(a)木模板;(b)钢模板

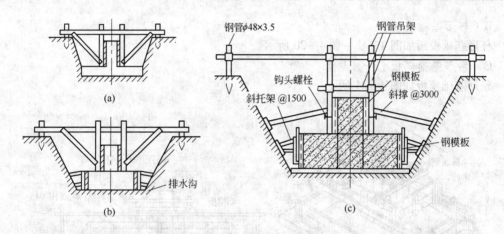

图 4 - 21　条形基础模板
(a)土质较好,下半段利用原土削平不另支模;(b)土质较差,上下两阶均支模;(c)钢模板

D　施工要点

施工中要注意如下要点:

(1)安装模板前应先复查地基垫层标高及中心线位置,弹出基础边线。基础模板面标高应符合设计要求。

(2)基础下段模板如果土质良好,可以用土模,但开挖基坑和基槽尺寸必须准确。

(3)杯芯模板要刨光、应直拼。如设底板,应使侧板包底板,底板要钻几个孔以便排气。芯模外表面涂隔离剂,四角做成小圆角,灌混凝土时上口要临时遮盖。

(4)杯芯模板的拆除要根据混凝土的凝固情况,一般在初凝前后即可用锤轻打,撬棒松动;较大的杯模,可用倒链将杯芯模板稍加松动拔出。

(5)浇捣混凝土时要注意防止杯芯模板向上浮升或四面偏移,模板四周混凝土应均匀浇捣。

(6)脚手板不能搁置在基础模板上。

E　隔离剂

在模板安装好之后,浇筑混凝土之前,应在模板表面涂隔离剂,其目的是使混凝土与模板表面形成一层隔离膜,便于模板的拆除以及拆除模板时不破坏混凝土表面的平整。常用的隔离剂见表 4 - 23。

表 4-23 模板工程的隔离剂

| 隔离剂种类与混凝土配合比（质量比） | 配制要点 | 使用方法 | 备 注 |
|---|---|---|---|
| 石灰膏:滑石粉:黏土:皂粉<br>1:0.5:3:0.075 | 加水调至糊状 | 均匀涂 1~2 道 | 用于胎模、台座 |
| 黏土:皂角:水<br>3:4:3 | 加水调至薄糊状 | 均匀涂 1~2 道 | 用于胎模、台座 |
| 皂角:水<br>1:5~7 | 皂角加热水溶化后加热水拌至糊状，冷却 12~14h | 涂 2 道，间隔 0.5~1h | 用于木模 |
| 皂角:滑石粉:水<br>1:1:适量 | 皂角加水溶化后加入滑石粉调至糊状 | 稀涂 2 道 | 用于木模、钢模、胎模、台座 |
| 废机油 | | 稀涂 2 道 | 用于木模、钢模、胎模、台座。以淡色为宜。防止污染钢筋 |
| 废机油:滑石粉<br>1:1 | 调至糊状 | 稠 1 道，稀 2 道 | 用于木模、钢模、胎模、台座。以淡色为宜。防止污染钢筋 |
| 柴油:石蜡:填充料<br>1:(0.2~0.3):0.8 | 碎石蜡加热熔化后，加柴油均匀搅拌，冷却后在使用时加入填充料（粉灰或滑石粉）拌和 | 冬季或多风天涂 1~2 道；夏季或阴湿天，填充料后撒于柴油石蜡层上 | 用于木模、钢模、台座。不宜用于有水泥粉面的板面 |
| 碱法纸浆黑液:水:机油<br>1:10:少量 | 按比例调匀 | 涂刷 | 用于预制构件生产 |
| 塔儿油:煤油:机油<br>1:7:1 | 先将机油和煤油混合均匀，再与塔儿油混合均匀 | 涂刷 | 用于木模、钢模 |
| 浮藻酸钠:滑石粉:洗衣粉:水<br>1.5:20~60:1.5:80 | 两日前将浮藻酸钠用水浸泡，化开后加滑石粉、洗衣粉及水搅拌 | 喷涂 1~2 道 | 用于钢模、大模板 |
| 甲基硅树脂:乙醇胺:酒精<br>1000:2~3:适量 | 在磁杯内把乙醇胺用少量酒精稀释，经搅拌后倒入甲基硅树脂中继续搅拌均匀 | 涂刷 | 用于钢模，可重复使用 3~5 次 |
| D-1 大竹防锈脱模剂 | | 涂刷、喷涂 | 用于钢模，有效脱模 2 次 |
| 石灰膏、纸筋灰、麻刀灰 | 调至适当稠度 | 在间隔支模、叠浇混凝土桩时，粉干混凝土地面及构件侧面厚 3~5cm | 脱模效果好 |

## 4.3.2 柱、墙模板

柱模板和墙模板相对其他模板而言，有以下特点：

(1)由于浇筑高度较大，因此模板承受的侧压力也较大。为了保证在混凝土浇筑进程中模板的稳定,必须设置较多的紧固件,如柱模板必须设置足够的柱箍,墙模板必须设置足够的对拉螺栓等。

（2）由于模板不承受混凝土构件的重量,因此拆模的时间可以提前,模板的周转速度较快,模板的一次投入量可以减少。

（3）混凝土构件的位置精确度要求较高,因此对模板的位置及表面平整度要求也较高。同时,它容易产生累计误差,支模板时一定要控制单个误差。

（4）墙模板可以利用大模板施工。

（5）墙柱预埋件较多,支模板时一定要考虑预埋件的位置。

### 4.3.2.1　柱模板

柱子的形状有矩形柱、圆形柱,目前常用的模板有木模板以及定型组合钢模板等。在支撑前,应先进行底部找平,然后进行柱模定位及柱模标高控制。柱模水平标高控制一般采用水准仪进行,如图 4-22 所示,标记高度比混凝土地面高 1m。

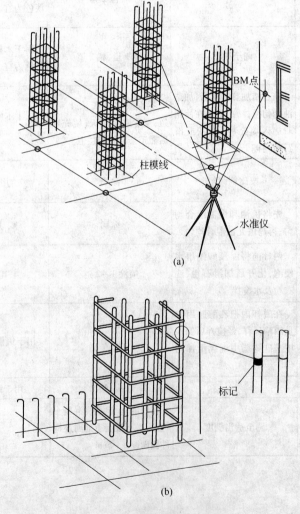

(a)

(b)

图 4-22　柱模水平标高标记
(a)水准仪架设示意;(b)标记示意

柱模定位固定方法如图 4-23 所示,可用固定模板卡件、木砖等。

柱模采用木模制作时,柱箍上稀下密,间距 500~700mm,同时沿高度 2m 设浇筑孔。

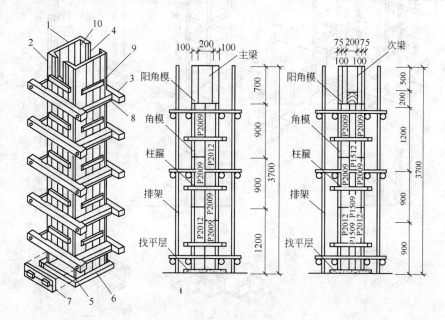

图 4-23 柱子的模板

1—内拼板;2—外拼板;3—柱箍;4—梁缺口;5—清理孔;6—木框;7—盖板;
8—拉紧螺栓;9—拼条;10—三角木条

柱模采用钢模时,具体做法如图 4-24 所示。

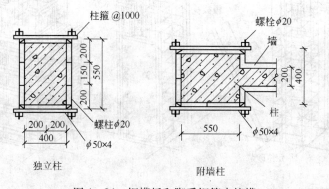

独立柱　　　　　　　　附墙柱

图 4-24 钢模板和脚手钢管支柱模

柱模采用胶合板模板时,一个侧面一块整体,如图 4-25 所示。

在柱模施工时,要注意以下几个问题:

(1)安装时先在基础面上弹出纵横轴线和四周边线,固定模板,调整标高,立柱头板;

(2)对通排柱模板应先装两端柱模板,校正固定,拉通长线校正中间各柱模板;

(3)柱模板宜加柱箍。柱箍可以用四根小方木制成或采用工具式柱箍(如扁钢插销柱箍、异形柱钢筋柱箍、"步步高"柱箍等),间距根据混凝土对模板的侧压力大小以及模板的承载能力而定;

（4）为了便于拆模，柱模板与梁模板连接时，梁模板宜缩短2～3mm，并锯成小斜面。

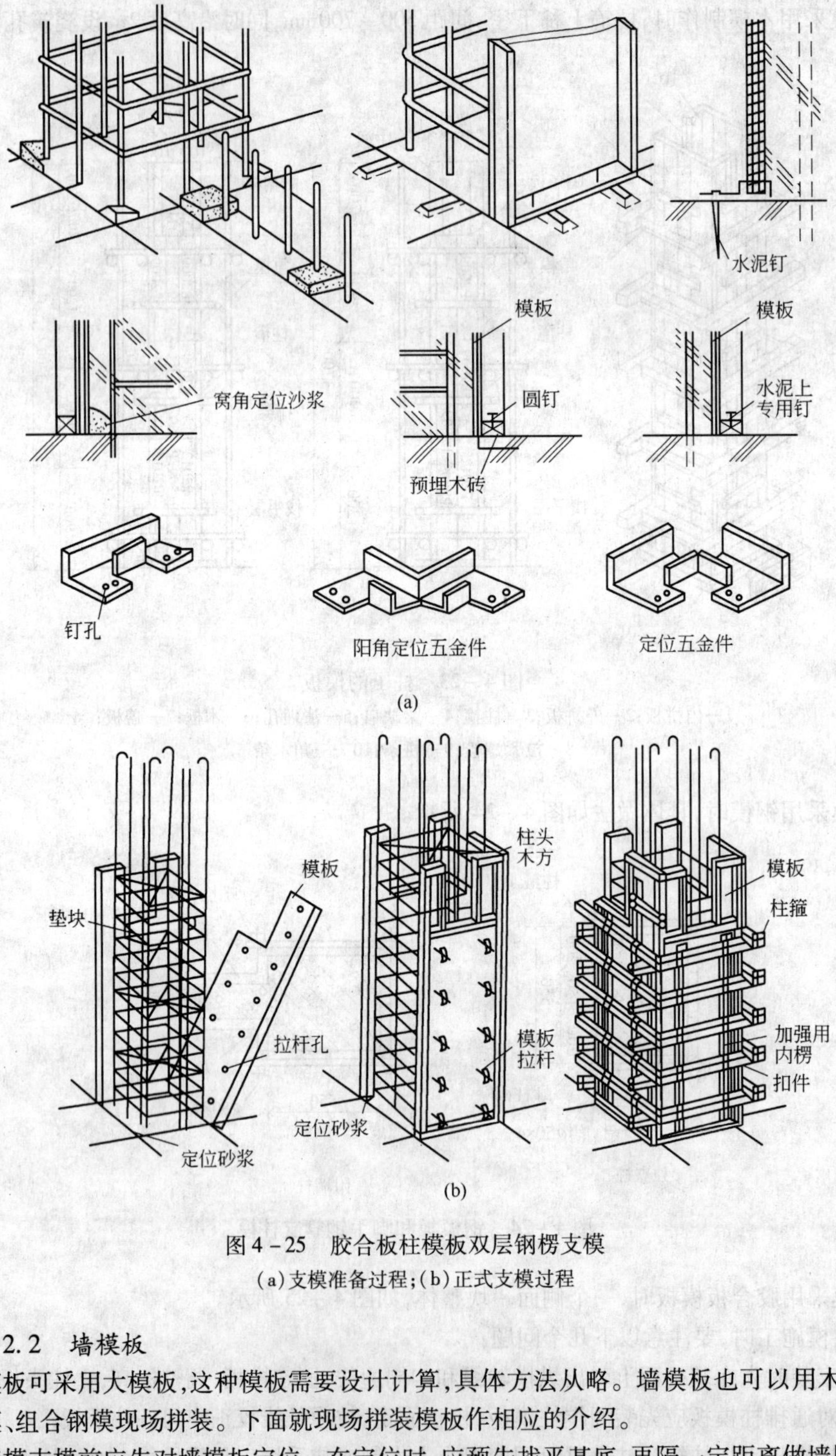

（a）

（b）

图4-25 胶合板柱模板双层钢楞支模

（a）支模准备过程；（b）正式支模过程

#### 4.3.2.2 墙模板

墙模板可采用大模板，这种模板需要设计计算，具体方法从略。墙模板也可以用木模、带框胶合板模、组合钢模现场拼装。下面就现场拼装模板作相应的介绍。

在墙模支模前应先对墙模板定位。在定位时，应预先找平基底，再隔一定距离做墙厚相同的导向砂浆（在门洞的两侧一定要有导向砂浆饼抹光），也可以用特定的定位器完成模板的定位。具体如图4-26所示。

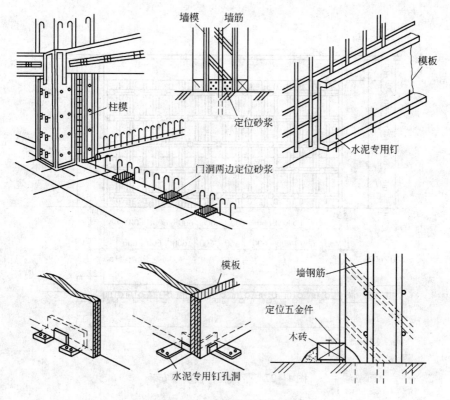

图4-26 墙模板的定位固定

墙模板支模时,一般模板的长度方向与墙体的高度方向相同,其中使用组合钢模时,不足部分用拼木嵌补。采用木模作墙体模板一般较少,这主要因为木模板的承载力有限。

采用带框胶合板作墙体模板,如图4-27所示。

墙体模板在使用过程中用钢管、螺栓、板式拉条作连接和紧固件,如图4-27(b)、(c)所示。

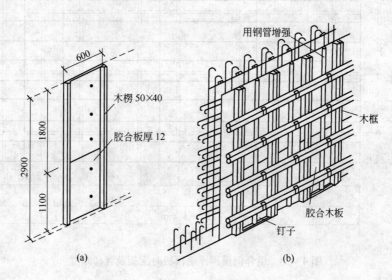

(a)　　　　　　　　　　(b)

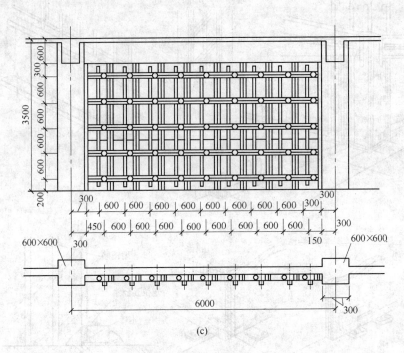

(c)

图 4 - 27　带框胶合板墙模安装

采用组合钢模板作墙体模板,如图 4 - 28 所示。

在墙体模板安装时应注意以下几个方面:

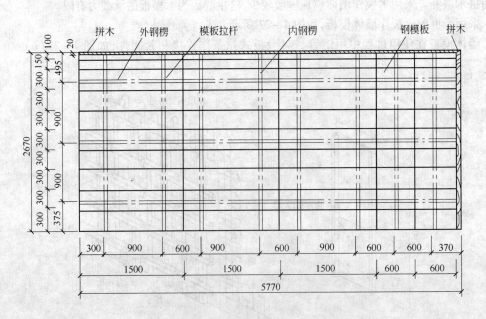

图 4 - 28　组合钢模板作墙模板时配板及背楞布置

（1）先弹出中心线和两边线，选择一边先装，立竖档、横档及斜撑。安模板，在顶部用线锤垂吊直，拉线找平，撑牢钉实。

（2）待钢筋绑扎好后，将墙基础清理干净再竖立另一块模板，程序同上，但一般均应加撑头或对拉螺栓或拉片，以保证混凝土墙体厚度。

（3）当采用先绑扎墙体钢筋后支模时，一般采用大模板施工工艺，即先设计并拼装一整片墙的模板，然后吊装到现场再安装。

### 4.3.3　梁、板模板

梁、板模板可以用组合钢模板、木模板、钢框竹胶合模板、钢框胶合模板、竹胶模板、多层板等现场拼装，它与其他构件的模板相比，具有以下特点：

（1）模板由底模、侧模、支撑件三部分组成，其中底模及支撑件为承重模板，承受混凝土本身的重量，因此它们的拆除一定要待混凝土强度满足一定要求时才能进行。模板的滞留时间较长，周转的周期较长，模板的一次性投放量较大。

（2）板模板可以采用新型的施工工艺，如模板早拆系统等，这可以减少模板的用量，加快施工进度，降低施工成本。

（3）梁模与柱模的接口处理及主梁与次梁的接口处理、梁模板与板模板接口处理等比较复杂，要求也较高。

（4）模板的长度应沿梁的长度方向铺设，板模应按长度较大的一个方向铺设。模板的接头应错开，以增加整个模板系统的刚度，保证模板系统的稳定性。

（5）模板的支承杆布置要根据支承杆的承载能力以及底模承载的大小计算确定。

#### 4.3.3.1　梁模板

矩形梁、花篮梁、框架梁、圈梁模板分别如图 4-29～图 4-32 所示。

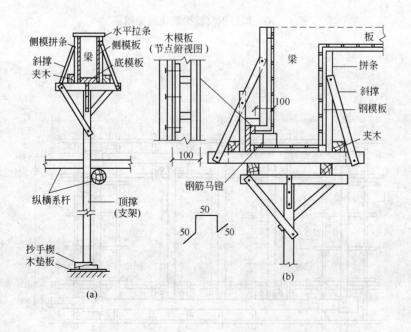

图 4-29　单梁模板举例

（a）单梁木模板举例；（b）框架边梁钢模板举例

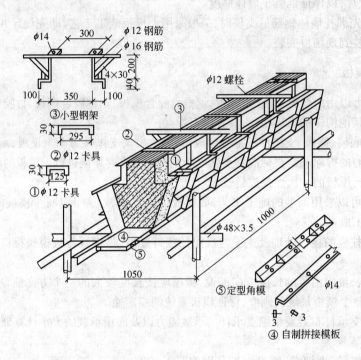

图 4 – 30  组合钢模板拼装花篮梁模板

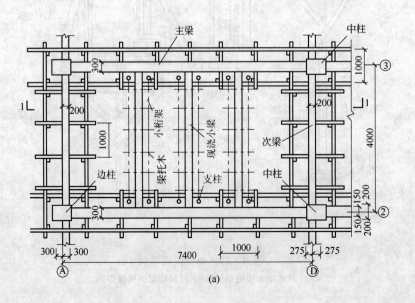

(a)

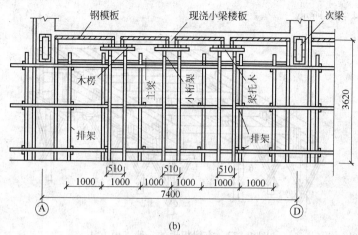

图4-31 框架梁柱支模布置
(a)俯视图;(b)1-1剖面图

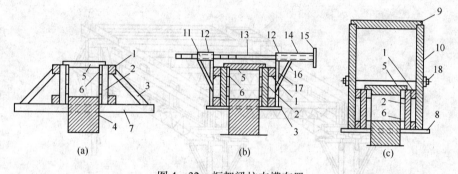

图4-32 框架梁柱支模布置

(a)挑扁担法;(b)钢筋卡具倒卡法;(c)木制卡具倒卡法

1—横档;2—拼条;3—斜撑;4—墙洞60×120;5—临时撑头;6—倒模;7—扁担木60×120;

8—φ10钢筋;9—卡具横档;10—卡具立档;11—φ8销钉;12—φ12钢管;

13—φ22钢筋;14—方牙丝杆及套管;15—板套管钢筋;16—φ10钢筋;

17— ∟25×3;18—φ10~12螺栓

梁模板施工要点如下:

(1)梁跨度大于4m时,底板中部起拱。如设计无规定,起拱高度一般为跨度的1/1000~3/1000,其中木模为(1.5~3)/1000、钢模为(1~2)/1000。

(2)支柱琵琶撑之间应设拉杆,互相拉撑成一整体,离地面高度50cm一道,以上每隔2m一道。支柱下均垫楔子和通长垫板,垫板下的土面拍平夯实。采用工具式钢管支柱时,也应设水平拉杆及斜拉杆。

(3)当梁底距地面高度过高时(一般6m以上)宜搭排架支模或采用钢管满堂脚手架式支撑。

(4)在架设支柱影响交通的地方,可以采用斜撑、两边对撑(俗称龙门撑)或架空支模。

(5)梁较高时,可先安装梁的一面侧板,等待钢筋绑扎好再装另一侧板。

(6)上下层模板的支柱一般应安装在同一条垂直线上。

### 4.3.3.2 板模板

板模板的一般支模方法如图4-33所示。板模板采用桁架支模时,用钢桁架代替木搁栅及梁底支柱,如图4-34所示。

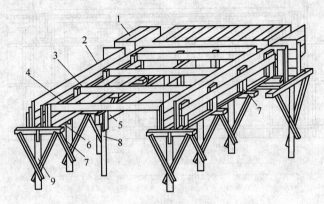

图4-33　有梁板模的一般支模方法

1—楼板模板;2—梁侧模板;3—搁栅;4—横档;5—牵杠;
6—夹条;7—短撑木;8—牵杠撑;9—支柱(琵琶撑)

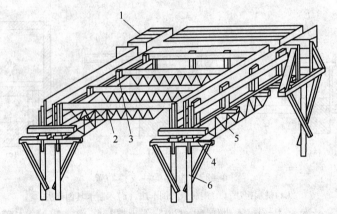

图4-34　桁架支模

1—楼板模板;2—搁栅桁架;3—方木;4—木楔;5—梁底桁架;6—双肢支柱

无梁楼板如图4-35所示。

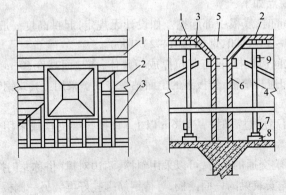

图4-35　无梁楼板模板

1—楼板模板;2—搁栅;3—牵杠;4—牵杠撑;5—柱帽模板;
6—柱模板;7—木楔;8—垫土;9—搭头木

板模板施工要点如下:

(1)楼板模板铺木板时只要在两端及接头处钉牢,中间尽量少用钉或不用钉,以利拆模。

(2)采用桁架支模时,应根据载重量确定桁架间距,桁架上弦要放小方木,用铁丝绑扎紧。两端支撑处要设木楔,在调整标高后钉牢,桁架之间设拉结条,保持桁架垂直。

(3)挑檐模板必须撑牢拉紧,防止向外倾覆,确保安全。

### 4.3.3.3 楼梯模板

楼梯模板的构造如图4-36和图4-37所示。

楼梯模板施工要点如下:

(1)楼梯模板施工前应根据实际层高放样,先安装平台梁及基础模板,再装楼梯斜梁或楼梯底模板,然后安装楼梯外帮侧板,外帮侧板应先在其内侧弹出楼梯底板厚度线,用套板画出踏步侧板位置,钉好固定踏步侧板的挡木,在现场装钉侧板。

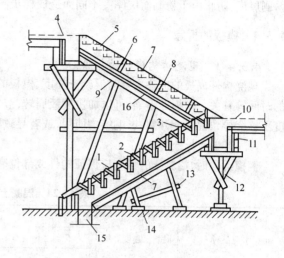

图4-36 板式楼梯模板

1—反扶梯基;2—斜撑;3—吊木;4—楼面;5—外帮侧板;
6—木档;7—踏步侧板;8—挡木;9—搁栅;10—休息平台;
11—托木;12—琵琶撑;13—牵杠撑;14—垫板;
15—基础;16—楼梯底板

(2)如楼梯较宽时,沿踏步中间的上面加一或两道反扶梯基,如图4-38所示。反扶梯基上端与平台梁外侧板固定,下端与基础外侧板固定撑牢。

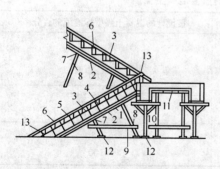

图4-37 钢模板组装楼梯示意图

1—钢模板;2—钢管斜楞;3—梯侧钢模;4—踏步级钢模;
5—三角支撑;6—反扶梯基;7—钢管横梁;
8—斜撑;9—水平撑;10—楼梯梁钢模;
11—平台钢模;12—垫木及木楔;
13—木模补三角模板

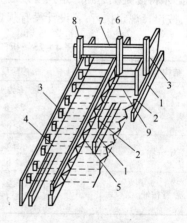

图4-38 反扶梯基

1—搁栅;2—底模板;3—外帮侧模;
4—反扶梯基;5—三角木;6—吊木;
7—上横楞;8—立木;9—踏步侧板

(3)如果先砌墙后安装楼梯模板,则靠墙一边应设置一道反扶梯基以便吊装踏步侧板。

(4)梯步高度要均匀一致,特别要注意最下一步及最上一步的距离,必须考虑到楼梯地面层粉刷厚度,防止由于粉刷面层厚度不同而造成梯步高度不协调。

### 4.3.4　模板的拆除

#### 4.3.4.1　现浇结构模板的拆除

现浇构件模板的拆除主要与混凝土强度、模板的用途、混凝土结构的性质、混凝土硬化所需的时间等有关。模板拆除早,可以加快模板周转,节省模板的用量,降低工程成本,但若混凝土强度不够会导致混凝土开裂,影响结构使用,或者导致混凝土构件倒塌等严重事故。

**A　侧模的拆除**

侧模拆除时,混凝土的强度应保证构件或部位表面不受损坏。具体时间可参照表4-24。

**表4-24　混凝土硬化时间**

| 水泥品种 | 混凝土强度等级 | 混凝土凝固的平均温度/℃ | | | | | |
| --- | --- | --- | --- | --- | --- | --- | --- |
| | | 5 | 10 | 15 | 20 | 25 | 30 |
| | | 混凝土强度达到2.5MPa所需天数/d | | | | | |
| 普通水泥 | C10 | 5 | 4 | 3 | 2 | 1.5 | 1 |
| | C15 | 4.5 | 3 | 2.5 | 2 | 1.5 | 1 |
| | C20以上 | 3 | 2.5 | 2 | 1.5 | 1.0 | 1 |
| 矿渣及火山灰质水泥 | C10 | 8 | 6 | 4.5 | 3.5 | 2.5 | 2 |
| | C15 | 6 | 4.5 | 3.5 | 2.5 | 2 | 1.5 |

**B　底模及支撑的拆除**

底模及支撑不但起模板作用,还起承受钢筋混凝土自重及施工荷载等作用。因此,拆除底模及支撑必须待混凝土达到一定强度以后方可进行。拆除底模及支撑所需的混凝土强度,若设计有规定,按设计规定执行;若设计没有规定,可参照表4-25。

**表4-25　拆除底模及支撑时所需混凝土强度**

| 结构类型 | 结构跨度/m | 按设计的混凝土强度标准值的百分率/% |
| --- | --- | --- |
| 板 | ≤2 | 50 |
| | 2~8 | 75 |
| | >8 | 100 |
| 梁拱壳 | ≤8 | 75 |
| | >8 | 100 |
| 悬臂构件 | ≤2 | 75 |
| | >2 | 100 |

拆除底模及支撑所需的时间可参照表4-26。

**表4-26　拆除底模及支撑所需混凝土硬化的时间**　　　　　　　单位:d

| 水泥标号及品种 | 混凝土达到设计强度标准值的百分率/% | 硬化时昼夜平均温度/℃ | | | | | |
| --- | --- | --- | --- | --- | --- | --- | --- |
| | | 5 | 10 | 15 | 20 | 25 | 30 |
| 325号普通水泥 | 50 | 12 | 18 | 6 | 4 | 3 | 2 |
| | 75 | 26 | 18 | 14 | 9 | 7 | 6 |
| | 100 | 55 | 45 | 35 | 28 | 21 | 18 |

| 水泥标号及品种 | 混凝土达到设计强度标准值的百分率/% | 硬化时昼夜平均温度/℃ | | | | | |
|---|---|---|---|---|---|---|---|
| | | 5 | 10 | 15 | 20 | 25 | 30 |
| 425 号普通水泥 | 50 | 10 | 7 | 6 | 5 | 4 | 3 |
| | 75 | 20 | 14 | 11 | 8 | 7 | 6 |
| | 100 | 50 | 40 | 30 | 28 | 20 | 18 |
| 325 号矿渣及火山灰质水泥 | 50 | 18 | 12 | 10 | 8 | 7 | 6 |
| | 75 | 32 | 25 | 17 | 14 | 12 | 10 |
| | 100 | 60 | 50 | 40 | 28 | 24 | 20 |
| 425 号矿渣及火山灰质水泥 | 50 | 16 | 11 | 9 | 8 | 7 | 6 |
| | 75 | 30 | 20 | 15 | 13 | 12 | 10 |
| | 100 | 60 | 50 | 40 | 28 | 24 | 20 |

C　拆模顺序

拆模程序一般应是后支的先拆,先支的后拆,先拆除非承重部分,后拆除承重部分。重大复杂模板的拆除,事前应制定拆模方案。

一般是先拆除侧模板,后拆除底模板。

多层楼板模板支架的拆除,应按下列要求进行:上层楼板正在浇混凝土时,下一层楼板的模板支架不得拆除,再下一层楼板的模板支架,仅可拆除一部分;跨度在 4m 及 4m 以上的梁下均应保留支架,其间距不得大于 3m。

### 4.3.4.2　预制构件模板的拆模

预制构件模板的拆模应注意以下的要点:

(1)侧模:混凝土强度能保证不变形及棱角完整时,侧模可以拆除。同时,侧模应在应力张拉前拆除。

(2)底模:当构件跨度不大于 4m 时,在混凝土强度符合设计的混凝土强度标准值 50% 后,方可拆除底模及支撑;当构件跨度大于 4m 时,在混凝土强度符合设计的强度标准值的 75% 后,方可拆除底模及支撑。底模应在结构构件建立预应力后拆除。

(3)芯模及预留孔洞的内模,在混凝土强度能保证构件的孔洞表面不发生坍陷和裂缝后,方可拆除。

### 4.3.4.3　拆模时应注意的问题

拆模时应注意以下问题:

(1)拆模时不要用力过猛过急,拆下来的模板要及时运走、清理。

(2)拆除跨度较大的梁下支柱时,应先从跨中开始,分别拆向两端。

(3)为减少模板投放数量,可考虑掺用混凝土早强剂使模板的投放数量由两层半减少到一层半,这对加快模板的周转、加快工程进度有显著效果,并具有良好的经济性。譬如,一般第三层第一段楼板混凝土浇筑完后,才可以拆除第一层第一段的模板,掺混凝土早强剂后,第二层第一段楼板混凝土浇筑完后,即可拆除第一层第一段的模板。常用的早强剂有氯化钙、三乙醇胺及用三乙醇胺配制的复合早强剂等。

(4)快速施工的高层建筑的梁和楼板模板,其底模及支柱的拆除时间应对所用的混凝土强度发展情况分层进行核算,确保下层楼板及梁能安全承载。

(5)定型模板特别是组合式钢模板要加强保护,拆除后应逐块传递下来,不得抛掷。拆下来后,应立即清理干净板面涂料,并按规格分类堆放整齐,以利再用。若背面油漆脱落,应补刷防锈漆。

## 4.4 质量检查主要项目与检查方法

模板工程是钢筋混凝土工程的重要组成部分,它质量的好坏对钢筋混凝土的质量有很大的影响。因此,对模板工程的质量要加强检查,并保证模板工程的质量。

模板工程质量检查主要包括模板本身质量检查、模板安装质量检查等。

模板本身质量检查主要是模板的规格、型号应满足模板的质量要求。如果模板本身质量不满足要求,要组装成符合要求的模板及支架系统是比较困难的,因此,模板本身质量是确保模板工程质量的前提。模板本身的质量检查主要根据模板的类型及应用的模板技术规范进行。如组合钢模的质量检查内容及要求见表4-27～表4-29。

模板安装质量检查主要包括模板及支架的强度、刚度及稳定性检查;拼装后模板缝宽、平整度等检查;模板安装和预埋件、预留孔洞的允许偏差检查等。

拼装后模板缝应满足不漏浆的要求,模板表面应平整干净,减小与混凝土的粘结力。钢模板组装质量标准见表4-30。

表4-27 钢模板制作质量标准

| 项　　目 | | 要求尺寸/mm | 允许偏差/mm |
|---|---|---|---|
| 外形尺寸 | 长度 | $L$ | 0～0.90 |
| | 宽度 | $B$ | 0～0.70 |
| | 高度 | 55 | ±0.50 |
| U形大孔 | 沿板长度的孔中心距 | | ±0.60 |
| | 沿板宽度的孔中心距 | 22 | ±0.60 |
| | 孔中心与板面间距 | 75 | ±0.30 |
| | 孔中心与板端间距 | $\phi13.8$ | ±0.30 |
| | 孔直径 | | ±0.25 |
| 凸棱尺寸 | 高度 | 0.3 | +0.20～0.05 |
| | 宽度 | 4 | ±1.00 |
| | 边肋圆角 | 90° | $\phi0.5$ 钢针通不过 |
| 两板端与两凸棱面的垂直度 | | | $d<0.5$ |
| 板面平面度 | | 90° | $f_1<1.00$ |
| 凸棱面线度 | | | $f_2<0.50$ |
| 横 肋 | 横肋、中纵肋与边肋的高度差 | | $\Delta<1.20$ |
| | 两端横肋组装位移 | | $\Delta<0.50$ |
| 焊 缝 | 肋向焊缝长度 | 20 | ±5.00 |
| | 肋间焊缝高度 | 2.5 | 0～+1.00 |
| | 肋与面板焊缝长度 | 10 | 0～+5.00 |
| | 肋与面板焊脚高度 | 2.5 | 0～1.00 |
| 凸鼓的高度 | | 1.0 | +3.00 −0.20 |
| 防锈漆外观 | | 涂刷均匀,不得漏涂、皱皮、脱皮流淌 | |
| 角模的垂直度 | | 90° | $\Delta\leqslant1.00$ |

**表 4-28　钢模板配件制作质量标准**

| 项 | 目 | 允许偏差/mm |
|---|---|---|
| U 形卡 | 卡口宽度 $a$ | ±0.5 |
| | 脖高 $h$ | ±1.0 |
| | 弹性半径 $R$ | ±1.0 |
| | 试验 50 次后的卡口残余变形 | <1.2 |
| 扣 件 | 高度 | ±2.0 |
| | 螺栓直径 | ±1.0 |
| | 长度、宽度 | ±1.5 |
| | 卡口长度 | +2.0 |
| 支 柱 | 钢管的不直度 | $<L/1000$ |
| | 插管上端最大振幅 | <60.0 |
| | 顶板和底板的孔中心与管轴同轴度 | ±1.0 |
| | 销孔对管径的对称度 | +1.0 |
| | 插管插入套管的最小长度 | >280 |
| 桁 架 | 上平面直线度 | <2.0 |
| | 焊缝长度 | ±5.0 |
| | 销孔直径 | ±0.5 |
| | 两排孔之间平行度 | ±0.5 |
| | 长方任意两孔中心距 | ±0.5 |
| 梁卡具 | 销孔直径 | ±0.5 |
| | 销孔中心距 | ±1.0 |
| | 立管垂直度 | <1.5 |

**表 4-29　钢模板及配件修复后的质量标准**

| 项 | 目 | 偏差/mm |
|---|---|---|
| 钢模板 | 板面平面度 | <2.0 |
| | 凸棱直线度 | <1.0 |
| | 边肋不直度 | 不得超过凸棱高度 |
| 配 件 | U 形卡卡口残余变形 | <1.2 |
| | 钢棱及支柱不直度 | $<L/1000$ |

注:$L$ 为钢楞及支柱长度。

**表 4-30　钢模板组装质量标准**

| 项　　　目 | 允许偏差/mm |
|---|---|
| 两块模板之间的拼缝宽度 | ≤1.0 |
| 相邻模板面的高低差 | ≤2.0 |
| 组装模板面的平整度 | ≤2.5 |
| 组装模板面的长宽尺寸 | ±2.0 |
| 组装模板对角线长度差值 | ≤3.0 |

# 5 装饰工程施工

## 5.1 墙面抹灰类装饰工程施工

墙面抹灰类装饰工程施工根据部位不同,分为室内抹灰和室外抹灰;根据使用材料及其装饰效果不同,分为一般抹灰、装饰抹灰和特种砂浆抹灰。抹灰层一般由起粘结及初步找平作用的底层、起找平作用的中层及起饰面作用的面层组成。

各层抹灰的厚度应根据基层材料、砂浆品种、工程部位、质量标准以及各地气候情况来确定。每遍厚度通常控制如下:

抹水泥砂浆每遍厚度为 5～7mm;

抹石灰砂浆或混合砂浆每遍厚度为 7～9mm;

抹灰面层时,麻刀灰:厚度≤3mm;纸筋、石膏灰:厚度≤2mm;

混凝土表面采用腻子刮平时,宜分遍刮平,总厚度为 2～3mm;

板条、金属网用麻刀灰,纸筋灰抹面,每遍厚度为 3～6mm。

水泥砂浆和水泥石灰砂浆的抹灰层应待前一层抹灰层凝结后,方可涂抹后一层;石灰砂浆抹灰层应待前一层七八成干后,方可抹灰后一层。

抹灰所用砂浆品种一般应按设计要求选用。如无设计要求,施工过程中抹在中层的砂浆强度等级一般不能高于底层的砂浆强度等级,以免引起抹灰层起壳、开裂等质量问题。

抹灰所用砂浆品种应根据抹灰基层的种类及抹灰层所处部位和环境决定。有防水要求或湿度较大的房间、车间等应选用水泥或水泥石灰砂浆。

下面只介绍一般抹灰饰面工程。

一般抹灰是指以水泥、石灰、石膏、砂等为主要基料混合而成的石灰砂浆、水泥石灰砂浆、水泥砂浆、聚合物水泥砂浆、麻刀灰、纸筋灰及石膏灰等材料涂抹在建筑物的墙、顶、地、柱等表面上的一种传统工艺。一般抹灰按建筑物使用标准不同分以下三级:

A 普通抹灰

普通抹灰用于简易住宅、大型设施、厂房等建筑。一般做法要求是:一层底子灰,一层罩面灰,两遍成活,表面接搓平整。

B 中级抹灰

中级抹灰适用于一般住宅、办公楼、公共和工业建筑物。一般做法要求是:一层底子灰,一层中层灰,一层罩面灰,三遍成活,要求设置标筋,分层赶平,表面应洁净,线条顺直、清晰,接搓平整。目前室内底灰、中灰设计上分别采用1:3:9(或1:1:6)和1:0.3:3的水泥石灰砂浆。

C 高级抹灰

高级抹灰适用于大型商业厅、宾馆等公共建筑物及有特殊要求的高级建筑物。一般做法要求是:一层底子灰,数层中层灰和一层罩面灰,大于三遍成活,抹灰时要设置标筋,找好方正、水平和垂直。表明压光,线条平直、清晰、直观不乱纹。

抹灰工程的施工顺序一般遵循"先室外后室内,先上面后下面,先顶棚、墙面后地面"的原则。

先室外后室内是指先完成室外抹灰,然后拆除脚手、堵上脚手眼再进行室内抹灰。先上面后下面是指在屋面工程完成后室内外抹灰最好从上往下进行,以便于保护成品。当采取立体交叉流水作业时,也可以采取从下往上施工的方法,但必须采取相应的成品保护措施。先顶棚、墙面后地面是指室内抹灰一般采取先完成顶棚抹灰,再开始墙面抹灰,最后进行地面抹灰的施工顺序,但对于框架结构和高级装饰工程等要根据具体情况确定。譬如,框架间砌体沉实 15 ~ 30 天后才可抹墙(及棚)灰,此时在等待过程中可先将地面灰抹完,而棚、墙灰后抹。

### 5.1.1 施工准备

#### 5.1.1.1 材料准备

**A 水泥**

一般采用强调等级为 32.5MPa 的硅酸盐水泥,根据设计需要有时采用白水泥和彩色水泥;也可采用 42.5MPa 水泥,但水泥体积的安定性必须合格,否则抹灰层会起壳、起层。储存的水泥应防止受潮和淋雨,出厂日期超过 3 个月应重新测试性能。

**B 石灰膏**

细腻洁白,不含未熟化颗粒。经生石灰加水熟化过滤,放在沉淀池中,上面应保留一层水加以保护,防止其干燥、冻结和污染。冻结、风化、干硬的石灰膏不得使用。

**C 石膏**

石膏的成分主要是半水石膏。用建筑石膏与适当的水混合,最初可形成可塑的浆体,但很快就会失去塑性,进而成为坚硬的固体,这个过程就是硬化过程。

石膏初凝时间为 3 ~ 5min,终凝时间 ≤ 30min。如需要加速凝固,则可掺入少量磨细且未经煅烧的石膏;如需要缓慢凝固,则可掺入少量(为水重 0.1% ~ 0.2% )的胶或亚硫酸盐酒精废渣、硼砂等。

**D 粉煤灰**

具有一定水硬性,能改善砂浆的和易性。

**E 水玻璃**

具有良好的黏结能力,硬化时析出的硅酸凝胶能堵塞毛细孔,防止水分渗透。水玻璃还有较高耐酸性能,能抵抗大多数有机酸和无机酸的侵蚀。在抹灰工程中掺入水玻璃配制的砂浆可用于有耐酸、耐热、防水等要求的工程。

**F 砂**

指自然条件下形成的山砂、河砂、海砂等。在抹灰工程中常采用的是洁净坚硬的、粒径为 0.35 ~ 0.5mm 的中砂或中、粗混合砂。使用前应过筛,不得含有杂质,含泥量不得超过 3%。

**G 石屑**

粒径基本同砂的细骨料,主要用于配制外墙喷涂饰面的聚合物水泥砂浆。常用的有松香石屑、白云石石屑等。

**H 膨胀珍珠岩**

它的颗粒结构呈蜂窝泡沫状,重量特轻。主要有保温、隔热、吸声、不燃等特性。因此,膨胀珍珠岩可与水泥、石灰膏及其他胶结材料做成保温、隔热、吸声灰浆。

**I 纸筋**

使用前应浸透、捣烂,再按 100kg 石灰膏掺 2.75kg 纸筋的比例加入淋灰池。

**J 玻璃纤维**

长度 ≥ 10mm,与石灰膏拌匀使用,每 100kg 石灰膏掺入 0.2kg 左右的玻璃纤维,搅拌均匀成玻璃丝灰。玻璃丝耐热、耐腐蚀,抹制的墙面洁白光滑,且价格便宜。

K　其他材料

聚乙烯醇缩甲醛胶(商品名为107胶)、木质素磺酸钙(减水剂)、甲基硅醇钠(憎水剂,具有防水、防风化和防污染的能力,能提高饰面的耐久性)以及颜料等。

### 5.1.1.2　常用机具准备

铁抹子、木抹子、阴阳角抹子、捋角器、长舌抹子、托灰板、筛子、木杠(大杠 2.5m,中杠 2m )、靠尺、托线板和线锤、钢筋卡子、方尺、分格条、水平尺、长毛刷、排笔、钢丝刷、扫帚、喷壶、墨斗、粉线包、砂浆搅拌机、纸筋灰搅拌机、粉碎淋灰机等。部分工具如图 5-1、图 5-2 所示。

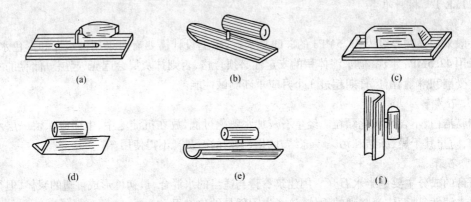

图 5-1　抹子
(a)方头铁抹子;(b)圆头铁抹子;(c)木抹子;(d)阴角抹子;(e)圆弧阴角抹子;(f)阳角抹子

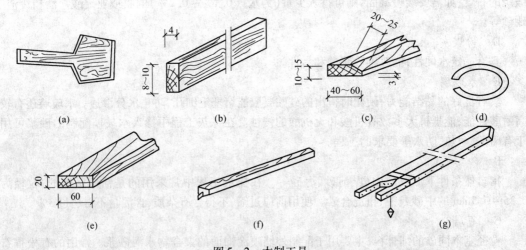

图 5-2　木制工具
(a)托灰板;(b)木杠;(c)八字靠尺;(d)钢筋卡子;(e)靠尺板;(f)分格条;(g)托线板

### 5.1.1.3　基层准备

A　基层处理

基层表面的灰尘、污垢、碱膜、沥青渍、粘结砂浆附着物等均应清除干净,并用水喷洒湿润。

混凝土墙、混凝土梁头、砖墙或加气混凝土墙等基层表面的凸凹要剔平或用1:3 水泥砂浆分层补齐,模板铁线应剪除。

板条墙或顶棚板条留缝间隙过窄处应予以处理,一般要求达到7~10mm(单层板条)。

金属网应铺钉牢固、平整,不得有翘曲、松动现象。

在木结构与砖石结构、木结构与钢筋混凝土相接处的基体表面抹灰,应先铺设金属网,并绷紧牢固。金属网与各基体的搭接宽度从缝边起每边不小于100mm,并应铺钉牢固,不翘曲,如图5-3所示。

平整光滑的混凝土表面如设计无要求时,可不抹灰,用刮腻子处理。如设计有要求或混凝土表面不平,应凿毛后方可抹灰。

　B　墙面浇水

为了确保抹灰砂浆与基层表面粘结牢固,防止抹灰层空鼓、裂缝、脱落等质量通病,在抹灰前除必须对抹灰基层表面进行处理外,在抹灰前一天,还应对墙体浇水湿润。

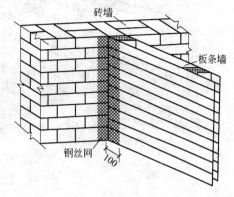

图5-3　砖结构与木结构相交处基体处理

浇水方法是:将水管对着砖墙上部缓缓左右移动,使水缓慢从上部沿墙面流下,使墙面全部湿润一遍,渗水深度达到8~10mm为宜。如为6cm厚砖墙,用喷壶喷水一次即可,切勿使砖墙壁处于饱和状态。

在常温下进行外墙抹灰,墙体一定要浇两遍水,以防止底层灰的水分很快被墙面吸收,影响底层砂浆与墙面的粘结力。加气混凝土表面孔隙率大,其毛细管为封闭性和半封闭性,阻碍了水分渗透速度,它同砖墙相比,吸水速度约为砖墙吸水速度的1/3~1/4,因此应提前两天进行浇水,每天两遍以上,使渗水深度达到8~10mm。混凝土墙体吸水率低,抹灰前浇水可以少一些。

此外,各种基层浇水程度还与施工季节、气候和室内外操作环境有关,因此应根据实际情况酌情掌握。

## 5.1.2　施工方法

### 5.1.2.1　内墙抹灰施工

A　找规矩

为了达到中、高级抹灰墙面平整垂直的程度,抹灰前必须找规矩。

a　弹线

将房间用角尺规方,小房间可以一面墙为基线,大房间应在地面上弹出十字线。在距墙阴角100mm处用线锤吊直弹出竖线后,再按规方地线及抹灰层厚度向里反弹出墙角抹灰准线,并在准线上、下两端钉上铁钉,挂上白线,作为抹灰饼、冲筋的标准。

b　灰饼、冲筋

灰饼的操作方法:先在距顶棚约200mm处做两个上灰饼,并以此为准吊线做下灰饼,下灰饼一般设在踢脚线上方200~300mm处,然后根据上、下灰饼再上下、左右拉通线设中间灰饼,灰饼大小一般为40mm×40mm,间距1.2~1.5m。灰饼收水后,在上、下灰饼间填充砂浆作冲筋,灰饼和冲筋的砂浆应与抹灰层的砂浆相同。抹完冲筋后用硬尺通平并检查垂直平整度,误差控制在1mm以内。凡窗口、垛角处必须做标志块,如图5-4所示。

c　阴阳角找方

中级抹灰要求阳角找方。对于除门窗口外还有阳角的房间,则首先要将房间大致规方。其方法是先在阳角一侧墙做基线,用方尺将阳角先规方,然后在墙角弹出抹灰准线,并在准线上、下两端挂通线做标准块。高级抹灰要求阴、阳角都要找方,阴、阳角两边都要弹基线。为了便于作角和保证阴、阳角正垂直,必须在阴、阳角两边做标准块和标筋。

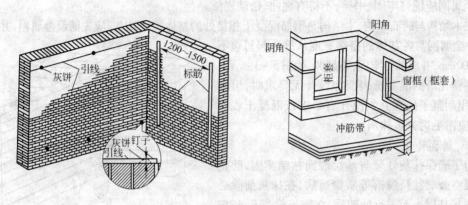

图 5－4　挂线做标准灰饼及冲筋

　　d　门窗洞口做护角

　　室内墙面、柱面的阳角和门洞口的阳角抹灰要求线条清晰、挺直,并防止碰坏。因此,不论设计有无规定,都需要做护角。护角做好后,也能起到标筋作用。护角应抹 1:2 水泥砂浆,一般高度由地面起不低于 2m,护角每侧宽度不小于 50mm。抹护角时,以墙面标准块为依据,首先要将阳角用方尺规方,靠门框一边以门框离墙面的空隙为准,另一边以标准块厚度为据。最后在地面上划好准线,按准线粘好靠尺板,并用托线吊直,方尺找方。接着在靠尺板的另一边墙角面分层抹 1:2 水泥砂浆,护角线的外角与靠尺板口平齐,一边抹好后,再把靠尺板移到已抹好护角的一边,用钢筋卡子稳住,用线锤吊直靠尺板,把护角的另一面分层抹好。然后,轻轻地将靠尺板拿下,待护角的棱角稍干时,用阳角抹子和水泥浆捋出小圆角。最后,在墙面用靠尺板按要求尺寸沿角留出 5cm,将多余砂浆以 40°斜面切掉(切余面的目的是为墙面抹灰时便于与护角接槎)。墙面和门框等处落地灰应清理干净。

　　窗洞口一般虽不要求做护角,但同样也要方正一致、棱角分明、平整光滑,操作方法与做护角相同。窗口下面应按大墙面标准块抹灰,侧面应根据窗框所留灰口确定抹灰厚度,同样应使用八字靠尺找方吊正,分层涂抹,阳角处也应用阳角抹子捋出小圆角。

　　B　底层及中层抹灰

　　在标志块、标筋及门窗口做好护角后,底层与中层抹灰即可进行,这道工序也叫"刮糙"。其方法是砂浆抹于墙面两标筋之间,底层要低于标筋,待收水后再进行中层抹灰,其厚度以垫平标筋为准,并使其略高于标筋。

　　中层砂浆抹完后,即用中、短木杠按标筋刮平。使用木杠时,人站成骑马式,双手紧握木杠,均匀用力,由下往上移动,并使木杠前进方向的一边略微翘起,手腕要活。凹陷处补抹砂浆,然后再刮,直至平直为止。紧接着用木抹子搓磨一遍,使表面平整密实。

　　墙的阴角,先用方尺上、下核对方正,然后用阴角器上、下移动扯平,使室内四角方正,如图 5－5 所示。

　　在一般情况下,标筋抹完就可以装挡刮平。但要注意,如果筋软容易将标筋刮坏产生凸凹现象,并且容易产生抹灰面不平等质量通病。

　　当层高小于 3.2m 时,一般先抹下面一步架,然后搭架子再抹

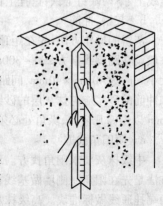

图 5－5　阴角的扯平找直

上一步架。抹上一步架可不做标筋,而是在用木杠刮平时,紧贴在已经抹好的砂浆上作为刮平的依据,但要控制好上、下接槎处的平整度。

C 抹墙裙、踢脚板

先按设计弹出上口水平线,用1:2水泥砂浆或水泥石灰砂浆抹底层,一天后用1:2水泥砂浆抹面层,面层应用原浆压光,比墙面抹灰层突出3~5mm。用八字靠尺在线上用铁抹子切齐,修边清理。如果是后做地面、墙裙和踢脚板时,要将墙裙、踢脚板准线上口5cm处的砂浆切成直槎,墙面要清理干净,并及时清除落地灰。

D 面层抹灰

一般室内砖墙面抹灰以往常用纸筋石灰或麻刀石灰(再刷普通涂料),目前广泛使用刮大白(或涂料:各色乳胶漆或"墙艺漆")等。面层抹灰应在底灰稍干后进行,底灰太湿会影响抹灰面平整,还可能"咬色";底灰太干,易使面层脱水太快而影响粘结,造成面层空鼓。

a 纸筋石灰面层抹灰

纸筋灰面层抹灰一般是在中层砂浆六七成干后进行(手捺不软,但有指印)。如果底层砂浆过于干燥,应先洒水湿润,再抹面层。抹灰操作一般使用钢皮抹子,两遍成活,厚度不大于2mm,一般由阴角或阳角,自左向右进行,两人配合操作,一人先竖向(或横向)薄薄抹一层,要使纸筋灰与中层紧密结合;另一人横向(或竖向)抹第二层,抹匀,并要压平溜光。压平后,如用排笔或茅柴帚蘸水横刷一遍,将使表面色泽一致,再用钢皮抹子压实、揉平、抹光一次,面层则会更为细腻光滑。阴、阳角分别用阴、阳角抹子捋光,随手用毛刷子蘸水将门窗边口阳角、墙裙和踢脚板上口刷净。纸筋灰罩面的另一种做法是,二遍抹后稍干就用压子式塑料抹子顺抹子纹压光,经过一段时间再进行检查,起泡处重新压平。

b 刮大白

近年来,许多地方内墙面面层不抹罩面灰,而采用刮大白。这里的"大白"指的是膏状需刮抹施工的白色仿瓷涂料,代号为888、898、988等,市场上销售配制好的成品。配方各有不同,如质地更坚硬、洁白的988由苯丙乳液、聚乙烯醇、水玻璃、颜料、碳酸钙等组成。刮大白罩面效果光滑洁净、细腻柔和、坚硬耐水。面层刮大白一般应在中层砂浆干透、表面坚硬呈灰白色且没有水迹及潮湿痕迹、用铲刀刻划显白印时进行。先对基层(中层灰)休整、打平后,刮大白两遍,总厚度2~3mm左右(共2~5遍,两遍后每遍厚0.3~0.5mm)。操作时,使用钢片或胶皮刮板,每遍按同一方向往返刮。要求表面平整,纹理质感均匀一致。阴、阳角找直。若是钢筋混凝土顶棚,在十分平整的情况下,一般在钢筋混凝土基层面上直接刮大白而取消底中层灰,做法同上。

E 分层做法及施工要点

根据墙体基层(基体)的不同,内墙抹灰的分层做法及施工要点如表5-1所示。

表5-1 一般抹灰的施工要点

| 名 称 | 分 层 做 法 | 厚度/mm | 操 作 要 点 |
|---|---|---|---|
| 砖或空心砌块墙面抹水泥石灰砂浆 | 1:3:9(或1:1:6)水泥石灰砂浆打底找平;<br>1:0.3:3 水泥石灰砂浆找平 | 13<br><br>5 | 1. 先清理、湿润;<br>2. 底子灰先由上往下抹一遍,接着抹第二遍,由下往上刮平、用木抹子搓平;<br>3. 底灰五六成干时抹罩面灰,先竖着刮一遍,再横抹找平 |

| 名　称 | 分 层 做 法 | 厚度/mm | 操 作 要 点 |
|---|---|---|---|
| 混凝土墙抹水泥石灰砂浆 | 刷素水泥浆一道(水灰比 0.4 ~ 0.5);<br>1:3:9(或 1:1:6)水泥石灰砂浆打底找平;<br>1:0.3:3 水泥石灰砂浆找平 | 13<br><br>5 | 先清理、湿透,刷水泥浆后随即抹底灰 |
| 加气混凝土墙抹水泥石灰砂浆,面层刮大白 | 刷素水泥浆一道(水灰比 0.4 ~ 0.5,内掺水重 5% ~ 10% 107 胶);<br>1:3:9(或 1:1:6)水泥石灰砂浆打底找平;<br>1:0.3:3 水泥石灰砂浆找平;<br>修整、打平,刮大白两遍 | 13<br><br>5<br>2 | 1. 用钢片刮板或胶皮刮板将基层表面 0.5mm 以上的蜂窝凹陷,高低不平处用石膏腻子刮实;<br>2. 基层表面均匀刷掺 107 胶的素浆或喷 107 胶(胶:水 = 1:20)使胶水深入基体表面 1 ~ 1.5mm;<br>3. 刷水泥浆(或喷 107 胶)后随即抹底灰;<br>4. 满刮大白时,要用胶皮刮板分遍刮过,操作时按同一方向往反刮,刮板要拿稳,吃灰量要一致,注意上下左右接槎处,两刮板间要干净不允许留浮灰,甩槎都赶到阴角处且要找直阴角和阳角,要用直尺和方尺检查,不要有碎弯;<br>5. 头遍大白刮 8 ~ 10h 后,用 0 号砂纸打磨至平整光滑,再刮二遍大白并抛光 |
| 普通砖墙抹水泥砂浆(厨、卫墙面),面层刷涂料 | 1:3 水泥砂浆打底找平;<br>1:2.5 水泥砂浆面层;<br>修整,局部刮腻子、打磨,再满刮腻子、磨平,共满刮腻子并打磨两遍,面层刷浴室涂料两道 | 10 ~ 15<br>5 | 1. 先清理、湿润;<br>2. 底子灰先由上往下抹一遍,表面须划痕,接着抹第二遍,由下往上刮平、用木抹子搓平;<br>3. 隔一天罩面,分两遍抹,先用木抹子搓平,再用铁抹子揉实压光,24h 后洒水养护;<br>4. 待局部腻子干后,用 0 号砂纸打磨,满刮腻子干后,用 04 号砂纸磨平;<br>5. 涂料刷完后进行修整 |

### 5.1.2.2　外墙抹灰施工

#### A　找规矩

外墙面抹灰与内墙面抹灰一样要挂线做标志块、标筋。但因外墙面由檐口至地面,抹灰看面大,门窗、阳台、明柱、腰线等看面都要横平竖直,而抹灰操作则必须一步架一步架地往下抹。因此,外墙抹灰找规矩要在四角先挂好自上而下垂直通线(多层及高层房屋,应用钢丝线垂下),然后根据大致决定的抹灰厚度,每步架大角两侧最好弹上控制线,再拉水平通线,并弹水平线做标志块,然后做标筋。

#### B　粘分格条

为避免罩面砂浆收缩后产生裂缝影响墙面质量及美观,一般均设分格线(条)。粘贴分格条要在底层灰抹完后进行(底层灰要求用刮尺赶平)。按已弹好的水平线和分格尺寸用墨斗或粉线包弹出分格线,竖向分格线用线锤或经纬仪校正垂直,横向要以水平线为依据校正其水平。分格条在使用前要用水泡透,这样既便于粘贴又能防止分格条使用时变形。另外,分格条因本身水分蒸发而收缩也较易起出,又能使分格条两侧的灰口整齐。根据分格线的长度将分格条尺寸分好,然后用铁抹子将素水泥浆抹在分格条的背面,水平分格线宜粘贴在水平线的下口,垂直分格线宜粘贴在垂线的左侧,以便于观察。粘贴完一条竖向或横向的分格条后,应用直尺核正其平整,并将分格条两侧用水泥浆抹成八字形斜角(若是水平线应先抹下口)。当天抹面的分格条,两侧八字形斜角可抹成45°;当天不抹面的"隔夜条",两侧八字形斜角应抹得陡一些,成60°角,如图5-6所示。

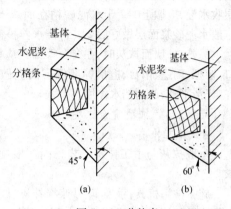

图5-6 分格条
(a)当天抹面;(b)当天不抹面

面层抹灰完后,按分格条厚度刮平、搓实,并将分格条表面的余灰清除干净,以免起条时因表面余灰与墙面砂浆粘接而损坏墙面。当天粘的分格条在面层交活后即可起出。起分格条一般从分格线的端头开始,用抹子轻轻敲动,分格条即自动弹出,如起条较困难时,可在分格条端头钉一小钉,轻轻地将其向外拉出。"隔夜条"不宜当时起条,而应在罩面层达到一定强度之后再起。分格条起出后应将其清理干净,收存待用。分格线不得有错缝和掉棱掉角,其缝宽和深度应均匀一致。

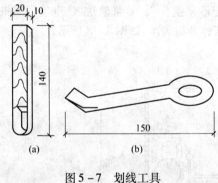

图5-7 划线工具

外墙面采取喷涂、滚涂、喷砂等饰面层时,由于饰面层较薄,墙面分格条可采用粘布条法或划缝法。粘布条法:在底层,根据设计尺寸和水平线弹出分格线后,用聚乙烯醇缩甲醛胶粘贴胶布条,然后做面层,等面层初凝时,立即把胶布慢慢扯掉,即露出分格缝,最后修理分格缝两边的飞边。划缝法:饰面做完后,待砂浆初凝时弹出分格缝,沿着分格缝按贴靠尺板,用划线工具(如图5-7所示)沿靠尺板边进行划缝,深度4~8mm或露出垫层。

为避免分格条施工中出现的诸多麻烦和弊端,可以用槽形塑料条(直接采购)代替木条并且不再起出,塑料条简单、美观、防水、经济。

C 外墙一般抹灰饰面做法

a 抹混合砂浆

外墙的抹灰层要求有一定的防水性能,一般采用水泥石灰砂浆(水泥:石灰:砂子=1:1:6)打底和罩面(或打底用1:1:6,罩面用1:0.5:4)。在基体处理、四大角与门窗洞口护角线、墙面的标志块、标筋等完成后即可进行。其底层、中层抹灰方法同内墙面。在刮尺赶平,砂浆收水后,应用木抹子以圆圈形打磨。如面层太干,应一手用茅柴帚洒水,一手用木抹子打磨,不得干磨,否则会造成颜色不一致。经打磨的饰面必使表面平整、密实、抹纹顺直、色泽均匀。

b 抹水泥砂浆

外墙抹水泥砂浆时一般配合比为水泥:砂=1:3。抹底层时,必须把砂浆压入灰缝内,并用木抹子压实刮平,然后用扫帚在底层上扫毛,并要浇水养护。底层砂浆抹后第二天,先弹分格线,粘分格条。抹时先用1:2.5水泥浆薄薄刮一遍,再抹第二遍,先抹平分格条,然后根据分格条厚度用木杠刮平,再用木抹子搓平,用钢抹子压光,最后用刷子蘸水按同一方向轻刷一遍,然后起出分格条,并用水泥浆把缝勾齐。"隔夜条"需在水泥砂浆达到强度之后再起出来。如底灰较湿,面层收水慢,应撒上1:2干水泥砂粘在面灰上,待干水泥砂吸水后,将这层水泥砂浆刮掉再压光。一般水泥砂浆面层做好后24h再浇水养护7d以上。

另外,外墙面抹灰时,在窗台等部位应做排水坡,设计无要求时,可做10%的泛水。在窗上口、窗楣、雨篷、阳台、檐口等部位下面应做滴水槽,滴水槽的宽度均不小于10mm,要求棱角整齐,光滑平整,起到挡水作用。

### 5.1.2.3　机械喷涂抹灰

#### A　施工准备

一般抹灰与手工抹灰工艺相同。根据施工工程量需要选定机喷配套设备以满足施工要求。

施工常用机具:手推车、砂浆搅拌机、振动筛、灰浆输送泵、输送钢管、空气压缩机、输浆胶管、空气输送胶管、分叉管、大泵(小泵)、喷枪头。

基层处理、做标志块及标筋方法与手工抹灰相同,但标筋一般是冲横筋,上、下间距2m左右。

#### B　施工方法

##### a　喷灰法

喷灰有大泵喷涂与小泵喷涂两种。采用柱塞直给式、隔膜式及灰气联合砂浆输送泵的即是大泵喷涂。采用大泵喷涂抹灰,每小时可喷涂$3\sim3.5m^3$的砂浆。因其出灰量大、效率高、机械喷涂劳动组织较大,故其设备较复杂。为便于移动,采取把砂浆搅拌机、砂浆输送机、空气压缩机、砂浆斗、振动筛和电器设备等都装于一辆车上,组成喷灰作业组装车,如图5-8所示。

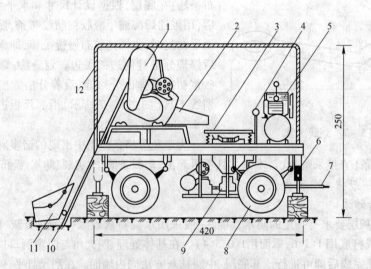

图5-8　喷灰作业组装车

浆机;2—储浆机;3—振动筛;4—压力表;5—空气压缩机;6—支脚;7—牵引架;
8—行走轮;9—砂浆泵;10—滑道;11—上料斗;12—防护棚

在喷涂前应把组装车按施工平面图就位,并根据工艺流程要求分别安装好输浆管(外墙采用金属管道,室内采用橡胶管道)和灰溜子以便施工中落地灰的重复使用,如图5-9所示。

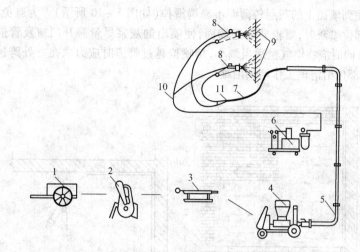

图 5-9 机械喷涂抹灰工艺流程

1—手推车;2—砂浆搅拌机;3—振动筛;4—灰浆输送泵;5—输浆钢管;6—空气压缩机;
7—输浆胶管;8—喷枪头;9—基体;10—空气输送胶管;11—分叉管

喷涂抹灰的底层砂浆稠度,用于混凝土基体表面时为 9~10cm;用于砖墙表面时为 10~12cm。

内墙机喷前,应先做好墙、踢脚板、门窗护角。这样做的优点是:保证墙裙、踢脚板、门窗护角与基层的粘结质量,并减少清理用工。但墙裙、踢脚板、门窗护角的厚度以墙面标志块为依据,在技术上要求较高。喷灰时,对成品要注意保护。喷灰步架操作顺序是先喷下半部灰浆,后喷上半部灰浆。在喷上半部灰浆后,刮杠依下半部已刮平的为标准。层高大于 3.2m 时,每步架都要做标筋,喷灰从最高一步架开始往下喷。

喷灰时,持枪姿势如图 5-10 所示。一般喷灰顺序如下:进入房间后,从门的右侧开始,先以上、下两筋之间为长度,宽度一般为 1.2m 左右,喷一个上方框。喷的方法有两种,一种是由上往下喷,另一种是由下往上喷。由上往下喷时,表面较平整,灰层均匀,厚度容易掌握,无鱼鳞状,但当操作欠熟练时容易掉灰。由下往上喷时,在喷涂过程中,已喷在墙上的灰浆对连续喷涂的上面灰浆能起截挡作用,因而减少了掉灰现象。一次喷灰不宜过厚,为达到要求厚度应多次喷灰,如图 5-11 所示。

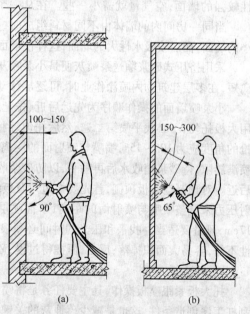

图 5-10 喷枪角度示意图

(a)吸水性大的立墙;(b)吸水性小的立墙

喷嘴距离墙的远近与压缩空气的调节:对于吸水性较强或较干燥的墙面以及灰层厚的墙面,喷灰时喷枪操作者应当使枪靠近墙面。一般情况,喷嘴与墙面保持 10~15cm 的距离,并成 90°角;如若遇到比较潮湿、吸水性较差或是灰层要求较薄的墙面,喷枪口与墙面的距离应远一些,一般 15~30cm,并与墙面成 65°角,这样喷出的灰浆扩散面较大,喷到墙面上的灰层较薄而不易淌滑掉(如图5-10所示)。为避免沾污门窗及管道,在临近这些部位喷灰时,喷枪要靠近墙面,使喷出的灰浆尽量避开门窗及管道,一般应保持8~10cm的距离,同时应将空气量适当调小,持喷枪越过管道时应力求在一处跨越,以免过多地沾污管道的其他部位给清理工作增加困难。

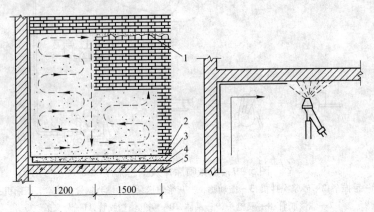

图5-11　喷灰路线示意图
1—标筋；2—踢脚板底层抹灰；3—踢脚板；4—地面；5—楼板

　　此外,压缩空气的调节也很重要。空气量过小,砂浆与墙面粘结差;空气量过大,则会造成砂浆从墙面飞溅。抹灰层较薄,基层较湿,空气量宜放大些;若抹灰层较厚,基层较干,吸水性较强的墙面,空气量就需小一些。在从一个房间转移到另一个房间时,要关闭气管。

　　当同一房间内的墙体由不同材料组成时,如承重墙是混凝土、隔墙是黏土砖,应先喷吸水性小的墙面,而后喷吸水性大的墙面,这样使墙面能够同时干燥,便于罩面。

　　采用挤压式砂浆输送泵喷灰便是小泵喷灰。小泵喷灰因其出灰量小,设备较简单且输送距离短,在多层建筑物内喷涂作业时,可逐层移动泵体,比较灵活,所以组装车可设也可不设。

　　小泵喷墙面的操作顺序为先远后近、先上后下,按标筋决定厚薄,要求两遍成活。喷一遍后用大板托匀,不必找平喷第二遍,然后托匀、刮平、压光。另外,在喷涂砖缝凹入较深的墙面时,喷枪的角度应为10°~15°,喷嘴与喷射面的距离为20~30cm。应从上向下喷涂,使砂浆不止一次喷满缝隙,待砂浆稍收水后再喷平,以防砂浆收缩出现裂缝。喷顶棚采用小泵,操作顺序为先远后近。对预制空心板顶棚,首先要把边角及板缝喷一遍,而后统一喷平。要根据不同楼层的喷射压力来调整喷嘴与喷射面的距离,掌握喷层的厚薄一致。喷嘴与喷射面的最佳距离为13~17cm,风量要适当。找平和压光的时间必须根据气温和砂浆的凝结时间确定,压搓得太快,附着性不好,容易大面积掉落;反之,压搓得过慢,砂浆凝结变硬,则不易搓平压光。

　　b　托大板

　　托大板紧跟喷板操作,其主要任务是将喷涂于墙面的砂浆取高补低,初步找平,为下一步的刮杠工序创造条件,这也是减少落地灰的关键工序。托大板的方法是:在喷完一长块之后,先把下部横筋清理出来,把大板沿下边的横筋斜向往上托一板,再把上面横筋清理出来,沿上部横筋斜向托一板,最后在中部往上平托一板,使喷灰层的砂浆基本平整。托大板的人员还需在其工作间隙帮助喷枪操作者握住输送砂浆的胶管,其位置离枪头1.5~2m,并应跟随喷枪操作者移动,以减轻喷枪操作者所承受的荷重。在完成一个房间的喷涂后,要帮助喷枪操作者把输送砂浆的软管转移到另一个房间去。

c 刮杠

刮杠的主要任务是把喷在墙面的砂浆经大板托平后根据标筋厚度把多余的砂浆刮掉,并搓揉压实,确保墙面平直,为下一道搓抹子工序创造条件。

刮杠的方法是:当砂浆喷涂于墙面后刮杠紧随托大板,第一次各刮一下,待砂浆稍收水后再刮第二遍,要求找平搓实。刮杠时长杠紧贴上、下两筋,前棱稍张开,上、下刮动并向前移动。视墙面的平整程度,确定是否增补砂浆。在补完砂浆后,再进行一次刮杠。

d 搓抹子

搓木抹子的主要作用是把喷涂于墙面的砂浆通过托板、刮杠等工序,最后搓平,并修整墙面的波纹与砂眼,为罩面工作创造条件。

e 清理

清理工作的主要任务是及时将落地灰通过灰溜子运下去,以便再稍加石灰膏搅拌后重新使用。

在喷灰操作时,如顶棚、墙裙、踢脚线、(各种)明管、设备箱、门窗等处沾染了砂浆,要及时清理,墙裙与踢脚板上的砂浆,要用水冲洗洁净。

f 罩面灰喷涂

施工前的准备:机械喷涂罩面灰应在底层灰喷涂抹灰达到七八成干,水泥墙裙、踢脚板及门窗护角等全部抹完,室内全部清理干净后进行。

罩面灰为纸筋灰或涂料等时可采用喷涂,否则采用手工操作。

g 机械喷涂抹灰施工的注意点

严格控制砂浆配合比和稠度,喷涂抹灰所用灰浆稠度为 9~11cm,石灰浆配合比为石灰膏:砂 = 1:(3~3.5),混合砂浆配合比以水泥:石灰膏:砂 = 1:1:4 为宜。掺适量塑化剂可改善砂浆的和易性,应保证砂浆有充分的搅拌时间。

注意管道清洗:喷涂必须分层连续进行,喷涂前应先进行运转、疏通和清洗管路,然后压入少量石灰膏润滑管道,以保证畅通。每次喷涂接近结束时,必须加少量石灰膏再压送清水冲洗管道中残余砂浆,以保证管道内壁光滑,最后送入气压约 0.4MPa 的压缩空气吹刷数分钟,以防砂浆在管道中结块影响下次使用。

## 5.1.3 抹灰工程质量要求及检验方法

### 5.1.3.1 一般规定

A 各项工程的检验批划分规定

(1)相同材料、工艺和施工条件的室外抹灰工程,每 500~1000m² 应划分为一个检验批,不足 500m² 也应划分为一个检验批。

(2)相同材料、工艺和施工条件的室内抹灰工程,每 50 个自然间(大面积房间和走廊按抹灰面积 30m² 为一间)应划分为一个检验批,不足 50 间也划分为一个检验批。

B 检验数量规定

(1)室内每个检验批应至少抽查 10%,并不得少于 3 间;不足 3 间时应全数检查。

(2)室外每个检验批每 100m² 应至少抽查一处,每处不得小于 10m²。

### 5.1.3.2 一般抹灰工程

适用于石灰砂浆、水泥砂浆、水泥石灰混合砂浆、聚合物水泥砂浆和麻刀石灰、纸筋石灰、石膏灰等一般抹灰工程的质量验收。

一般抹灰工程分为普通抹灰和高级抹灰,当设计无要求时,按普通抹灰验收。

A　主控项目

（1）抹灰前基层表面的尘土、污垢、油渍等应清除干净，并应洒水润湿。检验方法：检查施工纪录。

（2）一般抹灰所用材料的品种和性能应符合设计要求。水泥的凝结时间和安定性复验应合格。砂浆的配合比应符合设计要求。检验方法：检验产品合格证书、进场验收记录、复验报告和施工记录。

（3）抹灰工程应分层进行。当抹灰总厚度不小于35mm时，应采取加强措施。不同材料基体交接处表面的抹灰，应采取防止开裂的加强措施。当采取加强网时，加强网与各基体的搭接宽度应不小于100mm。检验方法：检查隐蔽工程验收记录和施工记录。

（4）抹灰层与基层之间及各抹灰之间必须粘结牢固，抹灰层应无脱层、空鼓、面层应无爆灰和裂缝。检验方法：观察；用小锤轻击检查；检查施工记录。

B　一般项目

（1）一般抹灰工程的表面质量要求：

普通抹灰表面应光滑、洁净、接搓平整，分格缝应清晰；

高级抹灰表面应光滑、洁净、颜色均匀、无抹纹，分格缝和灰线应清晰美观。

检验方法：观察；手摸检查。

（2）护角、孔洞、槽、盒周围的抹灰表面应整齐、光滑；管道后面的抹灰表面应平整。检验方法：观察。

（3）抹灰层的总厚度应符合设计要求；水泥砂浆不得抹在石灰砂浆层上；罩面石膏灰不得抹在水泥砂浆层上。检验方法：检查施工记录。

（4）抹灰分格缝的设置应符合设计要求，宽度和深度应均匀，表面应光滑，棱角应整齐。检验方法：观察；尺量检查。

（5）有排水要求的部位应做滴水线（槽）。滴水线（槽）应整齐顺直，滴水线应内高外低，滴水槽的宽度和深度均应不小于10mm。检验方法：观察；尺量检查。

（6）一般抹灰工程质量的允许偏差和检验方法应符合表5－2的规定。

表5－2　一般抹灰的允许偏差和检验方法

| 项　目 | 允许偏差/mm | | 检验方法 |
| --- | --- | --- | --- |
| | 普通抹灰 | 高级抹灰 | |
| 立面垂直度 | 4 | 3 | 用2m垂直检测尺检查 |
| 表面垂直度 | 4 | 3 | 用2m靠尺和塞尺检查 |
| 阴阳角方正 | 4 | 3 | 用直角检测尺检查 |
| 分格条（缝）直线度 | 4 | 3 | 拉5m线，不足5m拉通线，不用钢直尺检查 |
| 墙裙、勒脚上口直线度 | 4 | 3 | 拉5m线，不足5m拉同线，用钢直尺检查 |

注：1. 普通抹灰，本表第3项阴角方正不检查；

　　2. 顶棚抹灰，本表第2项表面平整度可不检查，但应平顺。

## 5.2　墙面贴面装饰工程施工

墙面贴面装饰的种类很多，墙面贴面装饰主要是将石材、陶瓷、金属板材、木材、玻璃、塑料，采用"镶、贴、挂"的工艺装饰在结构表面,达到保护墙体、满足使用功能和美化环境的作用。因此,在建筑装饰工程中,人们非常重视墙柱面的装饰工程。

下面仅介绍石材面层施工。

用于饰面的常用石材有大理石、花岗石、青石,人造石有预制水磨石板、人造大理石板、花岗石板及玉石合成装饰板等。石材面层施工方法随石材的规格不同而不同,一般小规格石板材长宽尺寸都在400mm以下,厚度一般为7~10mm,采用粘贴法施工;长宽尺寸在400mm以上,用于一般饰面墙体部位,厚度为20mm左右,但随板的表面尺寸扩大和板使用的特殊部位需要,板的厚度将相应增大,长宽尺寸在400mm以上的板采用挂贴法和干挂法安装。

## 5.2.1　施工准备

### 5.2.1.1　材料准备

#### A　石材

按设计质量等级要求,对石材的几何尺寸、光泽度、平整度及外观质量(表面平整、边缘整齐、棱角情况等)进行验收,且核验产品合格证。同时对表面隐伤、风化、变色等缺陷进行检查。

对石材的颜色必须在石材处干燥状态时进行对比检查、分辨色泽。在预拼排板时应检查所需板的几何尺寸,并按误差大小归类,同时把损坏的、变色的挑出,再按天然纹理、色差进行编排。

用于干挂的非花岗岩石质地的大理石板材背面应刷胶粘剂、贴玻璃纤维网格布增强(实际上此类板材,包括采用粘贴法板材,在出厂前应贴玻璃纤维网格布增强,以便于运输及加工)。

#### B　其他材料

其他材料包括普通硅酸盐水泥、白水泥、石膏、中粗砂;用于石材干挂的有不锈钢连接板、不锈钢针、塑料条、结构胶、防水胶、不锈钢膨胀螺栓等。

### 5.2.1.2　机具准备

机具包括手提式电动石材切割机、台式切割机、电动冲击锤、电动磨石机等。

### 5.2.1.3　技术准备

内墙面弹好高50cm水平线;室外墙面弹好±0.00等各层水平标高线。

饰面板安装前,应根据设计图纸,认真核实结构面的实际偏差情况。柱面应先测量出柱的实际高度和柱子中心线以及柱与柱之间上、中、下部水平通线,并确定出柱饰面板立面边线,这样才能决定饰面板分块规格尺寸。对于复杂墙面(如楼梯墙裙、圆形及多边形墙面等),则应实测后放足尺大样校对。根据上述墙、柱校核实测的尺寸并将饰面板间的接缝宽度包括在内来计算板块的排列,并按安装顺序编上号。最好绘制出墙面分块排列的大样图,有些装饰立面上已规定了墙面石板块的规格,则需核查墙面尺寸和结构,以确定能否按图纸要求规格进行施工。饰面板块间的接缝宽度通常都有要求,如设计无规定,则应符合表5-3的规定。

表5-3　石材块的接缝宽度

| 材　　料 | | 接缝宽度/mm |
| --- | --- | --- |
| 天然石 | 光面、镜面 | 1 |
| | 粗磨面、麻面、条纹面 | 5 |
| | 天然面 | 10 |
| 人造石 | 水磨石 | 2 |
| | 水刷石 | 10 |
| | 大理石、花岗石 | 1 |

大面积施工前应先做出样板,经设计、业主、施工单位认定后,方可组织班组按样板要求施工。

### 5.2.2　施工方法

#### 5.2.2.1　基层处理

饰面板安装前,对墙(柱)等基体进行认真处理是防止饰面安装后产生空鼓、脱落的关键一环。基体应具有足够的稳定性和刚度。基体表面应平整粗糙,光滑的基体表面应进行凿毛处理,凿毛深度应为 0.5～1.5cm,其间距≤3cm。基体表面残留的砂浆、尘土和油渍等应用钢丝刷刷净并用水冲洗。对于粘贴法施工,光滑表面尚须做凿毛处理并湿润。

#### 5.2.2.2　板材粘贴法施工

板材粘贴法施工适用小规格板材。

A　墙面小规格板材粘贴施工

a　抹灰、弹线

用 1∶2.5 的水泥砂浆分两次打底、找规格,底灰厚约 10mm,按中级抹灰检查和验收。待底灰七八成干后,用线锤在墙柱面和门窗边吊垂线,并确定饰面板距基层的距离(一般取 30～40mm);再根据垂线在地面上顺墙柱面弹出饰面板外轮廓线,即安装基准线;其后在墙柱面上弹出第一排标高线以及第一层板的下沿线;最后根据墙面的实际尺寸和缝隙弹出分块线。

b　镶贴

在湿润阴干的饰面板的背面均匀地抹上 2～3mm 厚的 107 胶水泥浆或环氧树脂水泥浆、AH-03胶粘剂等,依照水平线,先镶贴底层两端的两块板,然后拉通线,按编号依次镶贴。每贴三层,用靠尺校核一遍。

B　踢脚板、勒脚、窗台板粘贴施工

a　踢脚板粘贴

粘贴时用 1∶3 的水泥砂浆打底、找规矩,厚约 12mm,并用刮尺刮平、划毛。待底子灰凝固后,在经过湿润的饰面板背面均匀地抹上厚 2～3mm 的素水泥浆,随即将其贴于墙面,并用木锤轻敲,使其与基层有较好的粘结。随手用靠尺、水平尺找平,使相邻各块饰面板接缝齐平,高差不超过 0.5mm,并将边口和挤出拼缝的水泥浆擦干净。

b　窗台板安装

安装窗台板时,应先校正窗台的水平度,确定窗台的找平层厚度,在窗台两边按图纸要求的尺寸在墙上剔槽。多窗口的房屋剔槽时要拉水平线,并将各窗台找平。清除窗台上的垃圾杂物,并洒水湿润,再用 1∶3 的干硬性水泥砂浆或细石混凝土抹找平层,然后用刮尺刮平,再均匀地撒上干水泥粉,将湿润后的板材平稳地安放上,用木锤轻击,使其平整并与找平层有良好的粘结。在窗口两侧墙上的剔槽处要先浇水湿润,板材深入墙面尺寸(进深与左右)要相等,板材放稳后,应用水泥砂浆或细石混凝土将嵌入墙的部分塞密堵严。窗台板接搓处注意平整,并与窗下槛在同一水平面上。

如窗台板在横向挑出墙面尺寸较大时,应先在窗台板下埋铁件,以便对窗台绑扎固定。安装时,先在后面端将窗台板绑扎在预埋铁件上,然后在窗台面抹水泥砂浆并留出其前面的预埋件位置,待窗台板就位固定后,再将预埋件用水泥浆填满找平。

#### 5.2.2.3　干挂施工法

此工艺是利用高强度螺栓和耐腐蚀、高强度的柔性连接件将石材面板挂在建筑物结构的外表面。在石材与结构表面间留有 40～50mm 的空腔,采暖设计时可添入保温材料。此工艺不适宜于砖墙(砖墙可采用间接干挂法)和加气混凝土墙体。此工艺施工不受季节影响,可由上往下施工,有利于成品保护,而且石材不受粘贴砂浆的析碱影响,其施工操作要点如下:

(1)施工前应根据设计意图和结构实际尺寸作出分格设计、节点设计和翻样图,并根据翻样图提出挂件及板材的加工计划。对挂件应做承载力破坏试验和抗疲劳试验。

(2)据设计尺寸对板材钻孔,并在板材背面刷胶粘剂,贴玻璃纤维网格布增强,并给予一定的固化时间,此期间要防止受潮。

(3)据设计的孔位用电锤在结构上打孔,如孔位与结构主筋相遇,则可在挂件的可调范围内移动孔位。

如采用间接干挂法,板材通过钢针和连接件与水平槽钢相接;水平槽钢与竖向槽钢焊接膨胀螺栓固定在结构上。故型钢在安装前应先刷两遍防锈漆。焊接要求三面围焊,焊缝高取6mm。膨胀螺栓钻空位置要准确,深度在65mm左右,螺栓埋设要垂直、牢固。

(4)大样图应用经纬仪测出大角的两个面的竖向控制线,在大角上下两端固定挂线用的角钢,用钢线挂竖向控制线。

(5)支底层石材托架,放置底层石板,调节并临时固定。

(6)对结构钻孔,插入固定螺栓,安装不锈钢固定件(直接挂法)。用嵌缝膏嵌入下层石材上部孔眼,插连接钢针;嵌上层石材下孔,并临时固定。如图5-12所示。

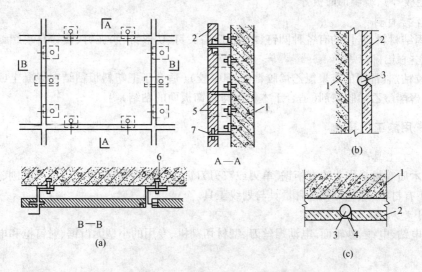

图5-12 用扣件固定大规格石材饰面板的干作业做法
(a)板块安装立面图;(b)板块水平接缝剖面图;(c)板块垂直接缝剖面图
1—混凝土外墙;2—饰面石板;3—泡沫聚乙烯嵌条;
4—密封硅胶;5—钢扣件;6—膨胀螺栓;7—销钉

(7)调整固定:面板暂时固定后,调整水平度,如板面上口不平,可在板底一端下口的连接平钢板上垫一相应的双股铜丝垫,若铜丝粗,可用小锤砸扁;若面板太高,可把另一端下口用以上方法垫一下。调整垂直度,并调整面板上口不锈钢连接件的距离空隙,直至面板垂直。

(8)部板安装:顶部最后一层面板除了按一般石板安装要求外,在安装调整后,还应在结构与石板的缝隙里吊一通长20mm厚的木条,木条上平位置为石板上口下去250mm,吊点可设在连接铁件上,可采用铅丝吊木条;木条吊好后,即在石板与墙面之间的空隙里塞放聚苯板,聚苯板条要略宽于空隙,以便填塞严实,防止灌浆时漏浆,造成蜂窝、孔洞等;灌浆至石板口下20mm作为压顶盖板之用。

(9)嵌缝:每一施工段安装后经检查无误,可清扫拼接缝,添入泡沫聚乙烯嵌条,然后用打胶机进行硅胶涂封,一般硅胶只封平接缝表面或板面稍凹少许即可。雨天或板材受潮时不宜涂硅胶。

(10)清理:清理块板表面,用棉丝将石板擦干净。有胶等其他粘结杂物的,可用开刀轻铲,并用棉丝沾丙酮擦干净。

## 5.3　饰面板装饰施工

饰面板装饰施工是近年来发展较快、应用较广泛的一种工艺方法。随着饰面材料的发展、品种的增加,尤其是塑料装饰和金属装饰板的发展,饰面板装饰在工程上得到越来越广泛的应用。

### 5.3.1　罩面板的种类及连接材料

A　种类

常用的饰面板有木质人造板(胶合板、纤维板、刨花板、细木工板、微薄木贴面板等)、塑料饰面板(聚氯乙烯塑料装饰板、三聚氰胺塑料板、塑料贴面复合板)、装饰吸声板、石膏装饰板、金属类装饰板(彩色涂层钢板、彩色压型钢板复合墙板、彩色不锈钢板、镜面不锈钢、浮雕艺术装饰板、铝合金板等)、玻璃饰面板等。

B　连接材料

(1)固结材料:常用的有各种圆钉、木螺钉、扁头钉、U形钉、水泥钉、镀锌自攻螺钉、射钉、膨胀螺栓和空心铝铆钉等。

(2)胶粘剂:常用的有聚氯乙烯胶粘剂(601胶)(适合于把塑料板粘结在混凝土或水泥砂浆基层上)、聚醋酸乙烯胶粘剂(适合于木材面与装饰板面的粘结)等。

### 5.3.2　常用施工机具

A　手工工具

用于木质等材料作业的有柜锯、单刃或双刃刀锯、侧锯、钢丝锯、多用刀以及平刨、边刨、槽刨和线刨,还有钉锤、螺丝刀和各种量具与划线工具。

B　小型机具

有手电钻、电锤、砂轮面、电动螺丝刀、型材切割机、专用的小型无齿锯、射钉枪和电动刨掏机等。

### 5.3.3　饰面板安装施工

饰面板的安装一般采用两种方法:一种是将饰面板用胶粘剂直接镶贴在基层上;另一种是将饰面板安装固定在与墙连接的木骨架或轻钢、铝合金骨架上。

这里仅介绍塑料板饰面的施工。塑料装饰板材饰面常用的罩面板有聚氯乙烯塑料板(PVC)、三聚氰胺塑料板、塑料贴面复合板等。

A　乙烯塑料板安装施工

聚氯乙烯塑料板是以聚氯乙烯树脂与稳定剂、色料混合后,经捏合、混练、拉片、切料、挤出或塑化压延、层压成型而制成的一种装饰板材。这种板材具有板面光滑、光亮,色泽鲜艳,有多种花纹图案,质轻、耐磨、防燃、防水、硬度大、吸水性小、耐化学腐蚀的特点。适用于室内墙面、柱面、吊顶、家具台面的装饰。常用的规格有:1750mm×850mm×(1.5~2.0)mm、1000mm×850mm×2.0mm、1000mm×2000mm×(1.5~2.0)mm。

a　基层处理

基体必须垂直平整,基层抹灰的质量是保证罩面板质量的重要一环。在水泥砂浆基层上粘贴时,基层表面不应有水泥浮浆,也不宜过光,以防滑动。

b　粘贴方法

粘贴前,基层表面应按分块尺寸弹线预排。

涂胶时应同时在基层表面和罩面板背面涂刷,胶液不宜太稀或太稠,涂刷应均匀。用手触试胶液,感到粘性较大时,即可进行粘贴。

胶粘剂一般宜用聚醋酸乙烯、环氧树脂等,也可用氯丁胶粘剂。

硬厚型的硬聚氯乙烯装饰板用木螺钉和垫圈或金属压条固定时,木螺钉的钉距应比胶合板、纤维板大,一般为 400~500mm。在固定金属压条时,应先用钉将饰面板临时固定,然后加盖金属压条。

粘贴时应采取临时措施固定,同时将挤压在板缝里的多余的胶液刮除,若胶干结,则清除困难。

B　三聚氰胺塑料板施工方法

三聚氰胺塑料板是将 3 层三聚氰胺树脂浸渍纸和 10 层酚醛树脂浸渍纸,经高温热压而成的热固性层积塑料。它是一种用于贴面的硬质薄板,具有耐磨、耐热、耐寒、耐溶剂、耐污染等特点,常用的规格有:1750mm×950mm×(0.8~1.0)mm、2137mm×915mm×0.8mm、2440mm×1220mm×1.0mm。一般用做装饰面面板,粘贴在胶合板、刨花板、纤维板、细木工板等基层板上。

a　基层处理

墙面基层抹灰必须平整。应先除去墙面表面浮灰、污垢后,再用水准仪、经纬仪定出水平基线,确定抹灰层厚度及水平、垂直位置。然后用 1:2~1:3 的水泥砂浆分 3~4 遍抹成厚 2.0~2.5cm 的基层。在水泥砂浆基层达 75% 的强度后,用砂轮打磨墙面,磨去表面的水泥浮浆,磨平凸出部分,并在凹面处做记号,以便涂胶时补平。打磨后用湿布擦净墙面灰土。

b　施工准备

按照设计尺寸在墙面上分格划线,要求横平竖直、尺寸准确。墙面尺寸如有误差可调整到两侧。

按照墙面划分的尺寸进行编号,然后锯裁贴面板。贴面板加工好后,按墙面编号待用。

搭设贴面板用的支架,准备加压用的支撑、立柱、木楔、高凳等。

配制环氧树脂胶:先用热水使其溶化,加入溶剂搅拌,均匀后再加入增塑剂(邻苯二甲酸二丁酯)搅拌均匀后,则可存入密闭容器中备用。固化剂(二乙烯三胺)使用时按比例边用边加。

c　贴饰面板

用橡皮刮板或短毛板刷同时在墙面和贴面板背面涂胶,要求刷得厚薄适度、均匀,并无砂粒等杂物。

按墙面分格线对号粘贴饰面板,先粘贴一边再扩大到面,必须排尽空气,然后用棉纱上下挤压,使其与墙面粘牢。接着加木压板压在贴面板上,在压板和加压支架之间,用横撑支紧。各支撑用力大小必须均匀,且与墙面垂直,以保证压力均匀、适度加在饰面板上。同层贴面板,每次最好隔一块进行粘贴,以免在加压或卸压过程中碰伤已贴好的板,且便于及时清除板缝间的多余胶液。

室温在 15℃ 以上时,一般自然养护 16h 即可拆除支撑压板。

d　表面清理和修整、嵌缝处理

用铲刀铲除贴面板上余留的胶液,然后用甲苯擦洗掉污痕;留在板缝的多余胶液可用小凿子除去。

不符合质量标准处应进行局部修整。板缝不正,可用特制小边刨修整;中间空鼓,可在离鼓泡边缘约 1~2cm 处钻两个 3mm 直径小孔,将稀释的环氧树脂胶液灌入医用注射器,用注射针注满鼓泡(从一个孔进,另一孔用于排气),并堵住小孔,将胶液挤向四周,再将多余胶液挤出,然后垫板加压。压板应事先在相应位置钻两个小孔,加压时对准贴面板小孔,以便横撑顶紧时,空气和多余胶液从小孔排出。卸压后,将板面小孔用环氧腻子堵上,并在表面涂上与饰面板颜色相同的环氧树脂清漆;边缘翘起,是由于对边缘加压不足,或墙面不平整,或胶液刷不到,修整办法是重新涂胶加压。

用环氧树脂配制的腻子,分 3 次镶嵌,然后用砂纸打磨,不平处再找补腻子,直到平整无隙。表面用毛笔蘸环氧清漆涂刷罩面,最好找蜡,使板缝既平整又光滑。

C　塑料贴面装饰板施工方法

塑料贴面板的面层为三聚氰胺甲醛树脂浸渍过的印花纸,具有各种色彩、图案,里面各层都是酚醛浸渍过的牛皮纸,经干燥后迭和在一起,面上覆盖不锈钢模板,在热压机中热压而成。此种装饰板材具有耐湿、耐磨、耐烫、耐燃烧、耐酸碱等特点,外观表面光滑,略有凹凸,极易清洗。

a　板材加工

用木工锯、刨、钻加工。锯裁时应正面向上,板边可留 3~5mm 余量,以便胶贴到其他基材上后,可再用刨子修整。如板面需钉钉子,应用钻子从正面入钻钻出孔洞。

板边的毛刺,除用刨子刨光外,还可用砂纸磨光。

b　胶粘

装饰板厚度小于 2mm 的,应将它胶粘在胶合板、细木工板或碎木板上,以增大其幅面刚度,便于使用。胶粘时应按下列程序操作:

(1)胶粘材料的选择:被胶粘的材料应胀缩性小并具有一定的厚度。当胶贴后组成轻细木工板时,其厚度应为 3mm,如图 5-13(a)所示;当胶贴后的板材直接使用时,最小厚度应为 7mm,如图 5-13(b)所示。通常应用的厚度为 15~22mm。为减少贴面后的变形,在背面应同时贴一层没有装饰层的贴面板。

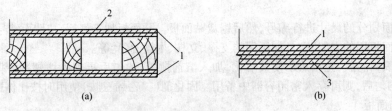

图 5-13　胶粘示意图
(a)装饰塑料板贴面细木工板图;(b)装饰塑料板贴面胶合板图
1—塑料板;2—细木工板;3—胶合板

(2)胶粘准备:因塑料装饰板质硬、渗透性小、不易吃胶,必须将其背面预先搓毛再行涂胶,同时被贴面的板材表面也必须加工搓毛,易于胶合。

(3)胶压:一般使用的塑料为脲醛树脂或在脲醛树脂中加入适量的聚醋酸乙烯树脂,涂胶量为 150~250g/m$^2$。其胶压方法主要为冷压。胶压时,将涂胶的塑料板与胶粘材料摆正,若小量生产,则在两面各加木垫板并用卡子夹紧;若大量生产,则可装同一规格的板材依次挤压。加压时室温应在 15℃以上,持续加压后才能解除压力,并经放置 24h 后才可再进行加工。

c　安装

安装方法有两种:

（1）压条法：胶贴厚度在 8mm 以下的塑料板安装采用此法，如图 5-14 所示。压条可用铝条、木条或同样的塑料板条，所用木螺丝则为镍铬半圆头，以免锈蚀后影响美观。

（2）对缝法：厚度在 16mm 以上的胶贴塑料板用此法，安装方法如图 5-15 和图 5-16 所示。对缝法能使拼板无明显的接缝，故适用于高级装饰。

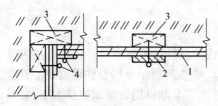

图 5-14 装饰塑料板压条拼接图
1—塑料板；2—压条；3—楞木；4—木螺钉

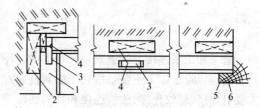

图 5-15 装饰塑料板无缝拼接图
1—塑料板；2—楞木；3—嵌入条；
4—木螺钉；5—钉子；6—盖缝条

d 封边

已胶贴的塑料板作为各种台面使用时，为避免边缘日后开胶，需进行封边处理。方法有三种：一是木条镶边，即将板边与镶边木条刨成相应的形状后，在接合面涂胶，然后以扁帽钉将镶边钉于板框上，如图 5-17(a)所示；二是贴边，即将塑料或刨制的单板胶贴在板框的周边，如图 5-17(b)所示；三是金属与塑料镶边，即将铝板或薄钢压制成槽型或 L 形的塑料条，并在底边钻上小孔，以钉或木螺丝将塑料条安装在板边上，如图 5-17(c)。

e 使用与维护

用于台面时，其钻孔处如有积水，应及时擦干，以免积水沿胶缝渗入，使板边胀起，如边缘有局部开缝，则应及时处理。对板面污物也要及时清除干净。使用时不要与暖气、炉灶等过热设施紧靠。

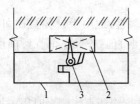

图 5-16 装饰塑料板企口拼接图
1—塑料板；2—楞木；3—木螺钉

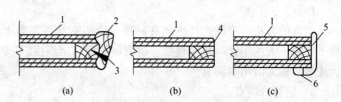

图 5-17 装饰塑料板封边处理
1—塑料板；2—木条；3—钉子；4—塑料板或单板；
5—铝边；6—木螺钉或钉子

# 6 卫生工程施工

管子加工及连接是管道安装工程的中心环节,是按照设计蓝图将各单件设备连接为系统的施工过程。管子加工主要是指管子的调直、切割、套丝、煨弯及制作异型管件等过程。管子连接主要有焊接、螺纹连接、法兰连接和承插连接等几种方法。本章以钢管加工连接为主,对其他管材的加工连接也作简单介绍。

## 6.1 管子调直及切割

### 6.1.1 管子调直

有塑性尤其是细长的小直径的管材,在运输装卸过程中或堆放不当时容易产生弯曲,此外安装不当也会造成管子弯曲。管子弯曲会影响介质的流通和排放,故在安装时必须调直。

A 管子弯曲检查

管子是否有弯曲,一般采用目测检查法:将管子抬起一端用眼睛观察,边看边转动管子,若管壁表面各点都在一条平行直线上,则说明管子是直的;如果有上凹或下凹现象,则说明该处弯曲。对于管径较大较长的管子可采用滚动检查法:将管子放置在两根平行的管子上或滚动轴承制成的检查架上轻轻滚动,当管子以匀速来回转动而无摆动,并可以在任意位置停止时,则为合格直管;如果管子转动时快时慢,有摆动,而且停止时每次都是某一面向下,则此管有弯曲。

B 管子调直

调直的方法有冷调直和热调直两种。冷调直是在常温下直接调直,适用于公称直径50mm以下弯曲不大的钢管。热调直是将钢管加热到一定温度,在热态下调直。一般在钢管弯曲度较大或管径较大时用热调直法。

a 钢管冷调直

钢管在安装以前的冷调直有三种方法。方法一是用两把手锤进行冷调直。调直时用一把手锤顶在钢管弯里(凹面)的弯起点上作支点,另一把锤敲击凸面处,直至敲平为止。对一根有多处弯曲的钢管,需逐个敲平,如图6-1(a)所示。调直时两个锤不能对着敲,而且捶击处宜垫硬质木块,以免把钢管打扁。方法二需要寻找一个平台,平台上立两个铁桩作为受力点。将管子放在平台上,管子弯曲处凸面高点置于前桩前80~10mm,铁桩与管子接触点垫放木块,一边将管子弯曲反方向扳一边向前拉动,如图6-1(b)所示。矫正时用力不能过大,否则矫正过度容易形成蛇形弯。方法三是将管子放在平整的地面上,凸面向上。一个人在管子一端观察弯曲部位,另一个人按照观察者的指挥,用木锤从弯曲开始的位置顺着管子进行敲打,如图6-1(c)所示,直到管子平直。

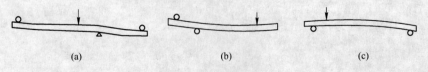

(a)        (b)        (c)

图6-1 钢管冷调直

对于因管件螺栓纹不正引起的节点弯曲也可以冷调直,但应注意不能用锤敲打管件,只能敲打靠近管件的钢管,使其产生微量反向弯曲,达到管子平直。

b　钢管热调直

公称直径50mm以上的弯曲钢管及弯曲度大于20°的小管径钢管一般用热调法调直,如图6-2所示。热调直时先将钢管(不装砂子)弯曲部分放在地炉上加热到600~800℃(钢管呈火红色),然后将热态的钢管抬出放置在用多根钢管组成的平台上反复滚动,利用重力及钢材的塑性变形达到调直的目的。弯度大者加热后可将弯背向下使两头翘起,轻轻向下压直后再滚动。在压直时,加热段下面不应放置支承管,以免将钢管压扁。调直后的钢管应在水平场地存放,避免产生新的弯曲。

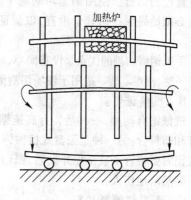
图6-2　钢管热调直

对于因管件螺纹不正引起的节点弯曲,若弯曲较大,可用气焊炬对弯曲附近的钢管进行局部加热烧红,直至将钢管压直为止。一处加热完后,应迅速移到下一点。

由于塑料管、紫铜管、铝管等材质较软,对管径较小的管子,也可用手工直接调直或用橡皮锤、木板轻敲调直;对管径较大的紫铜管和铝管应用喷枪或气焊炬加热后再调直。

## 6.1.2　管子切割

一般情况下,管子是按标准长度供应的,在管路安装时,需要根据设计和安装要求,将管子切割成管段。为保证后续加工的质量,要求管子切割时必须按下料尺寸准确切割;切口要求平整,无裂纹、重皮、毛刺、凹凸、缩口、熔渣、氧化物和铁屑等,切口端面与管子轴线要垂直,倾斜偏差 $\Delta$(如图6-3所示)不应大于管子外径的1%,且不超过3mm。

管子切割方法有手工切割、机械切割、气割切割和等离子切割等。手工切割依靠人力操作切割机具切割钢管,主要用于施工现场小管径切割;机械切割采用机械力驱动管机,在加工厂里管子切割可采用中大形切管机,在安装工地宜用小型切管机具;气割法是利用燃

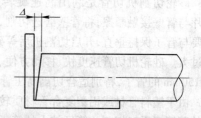
图6-3　管子切口端面倾斜偏差

烧产生的热量熔化金属并将熔渣吹落,使用灵活,适用于中大型钢管切割;等离子切割是由电弧产生的高温等离子流熔化金属。碳素钢管、合金钢管一般采用机械方法切割,当采用氧气—乙炔火焰切割时,必须保证切割尺寸正确和切口平整;镀锌钢管宜采用钢锯或机械方法切割;不锈钢管、有色金属管应采用机械切割或等离子方法切割;不锈钢管及钛管采用砂轮切割或修磨时,应采用专用砂轮片。

### 6.1.2.1　小型切管机切割

安装工程常用的小型切管机具有钢锯、滚刀切管和砂轮切割机,它们的工作原理及操作方法如下。

A　手工钢锯切割

手工钢锯切割是工地上广泛应用的管子切割方法。钢锯由锯弓和锯条两部分构成,如图6-4所示。锯弓前部可旋转、伸缩,方便锯条安装,后部的拉紧螺栓用于拉紧、固定锯条。锯条分

细齿和粗齿两种,前者锯齿低、锯齿小、进刀量小、与管子接触的锯齿多、不易卡齿,用于锯切材质较硬的薄壁金属管子;后者锯齿高、齿距大,适用锯切厚壁有色金属管道、塑料管道或一般管径的钢管。使用钢锯切割管子时,锯条平面必须始终保持与管子垂直,以保证断面平整。

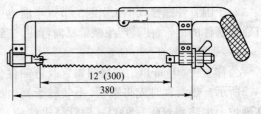

图6-4　手工钢锯

　　手工钢锯切割的优点是设备简单、灵活方便、切口不收紧和不氧化;缺点是速度慢、费力,切口较难平整、较难掌握。适用于现场切割量不大的小管径金属管道、塑料管道和橡胶管道的切割。

　　B　机械锯切割

　　机械锯有两种,一种是装有高速锯条的往复锯弓锯床,可以切割直径小于220mm的各种金属管和塑料管;另一种是圆盘式机械锯,锯齿间隙较大,适用于切割有色金属管和塑料管。使用机械锯时要将管子放平稳并夹紧,锯切前先开锯空转几次;管子快锯完时可适当降低速度,以防管子突然落地伤人。

　　C　滚刀切管器切割

　　滚刀切管器由滚刀、刀架和手柄组成,适用于切割管径小于100mm的钢管,如图6-5所示。切管时用力将管子固定好,然后将切管器刀刃与管子切割线对齐,管子置于两个滚轮和一个滚刀之间,拧动手柄,使滚轮夹紧管子,然后进刀边沿管壁旋转将管子切割。滚刀切管器切割钢管速度快、切口平整,但会产生缩口,故必须用铰刀刮平缩口部分。

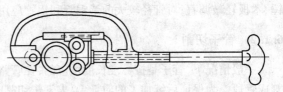

图6-5　滚刀切管器

　　D　砂轮切割机切割

　　砂轮切割机切管是利用高速旋转的砂轮片与管壁接触摩擦,将管壁磨透切割,如图6-6所示。使用砂轮切割机时要将管子夹紧,砂轮片要与管子保持垂直,开启切割机后等砂轮转速正常以后再将手柄下压,下压进刀不能用力过猛或过大。砂轮机切管速度快、移动方便、省时省力,但噪声大、切口有毛刺。砂轮机能切割管径小于150mm的管子,特别适合切割高压管和不锈钢管,也可用于切割角钢、圆钢等各种型钢。

　　由于塑料管材或铝塑复合管材质较软,管径较小的管子也可采用专用的切割器或图6-7所示的剪管刀手工切割。管径较大的管子可采用钢锯切割或机械锯切割。

图6-6　砂轮切割机

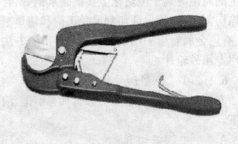

图6-7　塑料剪管刀

### 6.1.2.2　氧气—乙炔焰切割

氧气—乙炔焰切割是利用氧气和乙炔气混合燃烧产生的高温火焰加热管壁,当烧至钢材呈黄红色(约1100~1150℃)时,再喷射高压氧气,使高温的金属在纯氧中燃烧生成金属氧化物熔渣,后又被高压氧气吹开,割断管子。

氧气—乙炔焰切割有手工氧气—乙炔焰割断和氧气—乙炔焰切割机割断两种。

#### A　手工氧气—乙炔焰切割

装置有乙炔发生器或乙炔电瓶、氧气瓶、割炬和橡胶管。

氧气瓶由低合金钢或优质碳素钢制成,容积为38~40L。满瓶氧气的压力为15MPa,必须经压力调节器降压使用。氧气瓶内的氧气不得全部用光,当压力降到0.3~0.5MPa时应停止使用。氧气瓶不可沾油脂,也不可放在烈日下曝晒,与乙炔发生器的距离要大于5m,距离操作地点应大于10m,防止发生安全事故。

乙炔发生器是利用电石和水发生反应产生乙炔气的装置。工地上用得较多的有钟罩式乙炔发生器和滴水式乙炔发生器。钟罩式乙炔发生器钟罩中装有电石的篮子沉入水中后,电石与水反应产生乙炔气,乙炔气聚集于罩内,当罩内压力与浮力之和等于钟罩总重力时,钟罩浮起,停止反应。滴水式乙炔发生器采取向电石滴水产生乙炔气,调节滴水量可控制产气量。

为方便使用,也可设置集中式乙炔发生站,将乙炔气装入钢瓶,输送到各用气点使用。乙炔气瓶容积为5~6L,工作压力为0.03MPa,用碳素钢制成,使用时应竖直放置。

割炬由割嘴、混合气管、射吸管、喷嘴、顶热氧气阀、乙炔阀和切割器阀等部件构成,其作用是一方面产生高温氧气—乙炔焰熔化金属,另一方面吹出高压氧气吹落金属氧化物。

切割前先在管子上划线,将管子放平稳、除锈渣,管子下方应留有一定的空间;切割时先调整割炬,待火焰呈亮红色后再逐渐打开切割氧气阀,按照划线进行切割;切割完成后应快速关闭氧气阀,再关闭乙炔阀和预热氧气阀,如图6-8所示。

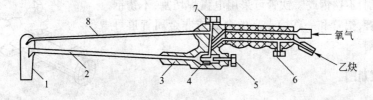

图6-8　割炬

1—割嘴;2—混合气管;3—射吸管;4—喷嘴;5—顶热氧气阀;6—乙炔阀;7—切割氧气阀;8—切割氧气管

#### B　机械氧气—乙炔焰切割机切割

固定式机械氧气—乙炔焰切割机由机架、割管传动机构、割枪架、承重小车和导轨等组成。工作原理是割枪架带动割枪做往复运动,传动机构带动被切割的管子旋转。机械氧气—乙炔焰切割机的全部操作不用划线,只需调整割枪位置,切割过程自动完成。

便携式氧气—乙炔焰切割机为一个四轮式刀架座,用两根链条紧固在被切割的管壁上。切割时摇动手轮,经减速器减速以后,刀架座绕管子移动,固定在架座上的割枪完成切割作业。

氧气—乙炔焰切割操作方便、使用灵活、效率高、成本低,适用于各种管径的钢管和各种型钢的切割,一般不用于不锈钢管、高压管和铜管的切割。不锈钢管和耐热钢管可以采用氧熔剂切割,不锈钢管也可用空气电弧切割机切割。

### 6.1.2.3　大型机械切管机切割

大直径钢管除氧气—乙炔焰切割外,还可以采用机械切割。图6-9所示的切割坡口机由单相电动机的主体、传动齿轮装置、刀架等组成,能同时完成坡口加工,可以切割管径为75~600mm的钢管。图6-10所示的为一种三角定位大管径切割机,这种切割机较为轻便,对埋于地下管路或其他管网的长管的中间切割尤为方便,可以切割壁厚为12~20mm、直径在600mm以下的钢管。

图6-9　切割坡口机

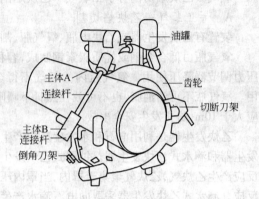

图6-10　大管径切割机

#### 6.1.2.4　管子錾切

錾切常用于铸铁管、陶土管和混凝土管的切割。切割前先在需要切割处划线,用木板将两侧垫好,防止管子在切割过程滚动;然后用手锤敲打錾子,同时錾子沿着划线移动;待管子周围刻出划线沟后,再用手锤沿线用力敲击管子线沟附近,管子即可折断,如图6-11所示。

此外,对于切割量大、质量要求高的不锈钢和高压管材可以采用机床切割;不锈钢或铸铁管可采用电弧焊切割;不锈钢管、铸铁管、铜管、铝管和一些熔点高的金属或非金属管道可采用等离子切割。

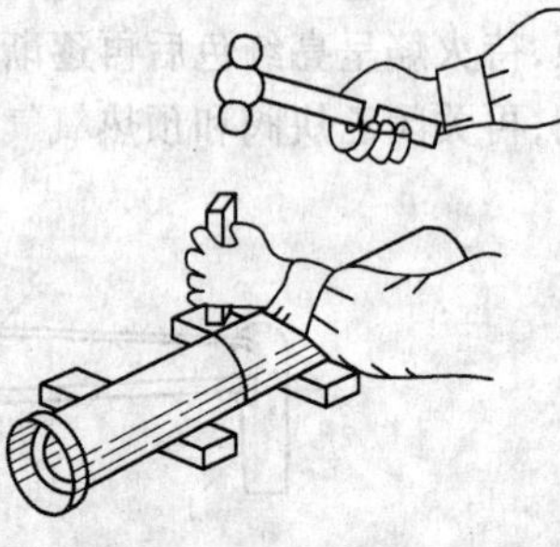

## 6.2　管螺纹加工

### 6.2.1　管螺纹

图6-11　管子錾切

管道中螺纹连接所用的螺纹称为管螺纹。与普通螺栓的螺纹不同,管螺纹是英制螺纹。因为要保证加工螺纹后管子的强度,所以管螺纹都采用细牙螺纹。管螺纹有圆柱形和圆锥形两种。

圆锥形管螺纹的各圈螺纹的直径皆不相等,管螺纹从螺纹的根部到端部呈锥台形。因为绞板上的板牙带有一定锥度,所以用电动套丝机或手工钢管绞板加工的螺纹自然成为圆锥形管螺纹。这种圆锥形管螺纹和圆柱形内螺纹连接时,丝扣越拧越紧,接口较严密。

圆柱形管螺纹深度及每圈螺纹的直径皆相等,只是螺纹尾部较粗一些。这种管螺纹加工方便,但接口严密性较差,仅用于长丝活接(代替活接头)。一般钢管配件(三通、弯头等)及螺纹连接的阀门内螺纹均为圆柱形螺纹。

钢管螺纹一般均采用圆锥螺纹与圆柱内螺纹连接,简称锥接柱。因螺栓连接在于压紧而不要求严密,所以螺栓与螺帽的螺纹常采用柱接柱。锥接锥的螺纹连接最严密,但因内锥螺纹加工困难,故很少采用。

管螺纹的规格应符合规范要求,见表6-1及表6-2。管子和螺纹阀门连接时,管子上的外螺纹长度应比阀门上的内螺纹长度短1~2个扣丝,以避免因管子拧过头顶坏阀芯。同理,管子与其他配件连接时,管子外螺纹长度也应比所连接配件的内螺纹略短些。

表6-1 圆柱形管螺纹的规格

| 连接管件用的长、短管螺纹 | | | | | | 连接阀门的短螺纹 | | |
|---|---|---|---|---|---|---|---|---|
| 管子公称直径 | | 短螺纹 | | 长螺纹 | | 管子公称直径 | | 螺纹长度 |
| /mm | /in | 长度/mm | 螺纹数 | 长度/mm | 螺纹数 | /mm | /in | /mm |
| 15 | 1/2 | 14 | 8 | 50 | 28 | 15 | 1/2 | 12 |
| 20 | 3/4 | 16 | 9 | 55 | 30 | 20 | 3/4 | 13.5 |
| 25 | 1 | 18 | 8 | 60 | 26 | 25 | 1 | 15 |
| 32 | 1¼ | 20 | 9 | 65 | 28 | 32 | 1¼ | 17 |
| 40 | 1½ | 22 | 10 | 70 | 30 | 40 | 1½ | 19 |
| 50 | 2 | 24 | 11 | 75 | 33 | 50 | 2 | 21 |
| 65 | 2½ | 27 | 12 | 85 | 37 | 65 | 2½ | 23.5 |
| 80 | 3 | 30 | 13 | 100 | 44 | 80 | 3 | 26 |

表6-2 圆锥形管螺纹的规格

| 连接管件的圆锥形管螺纹 | | | | | 连接阀门的圆锥形管螺纹 | | | |
|---|---|---|---|---|---|---|---|---|
| 管子公称直径 | | 螺纹有效长度(不计螺尾)/mm | 由管端至基面间的螺纹长度/mm | 1 in长度内螺纹数 | 管端螺纹内径/mm | 管子公称直径 | | 螺纹有效长度(不计螺尾)/mm | 由管端至基面间的螺纹长度/mm |
| /mm | /in | | | | | /mm | /in | | |
| 15 | 1/2 | 15 | 7.5 | 14 | 18.163 | 15 | 1/2 | 12 | 4.5 |
| 20 | 3/4 | 17 | 9.5 | 14 | 23.524 | 20 | 3/4 | 13.5 | 6 |
| 25 | 1 | 19 | 11 | 11 | 29.606 | 25 | 1 | 15 | 7 |
| 32 | 1¼ | 22 | 13 | 11 | 38.142 | 32 | 1¼ | 17 | 8 |
| 40 | 1½ | 23 | 14 | 11 | 43.972 | 40 | 1½ | 19 | 10 |
| 50 | 2 | 26 | 16 | 11 | 55.659 | 50 | 2 | 21 | 11 |
| 65 | 2½ | 30 | 18.5 | 11 | 71.074 | 65 | 2½ | 23.5 | 12 |
| 80 | 3 | 32 | 20.5 | 11 | 83.649 | 80 | 3 | 26 | 14.5 |

注:基面是指用手拧紧与开始用工具拧紧管件的分界面。

### 6.2.2 管螺纹加工

管螺纹的加工主要是指管端外螺纹的加工。管螺纹加工要求螺纹端正、光滑、无毛刺、无断丝缺扣(允许不超过螺纹全长的1/10)、螺纹松紧度适宜,以保证螺纹接口的严密性。管螺纹加工可采用人工绞板套丝或电动套丝。两种套丝装置机构基本相同,即绞板上装着板牙,用以切削管壁产生螺纹。

**A　人工套丝绞板**

人工绞板的构造如图6-12所示。在绞板的板牙架上设有四个板牙滑轨,用于装置板牙;带有滑轨的活动标盘可调节板牙进退;绞板后部设有三卡抓,通过可调节卡抓手柄可以调整卡抓的进出,套丝时用以把绞板固定在不同管径的管子上。图6-13所示的是板牙的构造,一般在板牙尾部及板牙孔处均印有1、2、3、4的序号字码,以便对应装入板牙,防止顺序装乱造成乱丝和细丝螺纹。绞板的规格及套丝范围见表6-3,板牙每组四块能套两种管径的螺纹。使用时应按管子规格选用对应的板牙。

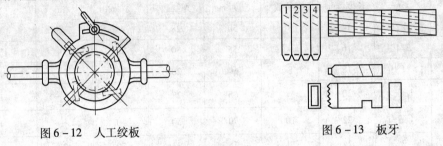

图6-12　人工绞板　　　　　　　　　　　　图6-13　板牙

**表6-3　绞板规格及套丝范围**

| 绞　板 | 规格/in | 套丝范围/in | 板牙规格/in |
|---|---|---|---|
| 大绞板 | $1\frac{1}{2} \sim 4$ | $1\frac{1}{2} \sim 4$ | $1\frac{1}{2} \sim 2, 2\frac{1}{2} \sim 3; 3\frac{1}{2} \sim 4$ |
| | $1 \sim 3$ | $1 \sim 3$ | $1 \sim 1\frac{1}{4}; 1\frac{1}{2} \sim 2; 2\frac{1}{2} \sim 3$ |
| 小绞板 | $1/2 \sim 2$ | $1/2 \sim 2$ | $1/2 \sim 3/4; 1 \sim 1\frac{1}{4}; 1\frac{1}{2} \sim 2$ |
| | $1/4 \sim 1\frac{1}{4}$ | $1/4 \sim 1\frac{1}{4}$ | $1/4 \sim 3/8; 1/2 \sim 3/4; 1 \sim 1\frac{1}{4}$ |

**B　手工套丝**

套丝前先将管子端头的毛刺处理掉,管口要平直。将管子夹在压力钳上,加工端伸出钳口150mm左右,在管头套丝部分涂以润滑油;然后套上绞板,通过手柄定好中心位置,同时使板牙的切削牙齿对准管端,再使张开的板牙合拢,进行第一遍套丝(第一遍套丝削切深度约为1/2～2/3螺纹高)。第一遍套好后,将手柄松开,拧开板牙,取下绞板。将手柄转到第二个位置,使板牙合拢进行第二遍套丝。

为了避免断丝、龟裂,保证螺纹标准光滑,公称直径在25mm以下的小口径管道管螺纹套两遍为宜,公称直径在25mm以上的管螺纹套三遍为宜。管螺纹的加工长度与被连接件的内螺纹长度一样,一般为短螺纹(如连接三通、弯头、活接头、阀门等部件)。当采用长丝连接时(即用锁紧螺母组成的长丝),需要加工长螺纹。管子端部加工后的螺纹长短尺寸见表6-4。

**表6-4　管子端部螺纹长度尺寸**

| 管子规格尺寸 | | 短螺纹 /牙数 | 长丝用的长螺纹 /牙数 | 连接阀门的螺纹 /牙数 |
|---|---|---|---|---|
| 管螺纹/in | 公称直径/mm | | | |
| 1/2 | 15 | 9 | 27 | 8 |
| 3/4 | 20 | 9 | 27 | 8 |
| 1 | 25 | 9 | 27 | 8 |
| $1\frac{1}{4}$ | 30 | 9 | 28 | 8 |

| 管子规格尺寸 | | 短螺纹/牙数 | 长丝用的长螺纹/牙数 | 连接阀门的螺纹/牙数 |
|---|---|---|---|---|
| 管螺纹/in | 公称直径/mm | | | |
| $1\frac{1}{2}$ | 40 | 10 | 30 | 9 |
| 2 | 50 | 11 | 33 | 10 |
| $2\frac{1}{2}$ | 70 | 12 | 37 | 11 |
| 3 | 80 | 13 | 44 | 12 |

采用绞板加工管螺纹时,常见缺陷及产生的原因有以下几种:

(1)螺纹不正。产生的原因是绞板中心线和管子中心线不重合或手工套丝时两臂用力不均使绞板被推歪;管子端面锯切不正也会引起套丝不正。

(2)偏扣螺纹。由于管壁厚薄不均或卡爪未锁紧造成。

(3)细丝螺纹。由于板牙顺序弄错或板牙活动间隙太大造成;对于手工套丝,一个螺纹要经过 2~3 遍套丝完成,若第二遍未与第一遍对准,也会出现细丝或乱丝。

(4)螺纹不光或断丝缺扣。由于套丝时板牙进刀量太大、板牙不锐利或损坏、套丝时用力过猛或用力不均匀以及管端上的铁渣积存等原因引起。为了保证螺纹质量,套丝时第一次进刀量不可太大。

(5)管螺纹有裂缝。若出现竖向裂缝,是焊接钢管焊缝未焊透或焊缝不牢所致;若出现横向裂缝,则是板牙进刀量太大或管壁较薄所致。

C 电动机械套丝

电动套丝机一般能同时完成钢管切割和管螺纹加工,加工效率高、螺纹质量好、工人劳动强度低,因此得到广泛应用。电动套丝在结构上分为两大类:一类是刀头和板牙可以转动,管子卡住不动;另一类是刀头和板牙不动,管子旋转。施工现场多采用后者。

电动套丝机如图 6-14 所示,其基本部件包括机座、电动机、齿轮箱、切管刀具、卡具、传动机构等,有的电动套丝机还有油压系统、冷却系统等。

为了保证螺纹加工质量,在使用电动机械套丝机加工螺纹时要施以润滑油。有的电动机械套丝机设有乳化液加压泵,采用乳化液作冷却剂。为了处理钢管切割后留在管口内的飞刺,有些电动套丝机设有内管口铣头,当管子被切刀切下后,可用内管口铣头来处理这些飞刺。

图 6-14 电动套丝机

由于切削螺纹不允许高速运行,故电动套丝机中需要设置齿轮箱来起减速作用。

### 6.2.3 管口螺纹的保护

管口螺纹加工后必须妥善保护。最好的方法是将管螺纹临时拧上一个管箍(亦可采用塑料管箍),如果没有管箍也可采用水泥袋纸临时包扎一下,这样可防止在工地短途运输中碰坏螺纹。如果在工地现场边套丝边安装,可不必采取管箍或水泥袋纸保护,但也要精心保护、避免磕碰。管螺纹加工后,若需放置,则要在螺纹上涂些废机油,而后再加以保护,以防生锈。

## 6.3　管子连接

分段的管子要经过连接才能形成系统并完成介质的输送任务。钢管的主要连接的方法有螺纹连接、法兰连接、焊接,此外还有适用于铸铁管或塑料管的承插连接、热熔连接、粘接、挤压头连接等。

### 6.3.1　钢管螺纹连接

钢管螺纹连接是将管段端部加工的外螺纹与管子配件或设备接口上的内螺纹拧在一起。一般管径在100mm以下,尤其管径为15~40mm的小管子大都采用螺纹连接。本节主要介绍管子螺纹连接的工具和方法。

#### 6.3.1.1　螺纹连接常用工具及填料

A　管钳

管钳是螺纹接口拧紧常用的工具。管钳有张开式(如图6-15所示)和链条式(如图6-16所示)两种。

图6-15　张开式管钳　　　　　　　　　　图6-16　链条式管钳

张开式管钳应用较广泛,其规格及使用范围见表6-5。管钳的规格是以钳头张口中心到手柄尾端的长度代表转动力臂的大小。安装不同管径的管子应选用对应号数的管钳。若用大号管钳拧紧小管径的管子,虽因手柄长而省力、容易拧紧,但也容易因用力过大拧得过紧而胀破管件;大直径的管子用小号管钳,费力且不容易拧紧,而且易损坏管钳。不允许用管子套在管钳手柄上加大力臂,以免把钳颈拉断。

表6-5　张开式管钳的规格及使用范围表

| 规　格 | /mm | 150 | 200 | 250 | 300 | 350 | 450 | 600 | 900 | 1200 |
| --- | --- | --- | --- | --- | --- | --- | --- | --- | --- | --- |
| | /in | 6 | 8 | 10 | 12 | 14 | 18 | 24 | 36 | 48 |
| 使用管径/mm | | 4~8 | 8~10 | 8~15 | 10~20 | 15~25 | 32~50 | 50~80 | 65~100 | 80~125 |

链条式管钳又称链钳,是借助链条把管子箍紧而回转管子。它主要应用于大管径钢管螺纹接口拧紧,或因场地限制,应用于张开式管钳手柄旋转不开的场合。链条式管钳规格及使用范围见表6-6。

表6-6　链条式管钳的规格及使用范围表

| 规　格 | /mm | 350 | 450 | 600 | 900 | 1050 |
| --- | --- | --- | --- | --- | --- | --- |
| | /in | 14 | 18 | 24 | 36 | 48 |
| 使用管径/mm | | 25~40 | 32~50 | 50~80 | 80~125 | 100~200 |

**B 填充材料**

为了增加管子螺纹接口的严密性和维修时不致因螺纹锈蚀而不易拆卸,螺纹处一般要加填充材料。填料既要能充填空隙又要能防锈蚀。热水采暖系统或冷水管道常用的螺纹连接填料有聚四氟乙烯胶带或麻丝沾白铅油(铅丹粉拌干性油);介质温度超过115℃的管路接口可沾黑铅油(石墨粉拌干性油)和石棉油;氧气管路用黄丹粉拌甘油(甘油有防火性能);氨管路用氧化铝粉拌甘油。应注意的是若管子螺纹套过松,只能切去丝头重新套丝,而不能采取多加填充材料来防止渗漏,以保证接口长久严密。

### 6.3.1.2 螺纹连接方法

**A 短丝连接**

短丝连接是管子的外螺纹与管件或阀门的内螺纹进行的固定连接,是管道螺纹连接的最常用方式。连接时,管端外螺纹上按顺时针方向缠绕填料后用手拧进2~3扣,然后用适当规格的管钳拧紧,拧紧过程要用力适度,既要保证严密性,又要避免用力过猛胀裂管子。拆卸时,必须从有活接头或长丝连接的地方开始,依次拆卸各个短丝连接。短丝连接成本低、严密性好、强度较高,应用广泛。

**B 长丝连接**

长丝连接如图6-17所示,是由一根一端为短丝另一端为长丝的短管和一个锁紧螺母(根母)构成的连接。短丝为普通螺纹;长丝前端为普通螺纹,后部无锥度。与设备连接时,先将根母拧到长丝根部,然后将长丝拧入设备螺纹内,再把短丝另一端所要连接的内螺纹管件拧紧到加填料的短管短丝上,最后把根母旋到设备3~5mm处,在间隙处缠绕填料后,拧紧根母。与管道连接时,先将根母拧到长丝根部并将管箍套在长丝上,管子对接后,将管箍拧向短丝,最后按上述方法缠填料、拧紧根母;拆卸时,先松根母,取掉填料,将长丝向设备内部拧或管箍向长丝方向拧,短丝同时会退出连接,最后退出长丝。长丝连接拆卸比较方便、简便易行,但严密性和连接强度较低,主要适用于散热器连接和可以使用管箍的连接。

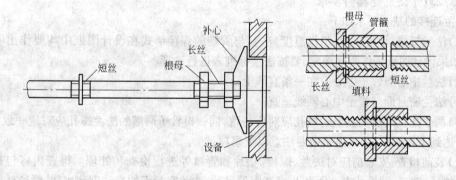

图6-17 长丝连接

**C 活接头连接**

活接头由插口、承口和套箍组成,如图6-18所示。插口一端带插嘴,与承口的承嘴配合,另一端的内螺纹与一根连接管子的外螺纹连接,承口外侧的外螺纹与套箍上的内螺纹配合,内侧的内螺纹与另一根连接管子的外螺纹连接。套箍设在插口一端,其上的内螺纹与承口连接。插口、承口和套箍外侧的六方形方便使用扳手拧紧。连接时,先将套箍套在插口要接的管子上,再将插口和承口分别拧紧到流体流来和流出管子的外螺纹上,插口上加垫圈,把插口和承口对正,最后把套箍拧紧到承口上。拆卸时,将套箍拧松,两段管子即可分离。活接头连接和拆卸方便,是管道安装要拆卸处常用的连接方法。

　　D　根母连接

　　根母连接主要用于管子和具有外螺纹的配件的连接,如图 6-19 所示。根母的一端为内螺纹,与内螺纹对应的另一端是与连接管径相同的开孔。连接时,先将根母套在管子上,然后把管子插入要连接的配件中,再连接外缠绕填料,最后将根母拧紧到配件的外螺纹上。

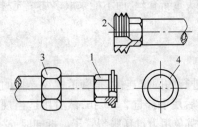

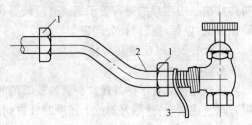

图 6-18　活接头连接　　　　　　　　　图 6-19　根母连接
1—插口;2—承口;3—套箍;4—垫圈　　　　1—根母;2—管子;3—石棉绳

### 6.3.1.3　螺纹安装要求

　　螺纹安装时应能使管端螺纹先以手拧入被连接零件中 2~3 扣,再用管钳紧入。管接头螺纹拧入被连接螺纹后,外露螺纹不宜过长,以留有 2 扣为合适。连接采用的填料应根据管道输送的介质选择,以达到连接的严密性。管头连接后,应把挤到螺纹外面的油麻填料处理干净。

## 6.3.2　法兰连接

　　法兰连接就是利用螺栓将管子与管件端部的法兰盘连接起来,多用于需要拆卸的直管段或管子与阀门设备等的连接。这种连接方式有较好的强度和严密性,检修拆卸方便,可以满足高温、高压、高强度的需要。为方便使用,法兰已采用标准化的加工生产。

### 6.3.2.1　法兰连接的要求

　　法兰连接的基本要求如下:

　　(1)法兰规格、承受压力、工作温度、法兰与管端的焊接形式在设计图纸中均要作出明确的规定;如果设计图纸未作明确规定,要按法兰标准表进行选择。

　　(2)法兰中心与管子中心应在一条直线上。

　　(3)法兰密封面与管子中心轴线垂直。

　　(4)两个连接的法兰盘上的螺孔应对应一致,同一根管子两端的法兰螺孔应对应一致。

　　为达到上述要求,法兰连接中要注意以下事项:

　　(1)装前检查:安装前应对法兰、螺栓、垫片和管口等进行检查和处理。检查内容包括对法兰的内外径、坡口、螺栓孔中心距和凸缘高度等尺寸;法兰密封面的光洁度和水线、螺纹法兰的螺纹、凹凸法兰的凹凸配合;垫圈的材质、质量;紧固螺栓的尺寸和螺纹;管口的平整度和氧化铁渣等。不符合质量要求的要进行处理或更换。

　　(2)组装法兰:组装前用法兰检查弯尺检查法兰组装是否平行。若组装时发现偏斜,应消除偏斜尺寸后方进行焊接。管子与法兰连接的允许偏差见表 6-7,要求所有螺栓能自由穿入。拧紧螺栓应对称均匀、松紧适度。螺栓拧紧后,螺栓漏出螺母长度不应超过 5mm。法兰与法兰、法兰与阀门法兰的密封面应相互平行,法兰平行面的允许偏差数值见表 6-8。组装平焊法兰时管端应插入法兰盘厚度的 2/3,为增加强度,最好采取内外焊,焊后应将熔渣清理干净。法兰连接应采用同一规格的螺栓,螺栓的直径和材质应按法兰标准选配,且安装方向一致。

表 6 – 7　管子与法兰连接允许偏差

| | 管子公称直径/mm | ≤80 | 100 ~ 250 | 300 ~ 350 | 400 ~ 450 |
|---|---|---|---|---|---|
| | 允许偏差 A/mm | ±3.0 | ±4.0 | ±5.0 | ±6.0 |

表 6 – 8　法兰平行面的允许偏差

| 公称直径/mm | 允许偏差(b – a)/mm | |
|---|---|---|
| | 公称压力 PN < 1.6MPa | 公称压力 PN = 1.6 ~ 4.0MPa |
| ≤100 | 0.20 | 0.10 |
| >100 | 0.30 | 0.15 |

#### 6.3.2.2　法兰连接方法

法兰连接由一对法兰盘、一个垫片、若干螺栓和螺母组成,连接过程一般分三步:首先将法兰装配或焊接在管端,然后将垫片置于两法兰盘之间,最后用螺栓连接法兰,并拧紧达到连接和密封的要求。法兰连接的关键和难点是法兰与管子装配,以下介绍几种常用法兰与管子的装配方法。

A　平焊法兰与管子装配

平焊法兰装配时,先将法兰套入管端,管口与法兰密封面之间留有一定的距离:在管子一侧点焊后,用法兰弯尺或直尺找正,在找正点上点焊;再将管子转动,在与第一个焊点 90°左右处电焊并找正;两点都找正后,即可在管子两侧再施点焊,最后完整施焊。对公称压力小于 1.6MPa的管子只焊外口,对公称压力大于 1.6MPa 的管子可进行内外焊。

B　对焊法兰与管子装配

对焊法兰与管子装配是将管子与对焊法兰上的管埠对接焊。除了焊接部位不同外,焊接方法和要求与平焊法兰连接装配相同。

C　松套法兰装配

松套法兰装配是先将法兰套入管端,再进行翻边和加工密封面。管口翻边前要对同批管子抽样进行翻边试验;正式翻边后,翻边处不得有裂纹、豁口和折皱等现象,并应有良好的密封面;翻边端面与管子中心线应垂直,允许偏差为 1mm,厚度减薄率不大于 10%;翻边后的外径及转角半径应能保证螺栓和法兰自由装卸。翻边方法有以下三种:

a　管子直接翻边

加工过程为先截下与连接管相同的一段 200 ~ 250mm 的短管;将一个平焊法兰固定在台钳上并露出密封面,将短管套入法兰,向上伸出的长度等于密封面宽度;加热到要求的温度后,用手锤垫上木棒,一边转动短管一边向外翻打管端,如图 6 – 20(a)所示,直到翻边翻靠到法兰并打平为止;最后将翻边再加热后放置圆盘胎具,用大锤敲打胎具并将翻边挤压成

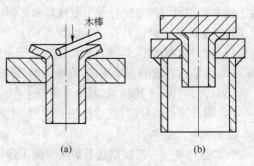

图 6 – 20　管子直接翻边

密封面,如图 6-20(b)所示。管子直接翻边适用于公称直径 DN = 50 ~ 150mm 的管子。

　　b　板材加工翻边

　　选择壁厚大于管壁厚度的板材加工成环状片,环状片外径等于所要加工的密封面的尺寸,内径根据连接管的直径和需要翻法兰盘的深度确定;将环状片紧夹在两个法兰之间,加热后放入胎具向内冲压或用木棒翻打,环状片大于法兰孔的部分被向内翻成短管,将翻出的短管与管道焊接即可。板材加工翻边适用于管径大于 200mm 的管子。

　　c　管端长肉加工翻边

　　加工方法是将管子套入法兰盘,在管端沿管周围用气焊施焊,使焊肉在垂直于管端处形成环状凸缘,凸缘直径大于法兰密封面的直径,再用车床加工成翻边密封面。

### 6.3.2.3　硬聚氯乙烯塑料管法兰连接

　　常用的塑料管的法兰连接有卷边松套法兰连接和平焊法兰连接两种。

　　卷边松套法兰连接是将管口已翻边的硬聚氯乙烯塑料管套上钢制法兰,如图6-21(a)所示,并用普通钢螺栓紧固的连接。平焊法兰连接是将用硬聚氯乙烯塑料制的法兰平焊在管子端头上,然后用金属螺栓紧固的连接。法兰内径的两面都应车成45°角的坡口并与管子焊接。法兰密封面上多余的焊条必须用锉锉平,如图 6-21(b)所示。

　　塑料管采用法兰连接时,密封面应该用软塑料做垫片。

　　硬聚氯乙烯塑料管管口翻边时,管端应先在甘油加热锅内加热。加热时,先将锅内的甘油加热至 145 ~ 150℃,然后将管子加工一端放入锅内,并经常转动管子使之受热均匀,直径小于100mm 的管子加热 2 ~ 3min,直径大于 100mm 的管子加热 3 ~ 4min。管端加热后,套上钢法兰,再将管子固定在翻边器上,然后将预热至 80 ~ 100℃ 的翻边内胎模(如图 6-22 所示)推入加热变软的管口,使管口翻成垂直于管子轴线的卷边。成型后,管口退出翻边胎膜,并且用水冷却。

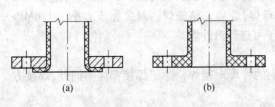

图 6-21　塑料管法兰
(a)松套法兰;(b)平焊法兰

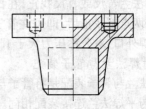

图 6-22　塑料管

## 6.3.3　焊接

　　管子焊接是将管子接口处及焊条加热至金属熔化的状态而使两个被焊件连接成一整体。安装工程中常用的焊接方法有手工电弧焊和气焊。对于不锈钢管、合金钢管和有色金属管常使用手工钨极氩弧焊。焊接具有以下优点:

　　(1)接口牢固严密,焊缝一般能达到管子强度的 85% 以上,甚至超过母体强度。

　　(2)焊接系管段间直接连接,构造简单,管路美观整齐,节省了大量定型管件。

　　(3)焊口严密,不用填料,减少了维修工作。

　　(4)焊口不受管径限制,速度快。

### 6.3.3.1　气焊

　　气焊是用氧气—乙炔焰进行焊接。除了焊炬不同,气焊的其他装置与气割相同。气焊的焊炬是将氧气和乙炔按一定的比例混合,以一定的速度喷出燃烧,产生 3100 ~ 3300℃ 的火焰,以熔化金属,进行焊接。

焊接普通碳素钢管一般采用 H08 气焊焊丝,焊丝直径一般为 2 ~ 3mm。焊接时,要调节好氧气和乙炔的比例,火焰焰心末端垂直于工件且距离工件 2 ~ 4mm,距离越小火焰强度越大。起焊时,先采用大倾角使焊炬在起焊点来回移动,均匀加热工件,若两工件厚度不同,火焰应偏向较厚的工件。当起焊点形成白亮、清晰的熔池时,可以一边施加焊丝,一边向前移动焊炬。在整个焊接过程中,要使熔池的大小和形状保持一致。到达焊接终点时,应减小火焰倾角,加快焊炬移动速度,并多施焊丝。收尾时可用温度较低的火焰保持熔池,直到终点熔池添满后,火焰才可慢慢离开熔池。焊接过程应尽量减少停顿,若有停顿,重新施焊时应先将原熔池和靠近熔池的焊缝融化,形成新熔池后再加入焊丝,每次续焊应与前焊缝重叠8 ~ 10mm。

焊炬点火前检查乙炔气流动情况时,应用手放到焊嘴去感觉,不要用鼻子去闻,以防中毒和窒息。焊炬点火时,应先打开氧气阀,再开乙炔阀;熄火时应先关乙炔阀,再关氧气阀;点火应从焊嘴的侧面点,以防正面火焰喷出烧手。

### 6.3.3.2 电弧焊

电弧焊接可分为自动电弧焊接和手工电弧焊接两种方式。大直径管口焊接一般采用自动电弧焊接,安装工程施工多采用手工电弧焊接。手工电弧焊接采用直流电焊机或交流电焊机均可。用直流电焊接时电流稳定,焊接质量好。但施工现场一般只有交流电源,为使用方便,现场焊接一般采用交流电焊机。

#### A 手工电弧焊的装置

手工电弧焊的主要设备是电焊机。交流电弧焊机由变压器、电流调节器及振荡器等部件组成。常用电源的电压为220V 或380V,为保障人身安全,焊接必须采用安全电压,电焊变压器能将电源电压降低为 55 ~ 65V 的安全电压(点火电压)供焊接使用。通过电流调节器调节焊接电流,可适应厚度不同的工件。电流大小和焊条粗细有关,电流的选用可参见表6 - 9。振荡器用以提高电流的频率,它能将电源的频率由50Hz 提高到250000Hz,使交流电的交变间隔趋于无限小,增加电弧的稳定性,利于焊接和提高焊缝质量。

表6 - 9 酸性焊条的焊接电流

| 焊条直径/mm | 1.6 | 2 | 2.5 | 3.2 | 4 | 5 | 5.8 |
|---|---|---|---|---|---|---|---|
| 电流/A | 25 ~ 40 | 40 ~ 70 | 70 ~ 90 | 90 ~ 130 | 160 ~ 210 | 220 ~ 270 | 260 ~ 310 |

焊条既是电极又是焊接添加金属。焊条粗细应根据焊件的厚度选用,焊接较薄的钢材用小电流的细焊条,焊接厚钢材则用大电流和粗焊条。一般电焊条的直径不应大于焊件的厚度,通常钢管焊接采用直径 3 ~ 4mm 的焊条。

钢管焊接中使用的其他工具和用具还有焊接软线、焊钳、面罩、清理工具和劳动保护用品等。焊接软线一条由电焊机引出,搭接在需要焊接的管子上,另一条连接电焊机和电钳。当焊钳和管子接起或起弧后,低压电流通过焊接软线形成回路。焊钳用于夹持焊条,由焊工把持焊钳运动并控制焊接过程。电弧光中有强烈的紫外线,对人的眼睛及皮肤有损害。焊接人员要注意防护电弧对人体的照射。电焊操作必须带防护面罩和手套。清理工具有手锤、钢刷、打磨机等,用于清理焊渣。

#### B 手工电弧焊操作

##### a 选择焊条及调节电流

焊接要根据被焊接管子的材料和壁厚选择焊条,并将电流调节到与焊条相适应的值。电流过大容易将焊件烧通,电流较小则焊条不宜打出电弧,对于较厚钢材电流过小也不宜焊透。所以电流过大或过小都影响焊接的质量。一般按所用焊条直径的 40～60 倍确定电流大小。焊条细可用 40 倍,粗可用 60 倍。

b 引弧

引弧是将焊条末端与焊件表面接触引起短路,然后迅速向上提起 1～4mm 的距离,使焊件末端与焊件间产生电弧。引弧方法有碰击和擦划两种。碰击是用焊条末端垂直接触焊件,形成短路迅速提起;擦划是让焊条端部在焊件表面轻轻擦过。擦划引弧容易,但易损伤焊件表面;碰击容易粘条或熄弧,要求操作技术高。由于开始管子较凉,在引弧处熔池较浅,难以焊透且易产生气孔。所以一般引弧在起焊点后 10mm 左右,引弧后再拉长电弧并迅速移至起焊点进行预热。之后压低焊弧开始焊接,焊接过程中,随焊缝将引弧处重新熔化消除气孔,并且不留引弧伤痕。

c 运条

正确的焊条运动是保证钢管焊接质量的关键。引弧后焊条的运动包括 3 个方面:朝熔池方向逐渐送进;横向摆动:沿焊接方向逐渐移动。焊条逐渐运动是为了保持焊条端部与熔池的距离,保证电弧长度;横向摆动是为了保证焊缝宽度;焊条沿焊接方向逐渐移动的速度受电流大小、焊条直径、钢管壁厚、装配间距和焊缝位子影响。移动太慢会烧穿管子或形成焊瘤,移动太快则难以焊透。常见的运条方法有直线运条法、直线往返运条法、锯齿运条法、月牙运条法、三角形运条法和圆圈形运条方法等。

d 清理打磨

焊接完成后要将焊缝焊上的焊渣和管道上的焊瘤清理干净。在敲击热焊渣时应防止其飞溅烫伤皮肤或溅入周围易燃物中引起火灾。焊渣应冷却后除去,防止焊口氧化。电焊机应放在避雨干燥的地方,防止短路发生安全事故。电焊与电焊钳要保持接触良好,否则焊钳发热烫手,影响操作。

6.3.3.3 电、气焊接方法选用

当电焊和气焊在钢管的金属化学结构、焊料质量和焊接技术等方面均符合要求时,两种方法可任选,但电焊较为经济、速度快。采暖供热及冷水管路的管径≤50mm、壁厚≤3.5mm 时常用气焊。管径 >60mm 和壁厚 >4mm 或高压管路系统的管子常用电焊。在室内或沟中管子密集处,电焊钳不便深入操作时,可用气焊。制冷系统低温管道温度在 -30℃ 以下时,为防止焊缝处因收缩应力大产生裂缝,用气焊为佳。需要仰焊的接口用电焊比气焊方便。电焊防止焊接变形效果好。总之,根据现场情况选择焊接方法或结合使用。

6.3.3.4 管子焊接质量要求和检查

A 焊接质量要求

管子焊接的基本要求是除了焊接的外观、严密性及强度符合要求外,焊接对口的两个管子中心要对齐,两根管子的倾斜长度不超过规定要求。具体要求如下:

(1)施焊前将两个管子找正,做到内壁齐平。壁厚大于 5mm 的铝及铝合金管内壁错边量不宜超过壁厚的 10%,最大不过 2mm;壁厚不大于 5mm 的铝及铝合金管内壁错边量不大于 0.5mm;铜、铜合金、钛管内壁错边量不宜超过壁厚的 10%,最大不过 1mm。

(2)公称直径不小于 150mm 的直管道上两个平行焊缝的距离不小于 150mm;公称直径小于 150mm 时,不小于其管子直径。焊缝距离弯管起弯点不得小于 100mm,且不得小于管子直径。

(3)环形焊缝距支、吊架净距离不应小于 50mm;需热处理的焊缝距支、吊架距离不得小于焊缝宽度的 5 倍,且不得小于 100mm。

(4)卷制管道的纵焊缝应置于易检修的位置,且不宜在底部;有加固环的卷管,对接焊缝应与管子纵向焊缝错开,间距应大于 100mm,加固环焊缝距环形焊缝不应小于 50mm。

（5）除了优质碳素钢管焊接环境温度最低可到 −20℃外，其他碳素钢管和合金钢管焊接环境温度不能低于 −10℃。

B 焊接质量检查

焊接质量检查包括焊前检查、焊接过程检查和焊后检查。焊前检查包括检查母材和焊接材料质量；检查焊接设备、仪表等；检查坡口和表面清理情况；检查操作人员技术水平和焊接工艺。焊接过程的检查是指检查预热、焊接和焊后处理工艺，焊接设备的运行状况及焊接结构尺寸。焊后检查包括外观的检查和焊缝内部缺陷检查。外观检查是通过肉眼、放大镜等检测焊缝表面的裂纹、气孔、咬边、焊瘤、烧穿和尺寸偏差等。焊缝内部缺陷采用 X 射线探伤、γ 射线探伤、超声波探伤、磁粉探伤和渗透探伤等无损探伤方式检查。此外对于压力管道和容器还要进行水压试验或气压试验检验焊缝的承压能力和严密性。

### 6.3.3.5 常见焊接缺陷

由于焊前准备不足、焊接工艺参数选择不合理和操作方法不当等会在焊接过程中产生裂纹、气孔、固体夹杂、未熔合和未焊透、焊缝形状偏差及其他缺陷。以下对各种常见焊接缺陷产生原因及防治方法进行介绍。

A 裂纹

当焊缝金属中存在难溶物质或由于焊后温度降低过快，会使焊缝金属晶粒破裂时在焊缝及周围产生裂纹。焊件或焊条内含硫、铜等杂质过多，焊缝中熔入过量的氢以及焊接含碳量高的钢和高合金钢时容易产生裂纹。为防止裂纹产生，焊接时应采用抗裂性能高的碱性焊条，选用杂质少、可焊性好的钢管，并采用合理的焊接顺序。对于焊接含碳量高或合金元素多的管材，焊接前可先将焊接处两侧 150～200mm 的范围预热到 200℃左右，焊后保温缓冷降低由于冷却速度过快产生的冷裂纹。

B 气孔

气孔主要是因为焊接过程中吸入气体或焊接产生的气体没有及时排出而形成的。气孔产生的主要原因有：焊件上的油污、铁锈未清理干净；焊条受潮、药皮脱落或焊条烘干温度过高（低）；焊接电流过小或过大；焊接速度过快、电弧过长等。对应防治措施是焊前清理干净焊件；防止焊条受潮，焊前将焊条在 400℃左右的温度中烘干并置于保温筒内保存；根据焊件特性、厚度合理选择焊条规格、焊接电流大小和焊接速度；尽可能采用短弧焊以及采用抗气孔性强的酸性焊条。

C 夹渣

夹渣是由于焊接熔池内的熔渣和熔化金属混淆，夹渣物没有浮出熔池而残留在焊缝内部形成的。焊接电流过小、焊接速度过快、运条方法不正确、焊前未清理干净焊件都易导致夹渣现象，焊接时应对应进行防治。

D 未熔合和未焊透

未熔合是指焊接金属之间或焊接金属与母材之间未完全熔化结合。未焊透是指焊件根部没有完全溶透。焊接电流过小、焊条过粗、破口角度过小、钝边过厚、间隙太大以及母材未清理干净是造成未熔合和未焊透的主要原因。

E 形状缺陷

常见的形状缺陷有咬边、焊瘤、烧穿和焊缝尺寸不合格等。产生的主要原因是焊接电流过大、焊速慢、焊接角度或运条方式不当、间隙太大等。

此外，还有打磨过量、电弧擦伤、熔渣飞溅和层间错位等其他缺陷，主要原因是在打磨、引弧、施焊等过程中操作不规范。

#### 6.3.3.6　塑料管焊接

塑料管焊接是利用加热将塑料熔化后使塑料管子或管件接合的连接方法。根据加热方法的不同,塑料管焊接有热空气焊接、超声焊接、高频焊接、感应焊接和摩擦焊接等。建筑设备安装工程中最常用的是热空气焊接法。

热空气焊接法设备及其配置如图 6-23 所示。空气压缩机提供的压缩空气经过过滤器过滤油脂和水分后,通过电热焊枪加热成为热空气,并由焊枪的喷嘴喷出,使焊件和焊条被加热到熔融状态而连接在一起。焊枪结构如图 6-24 所示。

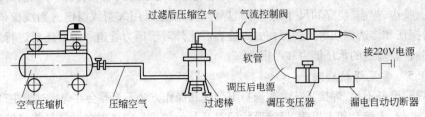

图 6-23　热空气焊接法设备及其配置示意图

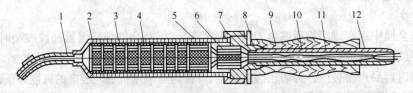

图 6-24　焊接硬聚氯乙烯塑料的焊枪结构

1—喷嘴;2—磁圈;3—外壳;4—电热丝;5—双线磁接头;6—连接管;7—连接帽;
8—隔热垫圈;9—手柄;10—电源线;11—空气导管;12—止动螺钉

焊接速度与焊接温度和焊条直径有关,操作时既要使焊条充分熔融,又要做到无烧焦现象。焊缝中焊条必须排列紧密不能有空隙。各层焊条的接头必须错开。焊缝应饱满、平整、均匀、无波纹、断裂、吹毛和未焊透等缺陷。焊缝焊接完毕,应使其自然冷却。

焊接硬聚氯乙烯和聚丙烯的塑料焊条是由挤压机连续挤压成条的。焊条表面光滑,切割面的组织均匀紧密,无夹杂物。在 15℃ 下将焊条弯曲 180° 不应断裂,但允许弯曲处发白。焊条直径有 2、2.5、3、3.5 和 4mm 等,使用时,根据所焊管子的壁厚进行选择(见表 6-10),但焊接焊缝根部的第一根打底焊条,不论管壁厚度如何,通常都采用直径 2mm 的细焊条。

表 6-10　塑料焊条规格的选用

| 管子壁厚/mm | 2~5 | 5.5~15 | >15 |
|---|---|---|---|
| 焊条直径/mm | 2~2.5 | 3~3.5 | 3.5~4 |

焊接的管端应开 60°~80° 的坡口,并留 1mm 的钝边,对口间隙为 0.5~1.5mm。焊缝处应清洁,不得有油、水及污垢。

焊接时,压缩空气的压力应保持在 0.049~0.098MPa,可由气流控制阀调节。如果压力过高,会吹毛焊缝表面;压力过低又会影响焊接速度。

焊接气流的温度为 230~250℃,温度是通过调变压器来调节焊枪内电热丝的供电电压进行控制的。如果温度过高,会使焊缝与焊条被烧焦;温度过低又会使焊接速度减慢,焊条不能充分熔融,使焊条与焊件之间不能很好粘接。

焊接操作是左手持焊条,手指捏在焊条距焊接点 100~120mm 处,并对焊条施以大约 10N 的压力,焊条必须与焊缝垂直。右手持焊枪,焊枪喷嘴距焊条与焊缝的接触点 7 ~ 10mm,与焊条的夹角为 30° ~ 40°。焊枪应均匀地摆动,摆动频率和幅度可根据焊接温度的高低灵活掌握,要使焊条和焊件同时加热。

### 6.3.4 承插连接

承插连接是通过管道的承口与插口配合或将两个管端插入套环中,再在接口处采用填充材料密封的管道连接方式。建筑设备安装工程中管道的承插连接主要应用于铸铁管、陶瓷管、混凝土管和塑料管的连接。常用承插连接接口形式有青铅接口、麻油水泥接口、胶圈水泥接口等。

# 7 电气工程施工

## 7.1 室内配线与照明电器安装

### 7.1.1 室内配线工程施工、工序及基本要求

敷设在建筑物、构筑物内的配线统称室内配线。根据房屋建筑、结构及设备要求的不同,室内配线又分为明配和暗配两种。明配是指导线直接或穿管、线槽等敷设于墙壁、顶棚的表面及桁架等处;暗配是指导线穿管、线槽等敷设于墙壁、顶棚、地面及楼板等处的内部。配线方法有瓷瓶配线、槽板配线、塑料护套线配线、线管配线、钢索配线等。

照明电光源所需的电器器具称为照明电器,照明电器安装包括灯具、开关、插座和吊扇等的安装。

#### 7.1.1.1 室内配线的一般要求

室内配线工程的施工应按已批准的设计进行并在施工过程中严格执行《建筑电气工程施工质量验收规范》(GB 50303—2002),保证工程质量。首先应符合对电气装置安装的基本要求,即安全、可靠、经济、方便、美观。配线工程施工应使整个配线布置合理、整齐、安装牢固。这就要求在整个施工过程中严格按照技术要求进行合理的施工。

室内配线工程施工应符合以下一般规定:

(1)所用导线的额定电压应大于线路的工作电压。导线的绝缘应符合线路的安装方式和敷设环境条件。导线截面应能满足供电质量和机械强度的要求,不同敷设方式导线允许的最小截面值见表 7 - 1。

表 7 - 1 不同敷设方式导线线芯允许最小截面 单位:mm²

| 敷 设 方 式 | | 位置 | 线芯最小截面 | | |
| --- | --- | --- | --- | --- | --- |
| | | | 铜芯软线 | 铜线 | 铝线 |
| 敷设在室内绝缘支持件上的裸导线 | | | | 2.5 | 4 |
| 敷设在绝缘支持件上的绝缘导线,其支持点间距 | 2m 及以下 | 室内 | | 1.0 | 2.5 |
| | | 室外 | | 1.5 | 2.5 |
| | 6m 及以下 | | | 2.5 | 4 |
| | 12m 及以下 | | | 2.5 | 6 |
| 穿管敷设的绝缘导线 | | | 1.0 | 1.0 | 2.5 |
| 槽板内敷设的绝缘导线 | | | | 1.0 | 2.5 |
| 塑料护套线明敷 | | | | 1.0 | 2.5 |

(2)导线敷设时,应尽量避免接头。因为常常由于导线接头质量不好而造成事故。若必须接头时,应采用压接或焊接,并将接头放在接线盒内。

(3)导线在连接和分支处不应受机械力的作用,导线与电器端子的连接要牢靠压实。

(4)穿入保护管内的导线在任何情况下都不能有接头,必须接头时,应把接头放在接线盒、开关盒或灯头盒内。

(5)各种明配线应垂直和水平敷设,且要求横平竖直,其偏差应符合表7-2的规定。一般导线水平高度距地面不应小于2.5m,垂直敷设不应低于1.8m,否则应加管槽保护,以防机械损伤。

表7-2 明配线的水平和垂直允许偏差 单位:mm

| 配线种类 | 允许偏差 | |
|---|---|---|
| | 水 平 | 垂 直 |
| 瓷夹配线 | 5 | 5 |
| 瓷柱或瓷瓶配线 | 10 | 5 |
| 塑料护套线配线 | 5 | 5 |
| 槽板配线 | 5 | 5 |

(6)明配线穿墙时应采用经过阻燃处理的保护管保护,穿过楼板时应用钢管保护,其保护高度与楼面的距离不应小于1.8m,但在装设开关的位置,可与开关高度相同。

(7)入户线在进墙的一段应采用额定电压不低于500V的绝缘导线;穿墙保护管的外侧应有防水弯头且导线应弯成滴水弧状后方可引入室内。

(8)电气线路经过建筑物、构筑物的沉降缝或伸缩缝处应装设两端固定的补偿装置,导线应留有余量。

(9)配线工程施工中,电气线路与管道的最小距离应符合表7-3的规定。

表7-3 电气线路与管道间最小距离 单位:mm

| 管道名称 | 配线方式 | | 穿管配线 | 绝缘导线明配线 | 裸导线配线 |
|---|---|---|---|---|---|
| 蒸汽管 | 平行 | 管道上 | 1000 | 1000 | 1500 |
| | | 管道下 | 500 | 500 | 1500 |
| | 交 叉 | | 300 | 300 | 1500 |
| 暖气管 | 平行 | 管道上 | 300 | 300 | 1500 |
| | | 管道下 | 200 | 200 | 1500 |
| | 交 叉 | | 100 | 100 | 1500 |
| 通风、给排水及压缩空气管 | 平 行 | | 100 | 200 | 1500 |
| | 交 叉 | | 50 | 100 | 1500 |

注:1. 对蒸汽管道,当在管外包隔热层后,上下平行距离可减至200mm;
　　2. 暖气管、热水管应设隔热层;
　　3. 对裸导线,应在裸导线处加装保护网。

配线工程施工结束后,应将施工中造成的建筑物、构筑物的孔、洞、沟、槽等修补完整。

### 7.1.1.2 室内配线施工工序

室内配线施工的工序如下:

(1)定位划线。根据施工图纸确定电器安装位置、导线敷设途径及导线穿过墙壁和楼板的位置。

(2)预留预埋。在土建抹灰前,将配线所有的固定点打好孔洞,埋设好支持构件,但最好是在土建施工时配合土建搞好预埋预留工作。

(3)装设绝缘支持物、线夹、支架或保护管。

（4）敷设导线。

（5）安装灯具及电器设备。

（6）测试导线绝缘，连接导线。

（7）校验、自检、试通电。

### 7.1.2　配管及管内穿线工程

#### 7.1.2.1　配管敷设

A　配管概述

把绝缘导线穿入保护管内敷设称为线管配线。这种配线方式比较安全可靠，可避免腐蚀性气体的侵蚀和避免遭受机械损伤，更换电线方便，在工业与民用建筑中使用最为广泛。

a　线管类型及配设方式

线管配线常使用的线管有水煤气钢管（又称焊接钢管，分镀锌和不镀锌两种，其管径以公称直径计算）、电线管（管壁较薄、管径以外径计算）、普利卡金属管、硬塑料管、半硬塑料管、塑料波纹管、软塑料管和软金属管（俗称蛇皮管）等。

线管配线通常有明配和暗配两种。明配是把线管敷设于墙壁、桁架等表面明露处，要求横平竖直、整齐美观、固定牢靠且固定点间距均匀。暗配是把线管敷设于墙壁、地坪或楼板内等处，要求管路短、弯曲少、不外露，以便于穿线。

b　线管使用范围

线管的材质和选择必须符合设计和施工规范的要求。

硬质塑料管（PVC 管）适用于民用建筑或室内有酸、碱等腐蚀性介质的场所，但环境温度在40℃以上的高温场所或在经常发生机械冲击、碰撞、摩擦等易受机械损伤的场所不应使用。

半硬塑料管适用于正常环境，如一般室内场所，不应用于潮湿、高温和易受机械损伤的场所。混凝土板孔布线应用塑料绝缘电线穿半硬塑料管敷设；建筑物顶棚内不宜采用塑料波纹管；现浇混凝土内也不宜采用塑料波纹管。

钢管有厚壁钢管和薄壁钢管之分。潮湿场所或直埋于地下的，宜采用厚壁钢管。钢管不宜用在有严重腐蚀的场所。建筑物顶棚内宜采用钢管配线。

普利卡金属管是电线电缆保护管的新型材料，属于可挠金属管，可用于各种场合的明、暗敷设和现浇混凝土内暗敷设。普利卡金属管室内布线适用的场所见表 7－4。普利卡金属管用于室外配线时，应用 LV—5 型或 LV—6 型。

表 7－4　普利卡金属管室内布线适用场所

| 配线方式 | 明敷设 | | 暗敷设 | | | |
| --- | --- | --- | --- | --- | --- | --- |
| | | | 可维修 | | 不可维修 | |
| 场　　所 | 干燥场所 | 湿气多或有水蒸气场所 | 干燥场所 | 湿气多或有水蒸气场所 | 干燥场所 | 湿气多或有水蒸气场所 |
| 普利卡套管（双层金属挠性电线管） | √ | √ | √ | ① | √ | ① |
| 钢制电线管 | √ | √ | √ | √ | √ | √ |
| 单层金属挠性套管 | ② | × | ② | × | × | × |

注：√表示能用；×表示不能用；

①请用 LV—5 型或 LV—6 型；

②超过 500V 时，只限于连接电机短小部分，需要挠性部位配线用。

c 线管的选用

在工程中,应根据管内所穿导线的截面、根数选择配管管径。一般情况下,管内导线总面积(包括外护层)不应大于管内径截面的40%。

B 配管敷设工艺

不同材质线管的敷设工艺细节略有不同,但一般暗配线管的施工工艺流程为:

弹线定位→加工弯管→稳埋盒箱→暗敷管路→扫管穿带线

现将配管敷设工艺介绍如下:

a 弹线定位

根据设计图纸要求,在砖墙、混凝土墙等处确定盒、箱位置并进行弹线定位。在混凝土楼板上标注出灯头盒的位置尺寸。

b 加工弯管

预制弯管可采用冷煨法和热煨法。钢管弯曲时,弯曲程度不应大于管外径的10%,弯曲角度不宜小于90°。

c 稳埋盒箱

(1)砖墙稳埋盒箱。此时,可以预留盒箱孔洞,也可以剔洞稳埋盒箱后再接短管。预留盒箱孔洞时,根据图纸设计位置,与土建施工电工配合,在约300mm处预留出进入盒箱的管子长度,将管子甩在盒箱预留孔外,管端头堵好,等待最后一管一孔进入盒箱稳埋完毕。剔洞埋盒箱时,按弹出的水平线对照设计图纸找出盒箱的准确位置,然后剔洞,所剔孔洞应比盒箱稍大一些。洞剔好后,清理孔中杂物并浇水湿润。依照管路的走向敲掉盒子的敲落孔,再用高强度等级水泥砂浆填入洞内将盒箱稳端正,待水泥砂浆凝固后,再接入短管。

(2)模板混凝土墙板稳埋盒箱。对于组合钢模板、大模板混凝土墙板,可在模板上打孔,用螺母将盒箱固定在模板上,拆模前及时将固定盒箱的螺母拆除;或利用穿盒筋,直接固定在钢筋上,并根据墙体厚度焊好支撑钢筋,使盒口或箱口与墙体平面平齐。对于滑模混凝土墙,可采取下盒套、箱套,然后待滑模板过后,再拆除盒套、箱套稳埋盒箱体;或用螺母将盒箱固定在扁钢上,然后将扁钢焊在钢筋上,或利用穿盒筋,直接固定在钢筋上,并根据墙体厚度焊好支撑钢筋,使盒口或箱口与墙体平面平齐。对于加气混凝土墙、板,剔槽前应在槽两边先弹线,槽的宽度及深度应比管径大1.5倍为宜,再剔成槽,稳埋线盒接管,管路每隔1m左右用镀锌铁丝固定,最后用砂浆抹平。

d 暗敷管路

暗配管路埋设深度与建筑物、构筑物表面的距离不应小于15mm。地面内敷设的管子,其露出地面的管口距地面高度不宜小于200mm;进入配电箱的管路,管口高出基础面不应小于50mm。

(1)管子连接。管与管连接时可采用套管连接、螺纹连接。钢管连接时,如管径较大可采取打喇叭口对口焊接方法,焊接时应保证两管中心对正,焊接严密牢靠,管内光滑无焊渣。钢管与盒(箱)的连接可用锁紧螺母或护圈帽固定两种方法。管路垂直敷设或水平敷设时,每隔1m距离应有一个固定点,在弯曲部位应以圆弧中心点为始点距两端300~500mm处各加一个固定点。进盒(箱),一管一孔,先接端接头然后用内锁母固定在盒箱上,管孔上用帽型护口堵好管口。

(2)管路暗敷设。在现浇混凝土构件内敷设管路,可用铁线将管子绑在钢筋上,也可用钉子钉在模板上,但应将管子用垫块垫起,每隔1m左右用铁线绑牢。现浇混凝土墙内管路进盒箱要煨灯叉弯。现浇混凝土楼板内管子敷设时,预埋在混凝土内的管子外径不能超过混凝土厚度的1/2,并列敷设的管子间距不应小于25mm。当管路在砖墙内时,一般是随同土建砌砖时预埋。砌墙立管时,该管最好放在墙中心,管口向上者要堵好。对于软管可用钢筋等临时支杆将管沿敷设方向挑起。当塑料管在砖墙剔槽敷设时,应用强度等级不小于 M10 的水泥砂浆抹面保护,保护层厚度不小于 15mm。在管路遇到建筑物变形缝时,必须做相应的处理,一般是装补偿盒。在补偿盒的侧面开一个孔,将管端穿入长孔内,无须固定,而另一端要用螺母与接线盒拧紧固定。

（3）管子接地。钢管采用螺纹连接时,应焊接跨接线保证接地可靠。如利用钢管做接地线,其管壁厚度不应小于 2.5mm。

e　扫管穿带线

管路敷设完毕后,应及时清扫线管,并堵好管口,封好盒子口,等待土建完工后穿线。

C　普利卡金属套管敷设

普利卡金属套管可在任何环境下的室内、室外配线使用,可以分为标准型、防腐型、耐寒型和耐热型等多种。

a　普利卡(Plica)金属套管的种类

（1）LZ—3 型普利卡金属套管:单层可挠性电线保护套管,外层为镀锌钢带,内层为电工纸,可用于室内配线。

（2）LZ—4 型普利卡金属套管:双层金属可挠性保护套管,外层为镀锌钢带,中间层为冷轧钢带,内层为电工纸,可用于混凝土内暗敷设。

（3）LZ—5 型普利卡金属套管:在 LZ—4 型表面覆一层聚氯乙烯(PVC),可用于室内外潮湿场所。

b　普利卡金属套管的安装加工

（1）管子切断:普利卡金属套管可用钢锯切断,也可使用专用的切割刀切断。操作中应注意刀口整齐无毛刺。

（2）管子连接:普利卡金属套管与盒(箱)的连接使用专用的线箱连接器或组合线箱连接器,并用螺母固定。普利卡金属套管的互接可用专用的直接头进行套接,为螺纹连接。普利卡金属套管与钢管连接时,可采用有螺纹连接或无螺纹连接,也需用专用的接头。

（3）管子弯曲:普利卡金属套管可用手工弯曲,但应尽量避免变形。普利卡金属套管明配时直线段长度超过 30m、暗配时直线段长度超过 15m 或直角弯超过 3 个时,均应装设中间接线盒或放大管径。

（4）管子接地:普利卡金属套管及其配件应有良好接地,接地连接应使用接地线固定夹。

c　普利卡金属套管的敷设

普利卡金属套管在砖砌体墙内敷设时,管入盒处应在盒四周的侧面,其他可参考硬塑管的敷设。

普利卡金属套管在现浇混凝土内敷设时,垂直方向管路应放在钢筋的侧面,水平方向管路应放在钢筋的下侧;在平台板上管路应放在钢筋网中间。

d　普利卡金属套管室内敷设的有关要求

（1）穿入普利卡金属套管内导线的总截面积(包括外护层)不应超过管内径截面积的 40%。

（2）普利卡金属套管的弯曲角度不宜小于 90°,明配管子的弯曲半径不应小于管外径的 3 倍。

（3）普利卡金属套管在现浇混凝土内敷设时,管子应用铁丝绑在钢筋上,绑扎间距不应大于 50cm,在管入盒(箱)处绑扎间距不应大于 30cm。

（4）管子应连接紧密、排列平直、安装牢固,暗配管保护层大于 15mm。

（5）管子接地牢靠,符合要求。接地线截面选用正确。

### 7.1.2.2 管内穿线

管内穿线的工艺流程一般表示为：

选择导线→扫管→穿带线→放线与断线→导线与带线的绑扎→

管口带护口→导线连接→线路绝缘遥测

现将管内穿线的工艺流程介绍如下：

A 选择导线

应根据设计图纸要求选择导线。进户线的导线宜使用橡胶绝缘导线。相线、中性线及保护线的颜色要加以区分，以淡蓝色的导线为中性线，以黄绿颜色相间的导线为保护地线。

B 扫管

管内穿线一般应在支架全部架设完毕及建筑抹灰、粉刷、地面工程结束后进行。在穿线前应将管中的积水及杂物清理干净。

C 穿带线

导线穿管时，应先穿一根直径为 1.2～2.0mm 的铁丝作带线，在管路的两端均应留有10～15mm 的余量。当管路较长或弯曲较多时，也可在配管时就将带线穿好。一般在现场施工中对管路较长、弯曲较多、从一端穿入钢带线有困难的情况，多采用从两端同时穿钢带线，且将带线头弯成小钩的方法。当估计一根带线端头超过另一根带线端头时，用手旋转较短的一根，使两根带线绞在一起，然后把一根带线拉出，此时就可以将带线的一头与需穿的导线结扎在一起。在所穿电线根数较多时，可以将电线分段结扎。

D 放线及断线

放线时应将导线置于放线架或放线车上。剪断导线时，接线盒、开关盒、插座盒及灯头盒内的导线预留长度为 15cm；配电箱内导线的预留长度为配电箱体周长的 1/2；出户导线的预留长度为 1.5m。共用导线在分支处，可不剪断导线而直接穿过。

E 管内穿线

导线与带线绑扎后进行管内穿线。穿线之前应先检查各管口的保护是否齐整，如有遗漏破损，应补齐或更换。当管路较长或转弯较多时，在穿线的同时可往管内吹入适量的滑石粉。拉线时应由两人操作，较熟练的一人担任送线，另一人担任拉线，两人送拉动作要配合协调，不可硬送硬拉。当导线拉不动时，两人配合反复来回拉 1～2 次再向前拉，不可过分勉强而将引线或导线拉断。

导线穿入钢管时，管口处应装设护线套保护导线；在不进入接线盒（箱）的垂直管口，穿入导线后应将管口密封。

在较长的垂直管路中，为防止由于导线本身的自重拉断导线或拉脱接线盒中的接头，导线应在管路中间增设的接线盒中加以固定。一般遵从下列长度规定：(1) 截面积为 50mm² 及以下的导线为 30m；(2) 截面积为 70～95mm² 的导线为 20m；(3) 截面积为 180～240mm² 的导线为 18m。

穿线时应严格按照规范规定进行，不同回路、不同电压等级和交流与直流的导线不得穿在同一根管内。但下列几种情况或设计有特殊规定的除外：(1) 标称电压为 50V 及以下的回路；(2) 同一设备的电机回路和无特殊抗干扰要求的控制回路；(3) 照明花灯的所有回路；(4) 同类照明的几个回路可穿入同一根管内，但管内导线总数不应多于 8 根。

同一交流回路的导线应穿于同一根钢管内。导线在管内不得有扭结，其接头应放在接线盒（箱）内。管内导线包括绝缘层在内的总截面积不应大于管子内径截面积的 40%。

F 绝缘遥测

线路敷设完毕后，要进行线路绝缘电阻值遥测，检验其是否达到设计规定的导线绝缘电阻。

照明电路一般选用 500V、量程为 0 ~ 500MΩ 的兆欧表遥测。

### 7.1.3　绝缘导线的连接

导线与导线间的连接以及导线与电器间的连接称为导线的连接(接头)。在室内配线工程中应尽量减少导线接头,并应特别注意接头的质量,因为导线故障多数发生在接头上。但必要的导线连接是不可避免的。为了保证导线接头的质量,当设计无特殊规定时,应采用焊接、压板压接或套管连接。导线连接应符合下列要求:

(1)接触紧密、连接牢固、导电良好、不增加接头处电阻;

(2)连接处的机械强度不应低于原线芯机械强度;

(3)耐腐蚀;

(4)接头处的绝缘强度不应低于导线原绝缘层的绝缘强度。

对于绝缘导线的连接,其基本步骤为:剥切绝缘层,线芯连接(焊接或压接),恢复绝缘层。

#### 7.1.3.1　导线绝缘层的剥切和导线的连接

**A　导线绝缘层的剥切方法**

绝缘导线连接前必须把导线端头的绝缘层剥掉,绝缘层的剥切长度随接头方式和导线截面的不同而异。绝缘层的剥切方法要正确,通常有单层剥法、分段剥法和斜剥法三种,如图 7 - 1 所示。一般塑料绝缘线多用单层剥法或斜剥法。剥切绝缘时,不应损伤线芯。

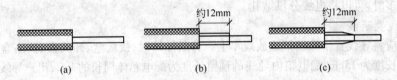

图 7 - 1　导线绝缘层剥切方法
(a)单层剥法;(b)分段剥法;(c)斜剥法

常用的剥削绝缘线的工具有:电工刀、克丝钳和剥线钳。一般 4mm² 以下的导线原则上使用剥线钳。

**B　导线的连接**

**铜线连接**

**a　单股铜线的连接法**

较小截面单股铜线(4mm² 及以下)一般多采用绞接法连接。截面超过 6mm² 的,则常采用缠绕卷法连接。

(1)绞接法。直线连接绞接时先将导线互绞 3 圈,然后将导线两端分别在另一线上紧密地缠绕 5 圈,余线剪掉,使端部都紧贴导线。分支连接绞接时,先用手将支线在干线上粗绞 1 ~ 2 圈,再用钳子紧密缠绕 5 圈,余线剪掉。如图 7 - 2 所示。

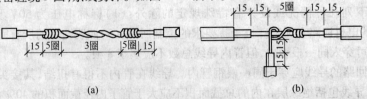

图 7 - 2　单股铜线的绞接连接
(a)直线接头;(b)分线接头

（2）缠绕卷法。有加辅助线和不加辅助线两种。直线连接时先将两线相互并合（有时中间还可加一根相同截面的辅助线），然后用一根截面面积为 1.5mm² 的裸铜线从合并部位中间开始向两端缠绕（即公卷），其长度为导线直径的 10 倍，两头再分别将两线芯端头折回，再次向外单独缠绕 5 圈，剪去多余部分。较细导线可不用辅助线。分支连接时，先将分支线作 90°弯曲，其端部也稍作弯曲，然后将两线并合，用单股裸铜线紧密缠绕，方法及要求与直线连接相同。如图 7-3 所示。

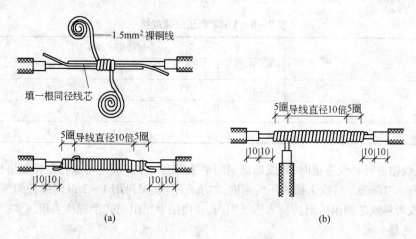

图 7-3　单股铜线的缠绕连接

（a）直线接头；（b）分支接头

b　多股铜线的连接法

多芯导线的连接有单卷法、缠卷法和复卷法三种。

（1）多股铜线直线连接的单卷法。首先用砂纸将线芯上的氧化膜除去，然后将两线芯导线接合处的中心线剪掉 2/3，将线芯做成伞状张开，相互交错成一体并将已张开的线端合成一体。取任意两股铜线同时缠绕 5~6 圈后，另换两股并把原来两股压住或割弃，再缠 5~6 圈后，又取二股缠绕，如此下去一直缠至导线解开点，剪去余下线芯并用钳子敲平线头。另一侧亦同样缠绕。缠绕长度为导线直径的 10 倍。

（2）多股铜线分支连接的单卷法。分支连接时，先将分支导线端头松开并拉直擦净分为两股，各曲折 90°，贴在干线下。先取一股，用钳子缠绕 5 圈，余线压在里档或割弃，再调换一股，依此类推，直缠至距绝缘层 15mm 时为止。另一侧依法缠绕，但方向相反。

c　单股铜线在接线盒内的并接

3 根以上单股导线在线盒内并接在现场的应用是较多的。在进行连接时应将连接线端相并合，在距导线绝缘层 15mm 处用其中一根芯线，在其连接线端缠绕 5~7 圈后剪断，把余线头折回压在缠绕线上，如图 7-4 所示。应注意计算好导线端头的预留长度和剥切绝缘的长度。

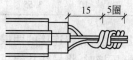

两根导线的并接，一般在线盒内不应出现，而应直接通过，不断线，否则连接起来既费工又费料。

不同直径的导线并接，如果导线为软线时，则应先进行挂锡处理。

图 7-4　3 根及以上单股线的并接

铜导线的连接不论采用上面哪种方法，导线连接好后均应用焊锡焊牢，使熔解的焊剂流入接头处的各个部位，以增加机械强度和导电性能，避免锈蚀和松动。焊接方法比较多，应根据导线截面选择。一般 $10mm^2$ 以下铜导线接头可以用电烙铁加热进行锡焊。对于 $16mm^2$ 及以上的铜导线接头可用喷灯加热后再上锡,或采用浇焊法,即把焊锡放在锡锅内加热熔化,当焊锡在锅内达到高温后,锡表面呈磷黄色,把导线接头调直放在锡锅上面,用勺盛上熔锡浇到线头上。

单股铜线的并接还可采用塑料压线帽压接。单股铜导线塑料压线帽是将导线连接管(镀银紫铜管)和绝缘包缠复合为一体的接线器件,其外壳用尼龙注塑成形。其规格有 YMT—1、YMT—2、YMT—3 型三种,见表 7 – 5,适用于 $1 \sim 4mm^2$ 铜导线的连接,可根据导线的截面和根数选用。

表 7 – 5　YMT 型压线帽规格

| 型　号 | 色　别 | 规格尺寸/mm | | | | |
|---|---|---|---|---|---|---|
| | | $L_1$ | $L_2$ | $D_1$ | $D_2$ | $D_3$ |
| YMT—1 | 黄 | 19 | 13 | 8.5 | 6 | 2.9 |
| YMT—2 | 白 | 21 | 15 | 9.5 | 7 | 3.5 |
| YMT—3 | 红 | 25 | 18 | 11 | 9 | 4.6 |

使用压线帽进行导线连接时,导线端部剥削绝缘露出线芯长度应与选用线帽规格相符,分别为 13mm、15mm、18mm。将线头插入压线帽内,如填充不实,可再用 $1 \sim 2$ 根同线径的线插入压线帽内填补,或者将线芯剥出后回折插入压线帽内,并使用专用阻尼式手握压力钳压实。

**铝导线连接**

a　单股铝导线压接

在室内配线工程中,对 $10mm^2$ 及以下的单股铝导线的连接主要用铝套管进行局部压接。

压接所使用的工具为压接钳。这种压接钳可压接 $2mm^2$、$4mm^2$、$5mm^2$、$6mm^2$、$10mm^2$ 等 5 种规格的单股导线,所用铝压接管的截面有圆形和椭圆形两种。铝套管压接规格见表 7 – 6。

表 7 – 6　铝单线套管压接规格表

| 套管管型 | 导线截面 /mm² | 线芯外径 /mm | 铝套管尺寸/mm | | | | | 管压接尺寸/mm | | 压后尺寸/mm |
|---|---|---|---|---|---|---|---|---|---|---|
| | | | $d_1$ | $d_2$ | $D_1$ | $D_2$ | $L$ | $B$ | $C$ | |
| 圆　形 | 2.5 | 1.76 | 1.8 | 3.8 | | | 31 | 2 | 2 | 1.4 |
| | 4 | 2.24 | 2.3 | 4.7 | | | 31 | 2 | 2 | 2.1 |
| | 6 | 2.73 | 2.8 | 5.2 | | | 31 | 2 | 1.5 | 3.3 |
| | 10 | 3.55 | 3.6 | 6.2 | | | 31 | 2 | 1.5 | 4.1 |
| 椭圆形 | 2.5 | 1.76 | 1.8 | 3.8 | 3.6 | 5.6 | 31 | 2 | 8.8 | 3.0 |
| | 4 | 2.24 | 2.3 | 4.7 | 4.6 | 7 | 31 | 2 | 8.4 | 4.5 |
| | 6 | 2.73 | 2.8 | 5.2 | 5.6 | 8 | 31 | 2 | 8.4 | 4.8 |
| | 10 | 3.55 | 3.6 | 6.2 | 7.2 | 9.8 | 31 | 2 | 8 | 5.5 |

压接前,先将连接的两根导线线芯表面及铝压接管内壁氧化膜去掉,然后涂上一层中性凡士林膏。压接时,将导线从铝压接管两端插入管内。当采用圆形压接管时,两线各插到压接管的一半处;当采用椭圆形压接管时,应使线芯端露出压接管两端 4mm。然后用压接钳压接,要使所有压坑的中心线处在同一直线上。

单股铝导线的分连接和并头连接均可采用压接法。

单股铝导线也可以采用塑料压线帽压接。压线帽外形与铜芯线压线帽相同,其型号有

YML—1 型和 YML—2 型,其规格见表 7 – 7。

**表 7 – 7　YML 型压线帽规格**

| 型　号 | 色　别 | 规格尺寸/mm | | | | |
|---|---|---|---|---|---|---|
| | | $L_1$ | $L_2$ | $D_1$ | $D_2$ | $D_3$ |
| YML—1 | 绿 | 25 | 18 | 11 | 9 | 4.6 |
| YML—2 | 蓝 | 26 | 18 | 12 | 12 | 5.5 |

$6mm^2$ 及以下的单股铝线采用塑料绝缘螺旋接线钮连接更方便。导线剥去绝缘后,把连接芯线并齐捻绞,保留线芯约 15mm,剪去前端使之整齐,然后选择合适的接线钮,顺时针方向旋紧,要把导线绝缘部分拧入接线钮的导线空腔内。

　　b　铝导线焊接

　　单股铝导线的并头连接还可采用电阻焊。这种方法可以焊接两根及以上的线头以及不同截面的线头,但对其他情况不宜采用。

　　电阻焊所用的主要设备为降压变压器和焊钳两部分,变压器容量为 $1kV \cdot A$(暂载率 25%),额定电压为 220V/6V、9V、12V。焊钳的两个焊极是由两个直径为 8mm 的纯炭棒做成的,焊极尖端要有一定的锥度。焊钳引线采用 $10mm^2$ 的铜芯橡皮绝缘软线。

　　焊接前把要并接的单股铝导线端部的绝缘层剥去 20~30mm,露出的线芯一般不需要清理,如果表面氧化膜很厚呈深灰色时应予清理。然后把两线端头并齐扭绞起来并用钳子剪齐,保留 20~25mm 的长度,并在端头涂少许铝焊药(铝导线熔剂)。此时,即可接通焊接电源进行焊接。焊接时,手握焊钳把手,使两炭极碰在一起,等两炭极端头发红时立刻张开炭极,将其夹在涂了焊药的线头上(线头应朝上)。这时线头受热开始熔化,此时把手仍不能放松,而应向线头方向轻轻移动电极,使线端形成一个均匀的小球,随即向上一抬,移开焊钳。用浸醮清水的棉纱将接头表面擦净。当有焊药残渣时,可用钢丝刷轻轻刷去。

　　多股铝导线在接线盒内的并头连接多采用气焊法,一般由气焊工直接操作,电工配合。

　　C　导线绝缘的恢复

　　所有导线线芯连接好后均应用绝缘带包缠均匀紧密,以恢复绝缘。其绝缘强度不应低于原绝缘强度。经常使用的绝缘带有黑胶带、自粘性橡胶带、塑料带等。绝缘带应根据接头处的环境和对绝缘的要求并结合各绝缘带的性能选用。包缠时采用斜叠法使每圈压叠带宽的半幅。第一层绕完后,再从另一斜叠方向缠绕第二层,使绝缘层的缠绕厚度达到电压等级绝缘要求为止。包缠时,要用力拉紧使之包缠紧密坚实,以免潮气侵入。

### 7.1.3.2　导线与设备端子的连接

　　截面在 $10mm^2$ 及以下的单股铜(铝)导线可直接与设备接线端子连接。

　　导线与设备端子连接时,先把线芯弯成圆圈。线头弯曲的方向一般均为顺时针方向,圆圈的大小应适当,而且根部的长短也要适当。$2.5mm^2$ 及以下的多股铜芯导线与设备接线端子连接时,为防止线端松散,可在导线端部搪上一层焊锡,使其像整股导线一样,然后再弯成圆圈并连接到接线端子上。也可压接端子后再与设备端子连接。

　　多股铝导线和截面 $2.5mm^2$ 以上的多股铜芯导线在线端与设备连接时,应装设接线端子(俗称线鼻子),然后再与设备相接。

　　铜导线接线端子的装接,可采用锡焊或压接两种方法。锡焊时应先将导线表面和接线端子孔内用砂布擦干净,并涂上一层无酸焊锡膏,在线芯端头搪上一层焊锡。然后,把接线端子放在喷灯火焰上加热,并把焊锡熔化在端子孔内,再将搪好锡的线芯慢慢插入,待焊锡完全渗透到线芯缝隙中后,即可停止加热。采用压接方法时,是将线芯插入端子孔内再用压接钳进行压接。这种方法操作简单,而且可节省有色金属和燃料,质量也比较好。

铝导线接线端子的装接一般用气焊或压接方法。对于用铝板自制的铝接线端子多采用气焊;对于用铝套管制作的接线端子多采用压接法。压接前先剥掉导线的绝缘层,其长度为接线端子孔的深度加上 5mm。除掉线芯表面和端子孔内壁的氧化膜并涂上凡士林油膏,再将线芯插入端子内进行压接。压接时,先压靠近端子口处的第一个压坑,然后再压第二个压坑,压接深度以上下模接触为佳。

当铝导线与设备的铜端子或铜母线连接时,为防止铝铜产生电化腐蚀应采用铜铝过渡接线端子(铜铝过渡线鼻子)。这种端子一端是铝接线管,另一端是铜接线板,压接和上述方法一样。

### 7.1.4　配电箱(盘)和照明电器安装

#### 7.1.4.1　配电箱(盘)安装工程

电气线路进入建筑物以后,首先要进入配电箱(盘)控制设备,然后用分支线按回路接到照明器具等用电设备上。配电箱(盘)是电气线路中连接电源和用电设备的重要电气组成装置。

A　配电箱(盘)的分类

低压配电箱(盘)根据用途不同可分为电力配电箱(盘)和照明配电箱(盘)两种;根据安装方式可分为悬挂明装配电箱(盘)、嵌入暗装配电箱(盘)以及半嵌入配电箱(盘)三种;根据材质可分为铁制配电箱(盘)、木制配电箱(盘)及塑料配电箱(盘),其中铁制配电箱运用较多。

照明配电箱有标准型和非标准型两种。标准配电箱可向生产厂家直接购买,非标准配电箱可自行制作。照明配电箱不应采用可燃材料制作。

电力配电箱过去叫动力配电箱。新编制的各种国家标准和规范统一称为电力配电箱,主要用于工矿企业交流 50Hz、电压 500V 以下三相三线和三相四线电力系统中,作电力配电用。

照明配电箱适用于工业与民用建筑交流 50Hz、电压 500V 以下的照明和小动力控制回路中,作线路的过载、短路保护以及线路的正常转换之用。照明配电箱型号繁多,国家只对照明配电箱用统一的技术标准进行审查和鉴定,而不做统一设计。故选用标准照明配电箱时,应查阅有关的产品目录和电气设计手册等资料。

B　配电箱(盘)的选用

电力、照明配电箱应根据使用要求、进户线制式、用电负荷大小以及分支回路数等选用符合设计要求的配电箱。

标准铁制照明配电箱的箱体应用厚度不小于 2mm 的钢板制成,且应除锈后涂防锈漆一道、油漆两道。

箱体与配管的连接孔应是进出线在箱体上、下部有压制的标准敲落孔,敲落孔不应留长孔,也不应留在箱体的侧面。照明配电箱的箱门应是可拆装的,箱体上应有不小于 M8 的专用接地螺栓,位置应设在明显处,配件齐全。

箱内端子板应用大于箱内最大导线截面 2 倍的矩形母线制作,但母线的最小截面积不应小于 60mm², 厚度不小于 3mm。端子板的材料,使用铜芯导线时应为铜制品,使用铝线时应为铝制品。

带电体之间的电气间隙不应小于 10mm,漏电距离不应小于 15mm。

C　配电箱(盘)的安装工艺

配电箱(盘)的安装工艺流程为:

阅读配电箱(盘)安装要求→弹性定位→明(暗)装配电箱(盘)→盘面组装(实物排列、加工

固定电具盘内配线)→箱(盘)固定→绝缘遥测

现将配电箱(盘)的安装工艺介绍如下：

a 配电箱悬挂明装

悬挂式配电箱可安装在墙上或柱子上。直接安装在墙上时，应先埋设固定螺栓(或用膨胀螺栓)。螺栓的规格应根据配电箱的型号和重量选择，其长度应为埋设深度(一般为120～150mm)加箱壁厚度以及螺帽和垫圈的厚度，再加3～5扣的余量长度，如图7-5(a)所示。

施工时，先量好配电箱安装孔的尺寸并在墙上画好孔位，然后打洞埋设螺栓(或用金属膨胀螺栓)。待混凝土牢固后，即可安装配电箱。安装配电箱时，要求箱体横平竖直。

配电箱安装在支架上时，应先将支架加工好并在支架上钻好安装孔，然后将支架埋设固定在墙上或用抱箍固定在柱子上，再用螺栓将配电箱安装在支架上并调整水平和垂直，如图7-5(b)所示。应注意加工支架时，下料和钻孔严禁使用气割，支架焊接应平整不能歪斜，并应除锈露出金属光泽，而后刷红丹漆一道、灰色油漆两道。

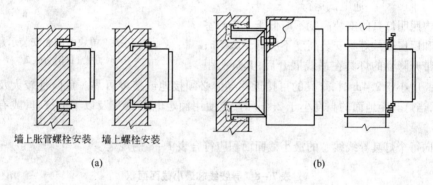

墙上胀管螺栓安装　　墙上螺栓安装

(a)　　　　　　　　　　　　(b)

图7-5　配电箱安装

(a)墙挂配电箱安装；(b)支架固定配电箱安装

照明配电箱(盘)安装应牢固，其安装高度应按施工图纸要求。无要求时，一般底边距地面不小于1.5m。明装时底口距地1.2m；明装电度表板底口距地不得小于1.8m。配电箱上应注明用电回路名称。

b 配电箱嵌入暗装

配电箱嵌入暗装通常是配合土建砌墙时将箱体预埋在墙内的。面板四周边缘应紧贴墙面，箱体与墙体接触部分应刷防腐漆；按需要砸下敲落孔压片；有贴脸的配电箱应把贴脸揭掉。一般当主体工程砌至安装高度时就可以预埋配电箱了。配电箱宽度超过300mm时，箱上应加过梁，避免安装后受压变形。放入配电箱时应使其保持水平和垂直，并应根据箱体的结构形式和墙面装饰厚度来确定突出墙体的尺寸。预埋的电线管均应配入配电箱内。配电箱安装之前应对箱体和线管的预埋质量进行检查，确认符合设计要求后再进行板的安装。安装配电箱时，先清除杂物、补齐护帽、检查板面安装的各种部件是否齐全、牢固。配电板安装好后安装地线。照明配电箱内应分别设置零线和保护地线(PE线)汇流排，零线和保护线应在汇流排上连接，不得绞接。

暗装照明配电箱安装高度一般为底边距地面不小于1.5m。导线引出盘面均应套绝缘管。箱内装设的螺旋式熔断器的电源线应接在中间触点的端子上，而负荷线应接在螺纹的端子上。

c 盘内配线

根据电器、仪表的规格，容量和位置选好导线的截面和长度，并加以组配。盘内的导线应排列整齐、绑扎成束。压头时，将导线留出适量余量并剥出线芯逐个压牢。多股线需用压线端子。

电流回路应采用额定电压不低于750V、线芯截面积不小于2.5mm$^2$ 的铜芯绝缘线;除电子元件或类似回路外,其它回路的导线应采用额定电压不小于750V、芯线截面面积不小于1.5mm$^2$ 的铜芯绝缘线。

　　d　电能表安装

　　电能表安装如图7-6所示,其中零线也可在右侧两相邻点进、出。

#### 7.1.4.2　照明电器安装

　　照明电器是指照明电光源所需的电气器具。照明电器安装包括灯具、开关的安装,可分为照明灯具和装饰灯具安装两类。照明灯具的安装就是把灯具牢固正确地固定在适当位置,其施工工艺流程一般为:

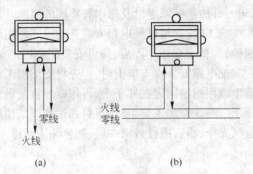

图7-6　单块电能表安装示意
(a)方式1;(b)方式2

　　　　检查灯具→组装灯具→安装灯具

　　　　　　→通电试运行

　　室内照明灯具的安装高度不应低于2.0m;室外墙上和厂房内的灯具安装高度不应低于2.5m;软吊线带升降器的灯具在吊线展开后,其灯头距地面的高度小于2.4m时,灯具的可接近裸导体必须接地或接零可靠。危险性较大及特殊危险的场所,当灯具距地面的高度小于2.4m时,应使用额定电压36V及以下的灯具,或有专用保护措施。

　　引向每个灯具导线线芯的最小截面面积应符合表7-8的规定。

表7-8　导线线芯最小截面面积　　　　　　　　　　　　单位:mm$^2$

| 灯具安装的场所及用途 | | 线芯类别 | | |
| --- | --- | --- | --- | --- |
| | | 铜芯软线 | 铜线 | 铝线 |
| 灯头线 | 民用建筑室内 | 0.5 | 0.5 | 2.5 |
| | 工业建筑室内 | 0.5 | 1.0 | 2.5 |
| | 室外 | 1.0 | 1.0 | 2.5 |

　　A　照明灯具安装

　　在灯具安装前应拆除对灯具安装有妨碍的模板、脚手架,应结束顶棚、墙面等的抹灰工作和地面的清理工作。室内灯具安装方式通常有吸顶式、嵌入式、吸壁式和悬吊式。悬吊式又可分为软线吊灯、链条吊灯和钢管吊灯。如图7-7所示。

　　a　吊灯的安装

　　安装吊灯通常需要吊线盒和绝缘台两种配件。绝缘台规格应根据吊线盒的大小选择,既不能太大,又不能太小,否则影响美观。绝缘台应安装牢固可靠。软线吊灯的组装过程及要点介绍如下:

　　(1)准备吊线盒、灯座软线和焊锡等。

　　(2)截取一定长度的软线,两端剥露线芯后拧紧后挂锡。

　　(3)打开灯座及线盒盖,将软线分别穿过灯座及线盒盖的孔,然后打一保险结防止线芯接头受力。

　　(4)软线一端线芯与吊线盒内接线端子连接,另一端的线芯与灯座的接线端子连接。

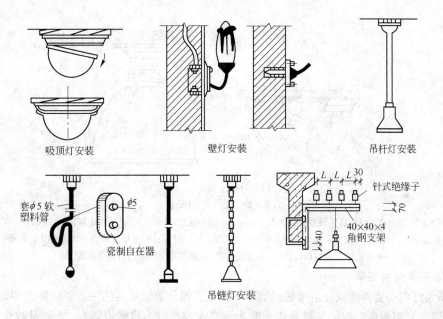

吸顶灯安装　　　　壁灯安装　　　　吊杆灯安装

吊链灯安装

图7-7　灯具安装方式

(5)将灯座及吊线盒盖拧好。

软线吊灯重量限于0.5kg以下,当重量在0.5kg以上时,应采用吊链式(或吊线式)固定。

采用吊链时,软电线宜与吊链编叉在一起使软电线不受力。采用钢管作灯具吊杆时,钢管内径一般不小于10mm,钢管壁厚度不应小于1.5mm。当吊灯灯具重量超过3kg时,应预埋吊钩或螺栓固定,然后固定花灯的吊钩,其圆钩直径不应小于灯具吊挂销、钩的直径,且不得小于6mm。对大型花灯、吊装花灯的固定及悬吊装置应按灯具重量的2倍做过载试验。大型花灯如采用专用绞车悬挂固定时,应注意:(1)绞车的棘轮必须有可靠的闭锁装置;(2)绞车的钢丝绳抗拉强度不小于花灯重量的10倍;(3)钢丝绳的长度在花灯放下时,距地面或其他物体不得小于250mm。

b　吸顶灯和嵌入式灯具的安装

吸顶灯的安装一般可直接将绝缘台固定在天花板的预埋木砖或预埋螺栓上,然后再把灯具固定在绝缘台上。对装有白炽灯泡的吸顶灯具,灯泡不应紧贴灯罩。当灯泡和绝缘台距离小于5mm时(如半扁罩灯),应在灯泡与绝缘台间放置隔热层(石棉板或石棉布),如图7-8所示。

当吸顶灯重量超过3kg时,应把灯具(或绝缘台)直接固定在预埋螺栓或吊钩上。

嵌入顶棚内的装饰灯具应固定在专设的框架上,导线不应贴近灯具外壳且在灯盒内应留有余量,灯具的边框应紧贴顶棚面上。当嵌入灯具为矩形时,其边框宜与顶棚面的装饰直线平行,其偏差不应大于5mm。

c　壁灯的安装

壁灯可以装在墙上或柱子上。装在墙上时,一般在砌墙时就应预埋木砖,禁止用木楔代替木砖,也可以采用膨胀螺栓或预埋金属构件;安装在柱子上时,一般在柱子上预埋金属构件或用抱箍将金属构件固定在柱子上,然后再将壁灯固定在金属构件上。安装壁灯如需要设置绝缘台,应根据壁灯底的外形选择或制作合适的绝缘台。绝缘台应紧贴建筑物表面且不准歪斜。

d　荧光灯的安装

荧光灯的安装方法有吸顶、吊链和吊管等,但均应注意灯管、镇流器、启辉器、电容器的互相匹配,不能随便代用。特别是带有附加线圈的镇流器接线不能接错,否则会损坏灯管。

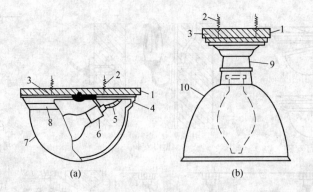

图 7 - 8　吸顶灯的安装

1—圆木(厚 25mm,直径按灯架尺寸选配);2—固定圆木用木螺钉(2in 以上);3—固定灯架用木螺钉(3/4in);
4—灯架;5—灯头引线(规格与线路相同);6—管接式瓷质螺口灯座;7—玻璃灯罩;8—固定灯罩用机螺钉;
9—铸铝壳瓷质螺口灯座;10—搪瓷灯罩(注意灯罩上口应与灯座铝壳配合)

e　高压汞灯的安装

高压汞灯的安装要注意分清带镇流器和不带镇流器。带镇流器的一定要使镇流器与灯泡相匹配,否则会立刻烧坏灯泡。安装方式一般为垂直安装。因为水平点燃时,光通量减少约 70% 而且容易自熄灭。镇流器宜安装在灯具附近、人体触及不到的地方,并应在镇流器接线柱上覆盖保护物。

f　碘钨灯的安装

碘钨灯的安装,必须保持水平位置,一般倾角不得大于 ±4°,否则会严重影响灯管寿命。

碘钨灯正常工作时,管壁温度约为 600℃,所以安装时不能与易燃物接近且一定要加灯罩。在使用前,应用酒精擦去灯管外壁油污,否则会在高温下形成污点而降低亮度。另外,碘钨灯的耐震性能差,不能用在震动较大的场所,更不宜作为移动光源使用。当碘钨灯功率在 1000W 以上时,应使用胶盖瓷底刀开关进行控制。

g　金属卤化物灯的安装

金属卤化物灯的安装高度宜大于 5m,导线应经接线柱与灯具连接且不得靠近灯具表面。灯管必须与触发器和限流器配套使用。落地安装的反光照明灯具应采取保护措施。

B　装饰灯具

装饰灯具是将普通照明灯具艺术化,从而达到预期的装饰效果的灯具。装饰灯具是功能性、经济性和艺术性的统一,在改善照明效果的基础上形成建筑物所特有的风格,并能取得良好的照明及装饰效应。

装饰灯具的特点是把照明灯具与室内的装饰组合为一体,把光源隐蔽在建筑物的装修中形成具有照明功能的室内建筑或装饰体。如常见的透光发光顶棚、光梁、光带、光柱头和反光的光檐、光龛等。

a　吸顶灯在吊顶上安装

在建筑装饰吊顶上安装吸顶灯时,轻型灯具应用自攻螺钉将灯具固定在中龙骨上。当灯具重量超过 3kg 时,应使用吊杆螺栓与设置在吊顶龙骨上的固定灯具的专用龙骨连接。专用龙骨也可使用吊杆与建筑物结构连接。

b　吊灯在吊顶上安装

小型吊灯通常可安装在龙骨或附加龙骨上,即用螺栓穿通吊顶板材,直接固定在龙骨上。当吊灯的重量超过 0.5kg 时,应增加附加龙骨并使吊灯与附加龙骨进行固定。

c 嵌入式灯具的安装

小型嵌入式灯具（如筒灯）一般安装在吊顶的顶板上。其他小型嵌入式灯具可安装在龙骨上，大型嵌入式灯具安装时则应采用在混凝土梁、板中伸出支撑、铁架、铁件的连接方法。

d 光带、光梁和发光顶棚

灯具嵌入顶棚内，外面罩以半透明反射材料与顶棚相平，连接组成的一条带状式照明装置称为光带。若带状照明装置突出顶棚下成梁状时，则称光梁。光梁和光带的光源主要是组合荧光灯，灯具安装施工方法基本上同嵌入式灯具安装。光带、光梁可以做成在天棚下维护或在天棚上维护的不同方式。在天棚上维护时，反射罩应做成可揭开式的，灯座和透光面则固定安装；在天棚下维护时，透光面应做成可拆卸的，以便于维修灯具、更换灯管或其他元件。

发光顶棚是利用有扩散特征的介质如磨砂玻璃、半透明有机玻璃、棱镜、格栅等制作的。光源装设在这些大片安装的介质之上，介质将光源的光通量重新分配而照亮房间。

发光顶棚的照明装置有两种形式：一是将光源装在散光玻璃或遮光格栅内；二是将照明灯具挂在房间的顶棚内，房间的顶棚装有散光玻璃或遮光格栅等透光面。在发光顶棚内，照明灯具的安装同吸顶灯及吊顶灯的做法。

e 舞厅灯安装

舞厅是一种公共娱乐场所，其环境幽雅、气氛热烈，照明系统是多层次的。在舞厅内作为坐席的低调照明和舞池的背景照明一般设置筒型嵌入式灯具作点式布置。舞厅的舞池顶棚上设置各种宇宙灯、旋转效果灯、频闪灯等现代舞用灯光，中间部位设有镜面反射球。有的舞池地板安装了由彩灯组成的图案，借助于程控或音控来变换图形。

舞厅或舞池灯的线路应采用铜芯导线穿钢管、普利卡金属套管或使用护套为难燃材料的铜芯电缆配线。

（1）旋转彩灯安装：比较流行的旋转彩灯品种有 10 头蘑菇型旋转彩灯 WM—101、30 头宇宙型旋转型彩灯 WY—302、卫星宇宙舞台 WY—521、20 头立式滚筒式旋转彩灯 WL—201 等。旋转彩灯的构造各有不同，但总的可分为底座和灯箱两大部分。交流 220V 电源通过底座插口由电刷过渡到导电环，再通过插头过渡到灯箱内使灯箱内的灯泡得到电源。旋转彩灯在安装前应熟悉说明书，开箱后应检查彩灯是否有明显的损坏及副件是否齐全。安装好后只要将灯箱电源线插入底座插口内，接通电源后彩灯就能正常工作。

（2）地板灯光设置：舞池地板上安装彩灯时，应先在舞池地板下安装许多小格子，方格采用优质木材制成，内壁四周镶以玻璃镜面，以增加反光，增大亮度。地板小方格中每一种方格图表示一种彩色，每一个方格内装设一个或多个彩灯（视需要而定）。在地板小方格上面再铺以厚度大于 20mm 的高强度有机玻璃板作为舞池的地板。

C 开关和插座的安装

开关和插座的安装工艺一般为：清理、接线、安装。

a 开关和插座明装

开关和插座明装首先是采用塑料膨胀螺栓或缠有铁丝的弹簧螺钉将木台固定在墙上，固定木台用螺钉的长度约为木台厚度的 2 ~ 2.5 倍，然后在木台上安装开关或插座。木台厚度一般小于 10mm。

当木台固定好后即可用螺钉将开关和插座固定在木台上，且应安装在木台的中心。相邻的开关及插座应尽可能采用同一种形式配置，特别是开关柄，其接通和断开电源的位置应一致。一般装成开关往上扳是电路接通，往下扳是电路切断。不同电源和电压的插座应有明显的区别。插座接线孔的排列顺序为：单相双孔插座为面对插座的右孔或上孔接相线，左孔或下孔接零线；

单向三孔、三相四孔及三相五孔插座的接地线或接零线均应接在上孔。插座的接地端子不应与零线端子直接连接,同一场所的三相插座,其接线的相位必须一致。

b　开关及插座暗装

暗装时,先将开关盒或插座盒按图纸要求埋在墙内。埋设时,可用水泥砂浆填充,但应注意埋设平整,盒口面应与墙的粉刷层平面一致。开关或插座是和面板连成一体的,所以穿好导线之后应先接线再安装面板。

安装开关面板时应注意方向和指示。面板上有指示灯的,指示灯应在上面;面板上有产品标记或跷板上有英文字母的不能装反;跷板上部顶端有压制条纹或红色标志的应朝上安装;跷板或面板上没有任何标记的应安装成跷板下部按下时开关处在合闸位置,跷板上部按下时处在断开位置。插座面板安装与开关面板安装相同。

插座安装高度的规定为:当设计图纸未提出要求时,一般距地面高度不宜小于1.3m,在托儿所、幼儿园、住宅及小学校等不宜低于1.8m。同一场所安装的插座,高度应一致。车间及实验室的插座一般距地面高度不宜低于0.3m;特殊场所暗装插座一般不应低于0.15m。

照明开关的安装应符合下列规则:

(1)开关安装位置应便于操作,开关边缘距门框边缘的距离为0.15~0.2m,开关距地面高度1.3m;拉线开关距地面高度2~3m,层高小于3m时,拉线开关距板顶不小于100mm,拉线出口垂直向下。

(2)相同型号并列安装及同一室内开关安装高度应一致,且控制有序不错位。

(3)暗装开关面板应紧贴墙面,四周无缝隙,安装牢固,表面光滑整洁无碎裂划伤,装饰帽齐全。

例如,某三层宿舍楼第二层电气安装线路分解,如图7-9所示。

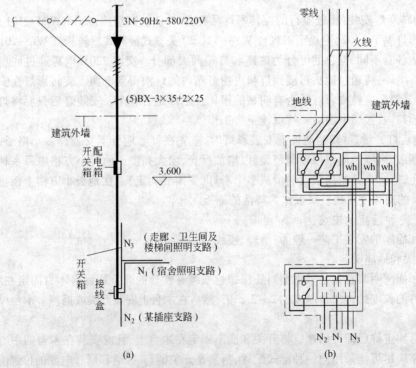

图7-9　某三层宿舍楼第二层电气安装线路分解
(a)电气施工图;(b)施工分解图

### 7.1.4.3 小型电器安装

#### A 吊扇的安装

吊扇安装需在土建施工中预埋吊钩,吊扇吊钩的选择和安装尤为重要。

##### a 对吊钩的要求

吊钩挂上吊扇后一定要使吊扇的重心和吊钩直线部分在同一条直线上。吊钩安装应牢固。

吊钩要能承受住吊扇的重量和运转时的扭力,吊扇吊钩的直径不小于吊扇挂销直径且不小于8mm,有防震橡胶垫,挂销的防松零件齐全可靠。

吊钩伸出建筑物的长度应以盖上风扇吊杆护罩后能将整个吊钩全部罩住为宜。

##### b 吊钩的安装

在不同建筑结构上,吊钩的安装方法不同:

在木结构梁上,吊钩要对准梁的中心。

在现浇混凝土板上,吊钩采用预埋 T 字形圆钢的方式,吊钩应与主筋焊接。如无条件时,可将吊钩末端部分弯曲后绑扎在主筋上,待模板拆除后用气焊把圆钢露出的部分加热弯成吊钩。但加热时应用薄铁板与混凝土楼板隔离,防止烧坏楼板。吊钩弯曲半径不宜过小。

在多孔预制板上安装吊钩,应在架好预制楼板后没做水泥地面前进行。在所需安装吊钩的位置凿一个对穿的小洞把 T 型圆钢穿下,等浇好楼面后再把圆钢弯制成吊钩的形状。

##### c 吊扇安装

安装吊扇时,将吊扇托起,用预埋的吊钩将吊扇的耳环挂牢。为了保证安全,避免吊扇在运转时人手碰到扇叶而发生事故,扇叶距地面的高度不应低于 2.5m。然后按接线图进行正确接线,并将导线接头包扎紧密。向上托起吊杆上的护罩,将接头扣于其内,护罩应紧贴建筑物表面,拧紧固定螺母。吊扇调速开关安装高度应为 1.3m。

#### B 壁扇的安装

壁扇使用于正常环境条件的建筑物室内。它的安装通常在产品设计时就已提出要求。壁扇底座可采用尼龙塞或膨胀螺栓固定,尼龙塞或膨胀螺栓的数量不应少于两个且直径不应小于8mm,使壁扇底座牢固。

为了避免妨碍人的活动,壁扇安装好后,其下侧边缘距地面高度不宜小于1.8m,且底座平面的垂直偏差不宜大于2mm。

将壁扇的防护罩扣紧,固定可靠,使运转时扇叶和防护罩均没有明显的颤动和异常声响。

#### C 电铃的安装

电铃普遍应用于各级院校及厂矿,对警示人们起着极为重要的作用。

电铃经试验合格后方可进行安装。电铃的安装应端正牢固,其安装高度距地面不应小于1.8m。

明装电铃时,电铃既可安装在绝缘台上,也可用 $\phi 4 \times 50$ 的木螺钉和 $\phi 4$ 的垫圈配用 $\phi 6 \times 50$ 的尼龙塞或膨胀管直接固定在墙上。又可安装在厚度不小于 10mm 的安装板上,安装板可用 $\phi 4 \times 63$ 的木螺钉与墙内的预埋木砖固定,也可用木螺钉与墙内的尼龙塞或膨胀管直接固定。

暗装时,可装设在专用的盒箱内。

## 7.2 接地装置安装

### 7.2.1 建筑物接地装置安装

接地按不同的作用可分为工作接地(如配电变压器低压侧中性点的接地和防雷装置的接地)和保护接地(如各种电器设备,用电器具金属外壳的接地)等。接地装置就是连接电器设备

（装置）与大地之间的金属导体。

### 7.2.1.1　接地装置的选用

接地装置包括接地体（又称接地极）和接地线两部分，接地体分自然接地体和人工接地体。

**A　自然接地体**

自然接地体利用与大地有可靠连接的金属管道和建筑物的金属结构等作为接地体，在可能的情况下尽量利用自然接地体。

在许多场所也可利用金属管道、电缆包皮、钢轨及钢筋混凝土中的钢筋等金属物作为自然接地线，但此时应保证导体全长有可靠的连接，并形成连续的导体。

**B　人工接地装置**

为了节约金属，人工接地的材料一般采用结构钢制作而成，一般用钢管和角钢做接地体，扁钢和圆钢做接地线，接地体之间的连接一般用扁钢而不用圆钢，且不应有严重的腐蚀现象。但不能应用厚薄和粗细严重不均匀的钢材、脆性铸铁管、棒料作人工接地装置，严重弯曲的须经矫正后方可应用。

为使接地装置具有足够的机械强度，埋入地下的接地装置材料应为钢材并热浸镀锌处理，使其不致因腐蚀锈断，其规格要求见表7-9。

**表7-9　接地装置最小允许规格和尺寸**

| 种类、规格及单位 | | 敷设位置及使用类别 | | | |
| --- | --- | --- | --- | --- | --- |
| | | 地　上 | | 地　下 | |
| | | 室内 | 室外 | 交流电流回路 | 直流电流回路 |
| 圆钢直径/mm | | 6 | 8 | 10 | 12 |
| 扁钢 | 截面积/mm | 60 | 100 | 100 | 100 |
| | 厚度/mm | 3 | 4 | 4 | 6 |
| 角钢厚度/mm | | 2 | 2.5 | 4 | 6 |
| 钢管管壁厚度/mm | | 2.5 | 2.5 | 3.5 | 4.5 |

### 7.2.1.2　人工接地体的加工

人工接地体一般按设计所提供的数量和规格进行加工，材料采用钢管或角钢，按设计的长度（一般为2.5m）切割。

接地体的下端要加工成尖角状，角钢的尖角点应保持在角脊线上，构成尖点的两条斜边要求对称，如图7-10所示。钢管的下端应根据土质情况加工成一定的形状。如为一般松软土壤，可切成斜面形或扁尖形；如为硬土，可将尖端加工成圆锥形，如图7-11所示。

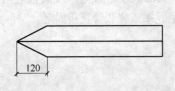

图7-10　接地角钢加工后的形状

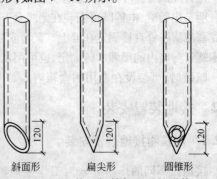

斜面形　　扁尖形　　圆锥形

图7-11　接地钢管加工后的形状

为防止接地钢管或角钢钉劈,可用圆钢加工成一种护管帽套入接地管端,或用一块短角钢焊在接地线的一端。

接地体的上端部可用扁钢或圆钢连接,用做接地体的加固以及作为接地体与接地线之间的连接板,其连接方法如图 7 – 12 所示。

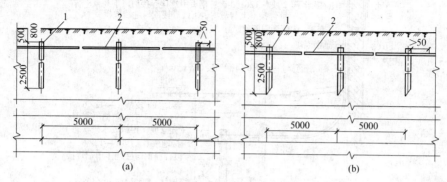

图 7 – 12　垂直接地体
(a)钢管接地体;(b)角钢接地体
1—接地体;2—接地线

### 7.2.1.3　接地装置的安装

A　挖沟

安装接地体前,先沿着接地体的线路挖沟,以便打入接地体和敷设连接接地体的扁钢。

按设计规定测出接地网的路线,在此线路挖掘出深为 0.8 ~ 1m、宽为 0.5m 的沟。沟的中心线与建(构)筑物的基础距离不得小于 2m。

B　接地体安装

a　垂直接地体安装

接地体在打入地下时一般采用打桩法。一人扶着接地体,另一人用大锤打接地体顶端。使用手锤打接地体时要平稳,接地体与地面应保持垂直。

按设计位置将接地体打在沟的中心线上,接地体露出沟底地面的长度为 150 ~ 200mm(沟深为 0.8 ~ 1m)时可停止打入,使接地体的最高点离施工完毕后的地面有 600mm 的距离。按设计要求,接地体间距一般不小于 5m。

敷设的钢管或角钢及连接扁钢应避开地下管路、电缆等设施,与这些设施交叉时相距不小于100mm,与这些设施平行时相距不小于 300 ~ 350mm。

若在土质很干很硬处打入接地体,可先浇上一些水使土壤松软。

b　水平接地体

多用于环绕建筑四周的联合接地,常用 40mm × 4mm 的镀锌扁钢。当接地体的沟挖好后,应侧向敷设在地沟内(不应平放)。侧向放置时,散流电阻小。顶部埋设深度距地面小于 0.6m。水平接地体多根平行敷设时水平间距不小于 5mm。

接地装置安装如图 7 – 13 所示。

C　接地线的敷设

a　接地体间的扁钢敷设

当接地体打入沟中后,即可沿沟按设计要求敷设扁钢。

扁钢敷设前应检查和调整,然后将扁钢放置于沟内,依次将扁钢与接地体连接。

扁钢应侧放而不可平放,扁钢和接地体连接的位置距接地体顶面约 100mm。接地体之间的

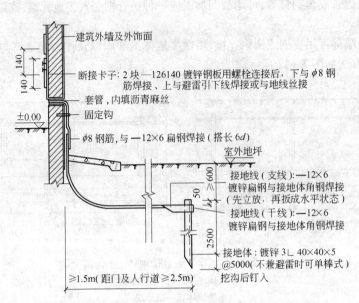

图 7-13　接地装置安装示意

搭接长度应符合以下要求：扁钢和扁钢的焊接长度不小于其宽度的 2 倍，应最少在三个棱边处进行焊接，用圆钢时不小于直径的 6 倍；扁钢和钢管除在其接触两侧焊接外，还要焊上用扁钢弯成的弧形卡子，或将扁钢直接弯成弧形与钢管焊接。

扁钢与接地体连接好后，必须认真检查认定合格后，才可将沟填平。

填沟时用的泥土不应有石子、建筑碎料和垃圾等，填土应分层夯实，使土壤与接地体接触紧密。

　　b　接地干线与支线的敷设

室外接地干线与支线一般敷设在沟内。

敷设前先按设计要求挖沟（沟深 0.5m 以上，宽约 0.5m）；再将扁钢埋入，把接地干线与接地体、接地支线焊接起来；最后回填压实（不需打夯）。

室内接地线多为明敷，但一部分与设备连接的接地支线需经过地面埋设在混凝土内，明敷的方法是接地线纵横敷设在墙壁上或敷设在母线架和电缆架的构架上。

接地干线与支线敷设的第一步是预留孔与埋设支持件。若接地线需穿墙或楼板，则在土建浇制楼板或砌墙时按设计要求预留穿接地线的孔（应比敷设接地线的厚、宽各大出 6mm 以上）。施工时可按此尺寸截一段扁钢预埋在混凝土内，在混凝土还未凝固时抽出，或在扁钢上包一层油毛毡（或几层牛皮纸）埋在混凝土内。预留孔距墙壁表面应为 15～20mm，以便敷设接地线时整齐美观。若用保护套时，则应将保护套埋设好。保护套可用厚 1mm 以上铁皮做成方形或圆形，大小应使接地线穿入时，每边有 6mm 以上的空隙。

明敷在墙上的接地线应分段固定，固定的方法是在墙上埋设支持件，然后将接地扁钢固定在支持杆上。支持件形式由设计提出。

施工前，用 40mm×4mm 扁钢将支持件做好。在墙壁浇捣前先埋入一块方木预留小孔或砌砖时直接埋入方木。埋设时应拉线或划线，孔高、孔宽各为 50mm，孔距为 1～1.5m（转弯部分为 1m）。

接地干线与支线敷设的第二步是敷设接地线。敷设在混凝土内的接地线在土建施工时就应一起敷设好。按设计将一端放在电器设备处,另一端放在距离最近的接地干线上,两端都露出混凝土地面 0.5m 以上。当支持件埋设完毕,水泥砂浆完全凝固后,将调直的扁钢放在支持件内(不能放在支持件外),过墙时应穿过预留孔,然后焊接固定。

接地线经过建筑物的伸缩缝时,如采用焊接固定,应将接地线通过伸缩缝的一段做成弧形。

### 7.2.2 设备设施接地装置安装

电气设备与接地线的连接方法有焊接(用于不需移动的设备金属构架)和螺纹连接(用于需要移动的设备),焊接方法前已述及。

电气设备外壳上一般都有专用接地螺栓。采用螺纹连接时,先将螺母卸下,擦拭设备与接地线和接触面至发出光泽;再将接地线端部搪锡,并涂上中性凡士林油;然后将地线接入螺栓,拧紧螺帽(在有震动的地方,接地螺母需加垫弹簧垫圈)。

所有电气设备都需单独埋设接地线,不可串联接地。

不得用零线作接地用,零线与接地线应单独与接地网连接。

### 7.2.3 接地装置安装调试

接地装置整体施工完毕后应测量其接地电阻,常用接地电阻测量仪(俗称接地摇表)直接测量。

当实测接地电阻值不能满足设计要求时 ,则应考虑如下降低接地电阻的方法。如下降低接地电阻的方法经技术、经济指标综合分析后选用其一。

(1)置换电阻率较低的土壤:当在接地体附近有电阻率较低的土壤时采用此法。用粘土、黑土或砂质粘土等电阻率较低的土壤代替原有电阻率高的土壤。置换范围是在接地体周围 0.5m 以内和接地体长的 1/3 处。

(2)接地体深埋:如地层深处土壤电阻率较低时,则可采用此方法。此法一般对含砂土壤比较有效,因为含砂土壤中的砂层一般都在表面层,在地层深处的土壤电阻率较低。接地体埋深深可以不考虑土壤冻结和干燥所增加的电阻率。

(3)人工处理:在其他方法不好采用或达不到必要的效果时,可采用人工处理的方法,即在接地体周围土壤中加入降阻剂,以降低土壤电阻率。如在接地周围土壤中加入煤渣、木炭、炭黑等或用氯化钙、食盐、硫酸铜、硫酸铁等溶液浸渍周围土壤。究竟采用哪一种材料来改善土壤电阻率要根据材料的来源及价格来比较决定。

(4)外引式接地:如接地体附近有导电良好的土壤及不冰冻的湖泊河流时可采用外引式接地。对于重要的装置至少要有两处相连,连接线一般采用扁钢或圆钢,在特别容易锈蚀的地区则应采用软铜线以免锈蚀。

## 7.3 电视系统

共用天线电视系统国际上称"Community Antenna Television",缩写为 CATV。CATV 是一种新兴的电视接收、传输、分配系统,是建筑弱电系统中应用最普遍的系统。

CATV 系统是 20 世纪 40 年代出现的一种电视接收系统,它是多台电视接收机共用一套天线的设备。公共天线将接收来的电视信号先经过适当处理(如放大、混合、频道变换等),然后由专用部件将信号合理地分配给各电视接收机。由于系统各部件之间采用了大量的同轴电缆作为信号传输线,因而 CATV 系统又叫做电缆电视系统或有线电视。由于通信技术的迅速发展,CATV 系统不但能接收电视塔发射的电视节目,还可以通过卫星地面站接收卫星传播的电视节目。有了 CATV 系统,电视图像就不会因高山或高层建筑的遮挡或反射出现重影或雪花干扰。人们通过 CATV 不但可以看高质量的电视节目,还可以利用这套设备来自己播放节目(如电视教学)以及从事传真通讯和各种信息的传递工作。由于电视接收机的普及和高层建筑的增多,CATV 系统已成为人们生活中不可缺少的服务设施。

## 7.3.1　系统组成

共用天线电视系统主要由接收天线及其信号源设备、前端设备、传输网络及用户分配终端组成,如图 7 - 14 所示。

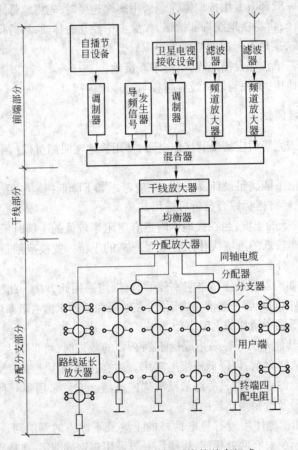

图 7 - 14　共用天线电视系统的基本组成

### 7.3.1.1　接收天线

接收天线为获得地面无线电视信号、调频广播电视信号和卫星电视信号而设立,对 C 波段微波和卫星信号大多采用抛物面天线;对 VGF、VHF 电视信号和调频信号大多采用引向天线(八木天线)。天线性能的高低对系统传送信号的质量起着重要的作用,因此常根据不同的接收频道、场强、接收环境以及 CATV 系统的设施规模而选用方向性强、增益高的天线,并将其架设在易于接收、干扰少、反射波少的高处。

#### A　引向天线

引向天线为共用天线电视系统中最常用的天线,它由辐射器(即有源振子或称馈电振子)、反向器和引向器组成。引向天线的所有振子互相平行并在同一平面上,结构如图 7 - 15 所示。

在有源振子前的若干个无源振子,统称为引向器。在有源振子后的一个无源振子,称为反射振子或反射器。引向器的作用是增大对前方电波的灵敏度,其数量愈多愈能提高增益。但数目也不宜过多,数目过多对天线增益的继续增大作用不大,反而会使天线通频带变窄、输入阻抗降低,造成匹配困难。反射器的功能是减弱来自天线后方的干扰波而提高前方的灵敏度。

引向天线具有结构简单、重量轻、架设容易、方向性好、增益高等优点,因此得到广泛的、大量的应用。引向天线可以做成单频的,也可以做成多频道或全频道的。

B 抛物面天线

抛物面天线是卫星电视广播地面站使用的设备,现在也有一些家庭使用小型抛物面天线。它一般由反射面、背架及馈源与支撑件三部分组成。它的结构如图 7-16 所示。

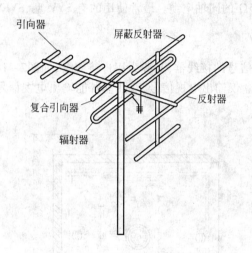
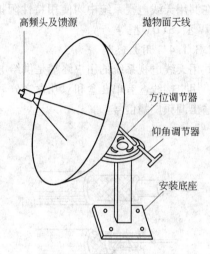

图 7-15　VHF引向天线结构　　　　图 7-16　抛物面天线的结构

卫星电视广播地面站用天线反射面板。天线反射面板一般分为两种形式,一种是板状面板,另一种是网状面板。对于 C 频段电视接收,两种形式都可满足要求。相同口径的抛物面天线,板状要比网状接收效果好。网状防风能力强。

7.3.1.2　前端设备

前端设备主要包括天线放大器、混合器、干线放大器等,是系统的心脏。天线放大器的作用是提高接收天线的输出电平和改善信噪比,以满足处于弱场强区和电视信号阴影区共用天线电视传输系统主干线放大器输入电平的要求。天线放大器有宽频带型和单频道型两种,通常安装在离接收天线 1.2m 左右的天线竖杆上。

干线放大器安装于干线上,主要用于干线信号电平放大,以补偿干线电平的损耗,增加信号的传输距离。干线放大器具有自动增益控制和自动斜率控制的性能。

混合器是将所接收的多路不同频道的信号混合在一起后合成一路输送出去而又不互相干扰的一种设备。使用它可以消除因不同天线接收同一信号而互相叠加所导致的重影现象。

7.3.1.3　传输分配网络

分配网络分为有源及无源两类。无源分配网络只有分配器、分支器和传输电缆等无源器件,可连接的用户较少。有源分配网络增加了线路放大器,因而其所连接的用户数可以增多。

分配器用于分配信号,可将一路信号等分成几路。常见的有二分配器、三分配器、四分配器。分配器的输出端不能开路或短路,否则会造成输入端严重失配,同时还会影响到其他输入端。

分支器用于把干线信号取出一部分送到支线里去,它与分配器配合使用可组成形形色色的传输分配网络。因在输入端加入信号时，主路输出端加上反向干扰信号，对主路输出无影响。所以分支器又称定向耦合器。

线路放大器是用于补偿传输过程中因用户增多、线路增长后信号损失的放大器，多采用全频道放大器。

在分配网络中各元件之间均用馈线连接，它是信号传输的通道，分为主干线、干线、分支线等。主干线接在前端与传输分配网络之间；干线用于分配网络中信号的传输；分支线用于分配网络与用户终端的连接。现在馈线一般采用同轴电缆。同轴电缆由一根作芯线的导线和外层屏蔽铜网组成，内外导体间填充绝缘材料，外包塑料套，其外形如图 7 - 17 所示。同轴电缆不能与有强电流的线路并行敷设，也不能靠近低频信号线路，如广播线和载波电话线。

在共用天线电视系统中均使用特性阻抗为 75Ω 的同轴电缆。最常使用的有 SYV 型、SYFV 型、SDV 型、SYDV 型等。

#### 7.3.1.4　用户终端

共用天线电视系统的用户终端是供给电视机信号的接线器，又称为用户接线盒，如图7 - 18 所示。用户接线盒有单孔盒和双孔盒之分。单孔盒仅输出电视信号，双孔盒既能输出电视信号又能输出调频广播信号。

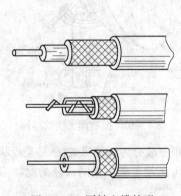

图 7 - 17　同轴电缆外形

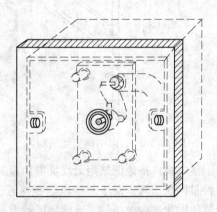

图 7 - 18　用户终端盒

### 7.3.2　共用天线电视系统工程图

7.3.2.1　共用天线电视系统常用图形符号

共用天线电视系统工程图绘制均应采用《电气用图形和文字符号》( GB 4728 )中所规定的图形符号。

7.3.2.2　共用天线电视系统工程图

共用天线电视系统工程图主要包括电视系统图、电视平面图、安装大样图及必要的文字说明。系统图、平面图是编制造价和施工的主要依据。

电视系统工程图中的设备一般以表的形式给出。

电视平面图一般包括屋顶共用天线平面图和楼层电视平面图。

屋顶电视共用平面图表示在建筑物顶层安装的天线及前端设备和线路平面位置。楼层电视平面图主要表示各楼层电视接收机(用户终端)的位置及线路走向位置等。

阅读电视共用天线平面图时，应结合系统图由顶层天线平面图往下层看。从天线至前端箱，了解其位置、安装尺寸和距地高度，引入并引下电缆的型号和穿管管材的管径。

### 7.3.3 系统安装

共用天线电视系统的安装主要包括天线安装、前端设备安装、线路敷设和系统防雷接地等。

#### 7.3.3.1 系统安装施工应具备的条件

施工单位必须持有系统安装施工的资质证;工程设计文件和施工图纸齐全,并经会审批准;施工人员应全面熟悉有关图纸和了解工程特点、施工方案、工艺要求、施工质量标准等。在施工之前应做好充分的施工准备工作:施工所需设备、器材准备齐全;预埋线管、支撑件及预留孔洞、沟、槽、基础等应符合设计要求;施工区域内应具备顺畅施工条件等。

#### 7.3.3.2 接收天线安装

**A 引向天线安装**

接收天线应按设计要求组装,并应平直牢固。天线竖杆基座应按设计要求安装,可用场强仪收测和用电视接收机收看,确定天线的最佳方位后,将天线固定。

天线的固定底座是由铸铁铸造加工而成的,它有4个地脚螺栓孔。安装时应在底座下面预制混凝土基座,混凝土基座应与混凝土屋面同时浇注,4个地脚螺栓宜与楼房的顶面钢筋焊接在一起,并与接地网接通。天线基座安装如图7-19所示。

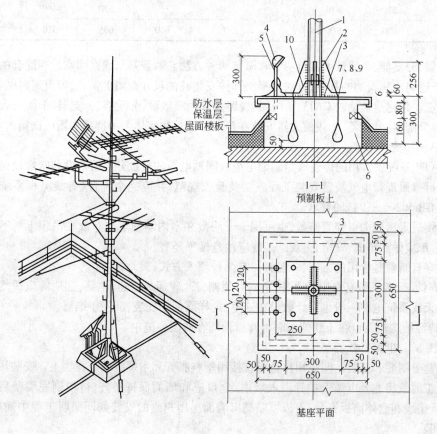

图7-19 天线基座安装

1—竖杆;2—肋板;3—底板;4—防水弯头;5—馈线管;6—混凝土基座;
7—地脚螺栓;8—螺帽;9—垫圈;10—接地引下线

天线应根据生产厂家及安装说明书,在地面组装好之后再安装于竖杆合适位置上。天线与地面应平行安装,其馈电端与阻抗匹配器、馈线电缆、天线放大器的连接应正确、牢固、接触良好。

　　B　抛物面天线安装

天线的安装是保证天线性能及稳定性的重要环节。天线安装顺序是先安装支架部分,再组装天线抛物面及馈源。最好将支撑架和天线组装在一起,并安装高频头,配制引下线。

### 7.3.3.3　前端设备安装

前端设备如频道放大器、衰减器、混合器、宽带放大器、电源和分配器等,多集中布置在一个铁箱内,俗称前端箱。前端箱一般分箱式、台式、柜式三种。箱式前端宜挂墙安装,明装于前置间内时,箱底距地 1.2m,暗装时为 1.2 ~ 1.5m;明装于走道等处时,箱底距地 1.5m,暗装时为 1.6m。各部尺寸见表 7 - 10。台式前端可以安装在前置间内的操作台桌面上,高度不宜小于 0.8m,且应牢固。柜式前端宜落地安装在混凝土基础上面,如同落地式动力配电箱的安装。

表 7 - 10　前端箱安装各部尺寸　　　　　　　　单位:mm

| 前端箱型号 | 明(暗)箱外形尺寸 | | | 安装孔尺寸 | | 暗箱留洞尺寸 | | |
| --- | --- | --- | --- | --- | --- | --- | --- | --- |
| | L | H | C | A | B | 宽 | 高 | 深 |
| I | 370 | 670 | 140 (240) | 250 | 530 | 380 | 680 | 140 (240) |
| II | 520 | 470 | | 380 | 330 | 530 | 480 | |
| III | 600 | 800 | | 460 | 600 | 605 | 810 | |

分配器、分支器、干线放大器分明装和暗装两种方法。明装是与线路明敷设相配套的安装方式,多用于已完成建筑物的补装,方法是根据部件安装孔的尺寸在墙上钻孔,埋设塑料胀管,再用木螺钉固定。新建建筑物的 CATV 系统,其线路多采用暗敷设,分配器、分支器、干线放大器亦应暗装,即将分配器、分支器、干线放大器安装在预埋于建筑物墙体内的特制木箱或铁箱内。

### 7.3.3.4　线路敷设

在 CATV 系统中常用的传输线是同轴电缆。同轴电缆的敷设分为明敷设和暗敷设两种。其敷设方法可参照现行电气装置安装工程施工及验收规范,并应完全符合《有线电视系统工程技术规范》(GB 50200— 94)的要求。

用户线进入房屋内可穿管暗敷,也可用卡子明敷在室内墙壁上或布放在吊顶上。不论采用何种方式,都应做到牢固、安全、美观。走线应注意横平竖直。

线路穿管暗敷是常用的方法,一般管路有两种埋入方式。

(1)宾馆、饭店一般有专用管道井,室内有顶棚,冷、暖通风管道,电话、照明等电缆均设置其中。共用天线系统电缆一般也设计敷设在这里,这样既便于安装,又便于维修。

(2)砖混结构建筑可在土建施工时将管道预埋在砖层夹缝中。

### 7.3.3.5　用户盒安装

用户盒分明装和暗装。明装用户盒可直接用塑料胀管和木螺钉固定在墙上。安装用户盒应在土建施工时就将盒及电缆保护管埋入墙内,盒口应和墙面保持平齐,待粉刷完墙壁后再穿电缆,并进行接线和盒体面板安装,面板可略高出墙面。用户盒的安装如同照明工程中插座盒、开关盒的安装。

### 7.3.3.6　系统供电

共用天线电视系统采用 50Hz、220V 电源做系统工作电源。工作电源宜从最近的照明配电箱直接分回路引入电视系统供电,但前端箱与交流配电箱的距离一般不小于 1.5m。

### 7.3.3.7 防雷接地

电视天线防雷与建筑物防雷采用一组接地安装,接地安装做成环状,接地引下线不少于2根。从户外进入建筑物的电缆和线路,其吊挂钢索、金属导体、金属保护管均应在建筑物引入口处就近与建筑物防雷引下线相连。在建筑物屋顶面上不得明敷设天线馈线或电缆,也不能利用建筑的避雷带做支架敷设。

### 7.3.3.8 系统调试与验收

为了使 CATV 系统能够得到更好的接收效果,必须在安装完毕后对全系统进行认真的调试。系统调试包括以下内容:天线系统调整、前端设备调试、干线系统调试、分配系统调试、验收。

# 8 建筑施工测量

## 8.1 施工测量基本知识

### 8.1.1 概述

施工测量是根据建(构)筑物设计图纸,算出建(构)筑物各特征点与其附近的测量控制点之间的距离、角度和高差等测设(放样)数据,再根据地面控制点按测设数据将建(构)筑物特征点的平面位置和高程在实地标定出来,为施工提供依据的一项工作。

为了保证测设精度,施工测量必须遵循"由整体到局部、由控制到细部、由高级到低级"的原则进行,即应首先在整个施工区内以较高的精度进行施工控制测量,建立由覆盖全区的控制点组成的施工控制网,再根据这些控制点以较低的精度测设各建(构)筑物的特征点。

由于测量误差不可避免,在各项测量中,必须采用适当的测量仪器和测量方法,遵守国家或施工主管部门制定的技术法规(规范、规定等),使各项误差在规定的允许范围内。施工测量所使用的仪器、工具必须事先进行严格的检验校正,必要时在测量中还应定期校正。

进行施工测量前,还应做好下列准备工作:

(1)了解设计图纸中建筑物与相邻地物的相互关系以及建筑物的尺寸和施工要求等,对设计图上的有关尺寸应仔细核对,以免测量时出现差错。

(2)现场踏勘,了解现场地物、地貌以及原有测量控制点的分布情况并调查与施工测量有关的问题。对场地内的原有控制点应进行检测,以保证所采用的点的正确性。

(3)制定施工测量方案,包括施工控制测量方案和建筑物测设方案。

(4)准备测设数据,除计算测设点时所需的水平角、水平距离和高程外,还应根据下列图纸查取相关数据:

1)面图上查取或计算设计建筑物与原有建筑物或测量控制之间的平面尺寸和高差。

2)从建筑平面图上查取建筑物的总尺寸和内部各定位轴线之间的关系尺寸。

3)从基础平面图上查取基础边线与定位轴线的平面尺寸以及基础布置与基础剖面位置的关系。

4)从基础详图中查取基础的立面尺寸、设计标高以及基础边线与定位轴线的尺寸关系。

5)从建筑物立面图和剖面图上查取基础、地坪、门窗、楼板、屋架和屋面等的设计高程。

### 8.1.2 基本测设工作

测设一个基本细部点所必须进行的测设工作称为基本测设工作,即测设已知水平角、测设已知水平距离和测设已知高程。其中,前二者的目的在于测设点的平面位置,后者是确定点的设计标高。

三项基本测设工作均应在控制测量的基础上进行。水平角测设必须以两个控制点的连线作为起始方向;水平距离测设必须以一个控制点为起点并沿已设定的方向测设;高程测设必须以已知高程点为依据。

### 8.1.2.1 测设一般水平角

**A 一般方法**

当测设精度要求不高时,可采用此法。测设时,如图 8 - 1 所示,将经纬仪安置于已知点 $A$,对中、整平,用盘左照准已知点 $B$ 并设置水平度盘读数为 $0°00'00''$。转动照准部,使水平角度盘读数为欲测设角值 $\beta$,根据望远镜视线在前方地面上定出 $C'$ 点。再用仪器的盘右位置,同法测设 $\beta$ 角,在前方地面上定出 $C''$ 点。由于测量误差不可避免,$C'$ 与 $C''$ 一般均不重合,可取 $C'C''$ 的中点 $C$,以 $AC$ 方向作为测设结果。

**B 精密方法**

当测设精度要求较高时,应采用此法。测设时,如图 8 - 2 所示,先用一般方法测设出 $AC$ 方向。再对 $\angle BAC$ 检测若干测回,若干测回角值差在 $12''$($DJ_2$ 经纬仪)或 $24''$($DJ_6$ 经纬仪)之内,取各测回角值的平均值作为最后结果。若该角值不为 $\beta$ 而为 $\beta'$,其误差为 $\Delta\beta = \beta - \beta'$,根据 $\Delta\beta$ 按下式求得 $AC$ 方向调整的垂距 $C'C_0$。

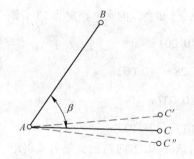

图 8 - 1 一般方法测设一般水平角

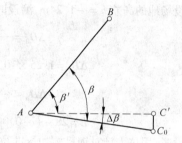

图 8 - 2 精密方法测设一般水平角

$$C_0 = AC'\frac{\Delta\beta}{\rho} \tag{8-1}$$

式中,$\rho = 206265''$,$\Delta\beta$ 以($''$)为单位。调整时,应根据 $\Delta\beta$ 的正、负决定 $C_0$ 点应向外还是向内调整。调整后,$AC_0$ 方向即为精密的测设结果。

### 8.1.2.2 测设已知水平距离

**A 用钢尺测设**

**a 一般方法**

测设时使用普通钢尺,用钢尺量距的一般方法丈量欲测设的水平距离并定出终点。同法再测设一次,若两次测设的终点间距不大于所测设距离的 1/5000 ~ 1/3000,说明测设合格,取两终点的平均位置作为测设的结果。否则,应重测。

**b 精密方法**

此法所使用的钢尺应事先经过检定,求得其尺长方程式。测设时,应先用钢尺由已知起点 $A$ 沿设定方向 $AC$ 丈量欲测设的长度,并在终点 $B$ 钉入木桩(如图 8 - 3 所示)。再用水准仪测量起点标志与终点木桩顶的高差 $h$,并测定现场大气温度 $t$,至此,即可将欲测设的实际平距 $D$ 换算成在实地精度测设所需的名义斜

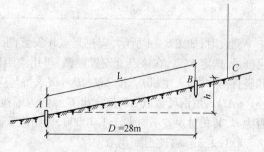

图 8 - 3 精密方法测设已知水平距离

距 $L$ :

$$L = D - \Delta D_d - \Delta D_t - \Delta D_h \qquad (8-2)$$

式中, $\Delta D_d$ 为尺长改正数; $\Delta D_t$ 为温度改正数; $\Delta D_h$ 为倾斜改正数。$\Delta D_d$ 、$\Delta D_t$ 均应按钢尺尺长方程式计算。尺长方程式为 $L_t = L_0 + \Delta L + \alpha(t - t_0)L_0$ ,式中, $L_t$ 为温度等于 $t$ 时钢尺的实际长度; $L_0$ 为钢尺的名义长度; $\Delta L$ 为钢尺在标准温度 $t_0$ (通常取20℃)、标准拉力(30m钢尺100N、50m钢尺150N)下钢尺全长的尺长改正数; $\alpha$ 为钢尺线膨胀系数,通常取 $1.25 \times 10^{-5} m/(m \cdot ℃)$ ; $t$ 为丈量时的温度。三改正数的计算公式为:

$$\left.\begin{array}{ll} 尺长改正数 & \Delta D_d = \dfrac{\Delta L}{L_0} \cdot D \\[2mm] 温度改正数 & \Delta D_t = \alpha(t - t_0)D \\[2mm] 倾斜改正数 & \Delta D_h = -\dfrac{h^2}{2} \cdot D \end{array}\right\} \qquad (8-3)$$

例如,设某测设任务使用钢尺的尺长方程式为:

$$L_t = 30 - 0.004 + 1.25 \times 10^{-5}(t - 20℃) \times 30m$$

测设场地的高差 $h = -1.24m$ ,测设时的气温为15℃,已知测设的水平距离为28m,则

$$\Delta D_d = \frac{-0.004}{30} \times 28 \approx -0.004m$$

$$\Delta D_t = 1.25 \times 10^{-5} \times (15 - 20) \times 28 = -0.002m$$

$$\Delta D_h = -\frac{(-1.24)^2}{2 \times 28} = -0.027m$$

$$L = 28 - (-0.004 - 0.002 - 0.027) = 28.033m$$

测设时,用拉力计对钢尺施加标准拉力,从起点 $A$ 沿地面 $AC$ 方向精确丈量名义斜距 $L$ ,在 $B$ 点木桩顶定出待定点 $B$ 的精确位置。为了检核,次项操作应重复进行,若相对误差不大于1/10000,可取 $B$ 点两次位置的中点作为测设结果。否则,应当重测。

　　B　用光电测距仪测设

用光电测距仪测设水平距离有快速简捷的优点。由于施工测量中,从控制点到待定点之间的距离都较短,故测设应选用短程(测程在3km内)测距仪。测距仪的精度按1km测距中误差分为三级(见表8-1),测设时应按测设的精度要求选用相应等级的测距仪。

表8-1　测距仪的精度分级

| 测距中误差/mm | 测距仪精度等级 |
|---|---|
| <5 | Ⅰ |
| 5~10 | Ⅱ |
| 11~20 | Ⅲ |

测设时,如图8-4所示,应在起点 $A$ 安置测距仪,沿设定方向按所测设的水平距离 $D$ ,用钢尺概量,选定 $C'$ 点,在该点上安置棱镜,再用测距仪测量 $AC'$ 的平距 $D'$ (观测时应测定气温、气压和竖直角,并输入主机)。按 $\Delta D = D - D'$ 求得与应测距离的差值,再沿 $AC'$ 方向向内 $(-\Delta D)$ 或向外 $(+\Delta D)$ ,用钢尺量取 $\Delta D$ 值定出 $C$ 点。为了检核,应将棱镜移至 $C$ 点,检测 $AC$ 的水平距离是否为 $D$ ,其相对误差不应大于1/10000,否则应重测。

### 8.1.2.3　测设已知高程

此项测设的目的在于在实地标定某点的设计标高位置,例如测设建筑物室内地坪高程(即

正负零高程)或测设基槽开挖中的水平桩等。

测设高程应根据已知高程的水准点用水准测量方法进行。如图 8－5 所示,欲测设高程为 $H_设$ 的 $B$ 点标高位置,应在已知高程点 $A$ 与待测点 $B$ 之间安置水准仪,后视 $A$ 点标尺,读后视读数 $a$,按 $H_i = H_A + a$ 求得仪器视线高程,则 $B$ 点标尺置于 $H_设$ 高程处的前视读数应为:

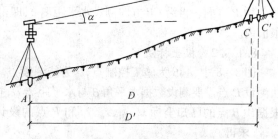

图 8－4　用光电测距仪测设已知水平距离

$$B_应 = H_i - H_设 \qquad (8-4)$$

据此,将标尺沿 $B$ 点木桩一侧上下移动,直至水准仪水平视线在标尺上的读数正好等于 $B_应$ 时为止,用红笔沿尺底在木桩侧面画出的红线即为高程为 $H_设$ 的标高位置。为了检核,应改变仪器高度 $10 \sim 20\text{cm}$,重复测设一次,所得两个 $B$ 点标高位置的差值若在限值以内,取其平均位置作为测设结果,否则应当重测。

若欲测设在较深的基坑内高程为 $H_B$ 的待定点 $B$(如图 8－6 所示),可在基坑边立一标杆并悬挂钢尺,在钢尺零端处吊一重锤,使钢尺吊直稳定。测设时,先使水准仪后视已知点 $A$ 的标尺,读后视读数 $a$,再上下移动前视钢尺,使前视钢尺读数正好为 $b = (H_A + a) - H_B$,则钢尺零刻线处即为所测设的 $B$ 点的标高位置。

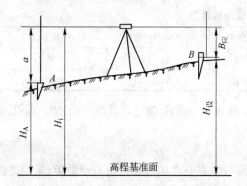

图 8－5　水准测量方法测设已知高程

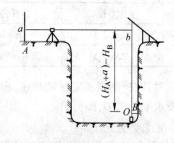

图 8－6　水准测量法测设基坑高程

若需向建筑物上部传递高程,可选择合适的柱子、墙面或楼梯口,先在底层测设一已知高程线,再用钢尺垂直向上量取该线高程与测设高程的差值,即得拟测设高程的标高位置。

### 8.1.3　点的平面位置的测设方法

#### 8.1.3.1　直角坐标法

当建筑场地的施工平面控制网为建筑基线或建筑方格网时,使用此法比较方便。

如图 8－7 所示,$O$、$B$ 为建筑基线或建筑方格网的两点,$P$ 为待测设点。由于基线和方格网在布置时均与建筑物轴线平行,且建筑坐标系的坐标轴也与建筑物轴线平行,故根据基线点或方格网点及待测点 $P$ 的设计坐标,可很方便地按 $O$、$P$ 两点的坐标

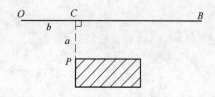

图 8－7　直角坐标法测设点的平面位置

差求得距离 $a$ 与 $b$，这便是直角坐标法的测设数据。

测设时先沿 $OB$ 方向根据 $O$ 点测设水平距离 $b$，得 $C$ 点。在 $C$ 点根据 $CB$ 方向测设 90°水平角，得 $CP$ 方向。再沿 $CP$ 方向测设水平距离 $a$，即得 $P$ 点。测设中，各项测量误差均应在规定的限值内。

### 8.1.3.2　极坐标法

图 8 - 8 中，$A$、$B$ 为施工控制点，$P$ 为待测设点。用本法测设 $P$ 点需要测设数据水平角 $\beta$ 与水平距离 $D$，它们可根据 $A$、$B$ 点的已知坐标 $x_A$、$y_A$、$x_B$、$y_B$ 和 $P$ 点的设计坐标 $x_P$、$y_P$ 求得。

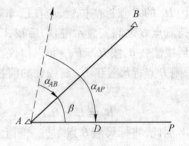

$$D = \sqrt{(x_P - x_A)^2 + (y_P - y_A)^2} \qquad (8-5)$$

$$\beta = \alpha_{AP} - \alpha_{AB} \qquad (8-6)$$

式中：

$$\alpha_{AP} = \arctan \frac{y_P - y_A}{x_P - x_A} \qquad (8-7)$$

图 8 - 8　极坐标法测设点的平面位置

$$\alpha_{AB} = \arctan \frac{y_B - y_A}{x_B - x_A} \qquad (8-8)$$

计算中应注意，按式(8 - 7)、式(8 - 8)求得的是小于 90°的象限角 $R$，还应根据纵坐标差 $\Delta x$ 和横坐标差 $\Delta y$ 的正负判断直线所在象限，再按表 8 - 2 所列公式换算成坐标方位角 $\alpha$。

**表 8 - 2　坐标方位角换算表**

| 象限 | 坐标差特征 | 换算公式 | 象限 | 坐标差特征 | 换算公式 |
| --- | --- | --- | --- | --- | --- |
| I | $+\Delta x$、$+\Delta y$ | $\alpha = R$ | I | $-\Delta x$、$-\Delta y$ | $\alpha = 180° + R$ |
| II | $-\Delta x$、$+\Delta y$ | $\alpha = 180° - R$ | II | $+\Delta x$、$-\Delta y$ | $\alpha = 360° - R$ |

测设时，在控制点 $A$ 安置经纬仪，根据 $AB$ 方向，测设水平角 $\beta$，确定 $P$ 点的方向 $AP$。再沿 $AP$ 方向测设水平距离 $D$，即得 $P$ 点。

### A　角度交会法

图 8 - 9 中，$A$、$B$ 为控制点，$P$ 为待测点。若 $P$ 点与 $A$、$B$ 点之间有障碍物不便量距，采用此法比较方便。

测设前应先计算测设数据水平角 $\alpha$ 与 $\beta$，再到现场用经纬仪在 $A$ 点测设水平角 $\alpha$，在 $AP$ 方向线上用经纬仪指挥定 $a'$、$a''$两点，在 $B$ 点测设水平角 $\beta$，在 $BP$ 方向线上定 $b'$、$b''$两点，$a'a''$、$b'b''$ 的交点即为 $P$ 点。

### B　距离交会法

图 8 - 10 中，$A$、$B$ 为控制点，$P$ 为待测点。当 $P$ 点与 $A$、$B$ 点的距离在钢尺一尺段范围内时，

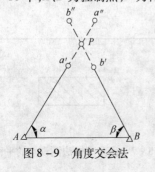

图 8 - 9　角度交会法

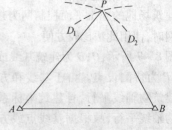

图 8 - 10　距离交会法

适用此法。

测设前先按 $A$、$B$、$P$ 点的坐标采用类似式（8－5）的方法计算测设数据水平距离 $D_1$ 和 $D_2$，再到现场在 $A$ 点用钢尺量出水平距离 $D_1$，同时在 $B$ 点量出水平距离 $D_2$。两钢尺起点分别对准 $A$ 和 $B$，另一端相对移动，至两距离相交即得 $P$ 点。

## 8.2　民用建筑施工测量

民用建筑施工测量一般包括定位测量、龙门板或轴线控制桩的设置、基础施工测量和整体施工砌筑施工测量等项工作。

### 8.2.1　定位测量

民用建筑定位测量，就是要根据设计要求将建筑物四廓的轴线桩（简称角桩）测设到实地作为基础放样和细部放样的依据。定位方法主要有三种。

A　根据与原有建筑物的关系定位

如图 8－11 所示，设拟建的 B 楼与相邻原有 A 楼的相关条件是：B 楼西墙面与 A 楼东墙面间隔 14m，B 楼南墙面与 A 楼齐平。测设时首先用钢尺沿着 A 楼的东、西墙，延长出一小段距离 $l$ 得 $a$、$b$ 两点，用小木桩标定之。将经纬仪安置在 $a$ 点，瞄准 $b$ 点，并沿 $ab$ 方向从 $b$ 点量出

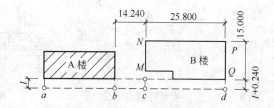

图 8－11　根据与原有建筑物的关系定位

14.240m 得 $c$ 点（因 B 楼的外墙厚 37cm，轴线偏里，离外墙皮 24cm），继续沿 $ab$ 方向从 $c$ 点量出 B 楼设计长度 25.800m 得 $d$ 点。然后将经纬仪分别安置在 $c$、$d$ 两点上，后视 $a$ 点并转 90°沿视线方向量出距离 $l+0.240$m，得 $M$、$Q$ 两点，再继续量出 B 楼设计宽度 15.000m 得 $N$、$P$ 两点，打入木桩并在桩顶钉入小钉作为标点。$M$、$N$、$P$、$Q$ 四点即为 B 楼外廓定位轴线的交点。最后检查 $N$、$P$ 距离是否等于 25.800m，$\angle N$ 和 $\angle P$ 是否等于 90°。其误差应不超过规定限制（通常为 1/5000 和 ±1′），否则应检查重测。

B　根据建筑基线或建筑方格网定位

大、中型民用建筑施工现场常布设建筑方格网或建筑基线作为平面控制网。此时，可依据拟建建筑物与其邻近的建筑方格网或建筑基线的相互位置进行定位测设。如图 8－12 所示，根据建筑物轴线点 1、2、3、4 与建筑方格网边 Ⅰ、Ⅱ 的相关数据，即可按直角坐标法将这些点测设出来。测设后检测 34 边水平距离是否为 30m，$\angle 3$、$\angle 4$ 是否为 90°，误差通常应分别在 1/5000 和 ±1′ 以内。

C　根据测量控制点定位

如图 8－13 所示，1、2、3、4、5 为已知导线点，$A$、

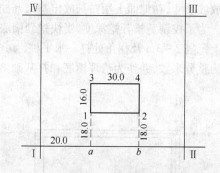

图 8－12　根据建筑基线后建筑方格网定位

$B$、$C$、$D$ 为拟建建筑物的定位轴线点。如前所述，根据控制点和待定点在同一测量坐标系的坐标值即可计算测设点位所需的测设数据。如图中测设 $A$、$B$ 两点的测设数据分别为 $\beta_1$、$D_1$ 和 $\beta_2$、$D_2$。据此，即可按极坐标法测设 $A$、$B$ 两点。同法，也可测设 $C$、$D$ 点。最后再检测所定轴线各边长和各夹角是否为设计数据，其误差通常应分别在 1/5000 和 ±1′ 以内。

### 8.2.2　龙门板或轴线控制桩的设置

当基槽开挖后,所测设的轴线交点桩将被挖掉,为便于随时恢复点位,应把轴线延长到安全地点,并做好标志。延长轴线的方法有龙门板法和轴线控制桩法。

龙门板法适用于小型民用建筑,一般是在基槽开挖线以外 1.5～2m 处钉设龙门桩(如图 8 - 14 所示)。用水准仪测设 ±0 高程于龙门桩上,使龙门板顶面与 ±0 标高一致,并钉在龙门桩上。再用经纬仪安于 M、N、P、Q 点,将轴线方向投测于龙门板上,钉小钉做标志。在相邻小钉间拉以线绳即可随时恢复轴线。

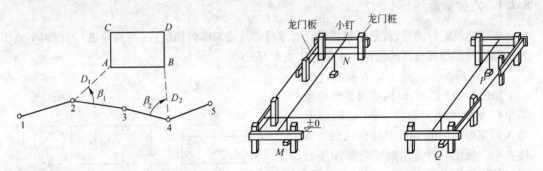

图 8 - 13　根据测量控制点定位　　　　　　图 8 - 14　龙门板或轴线控制桩的设置

为了节约木材,方便使用,目前常用轴线控制桩(又称引桩)来代替龙门板。轴线控制桩应设在轴线延长线上,并在基槽开挖边界线 2～4m 以外(最好距基槽开挖线大于楼高),如图 8 - 15 中 1、2、…、15、16 各点轴线延长线应用经纬仪测设。附近若有已建的建筑物,也可用经纬仪将轴线投测在建筑物的墙上。恢复轴线时,只要将经纬仪安置在某轴线一端的控制桩上,瞄准另一端的控制桩,该轴线即可恢复。

### 8.2.3　基础施工测量

基础开挖前根据轴线控制桩(或龙门板)所确定的轴线位置和基础宽度,并顾及到基础边坡的放坡尺寸,在地面上用白灰放出基础开挖线。

为了控制基槽开挖深度,当快挖到槽底设计标高时,可用水准仪根据地面 ±0 水准点在基槽壁上每隔 2～3m 及拐角处打一水平桩,如图 8 - 16 所示。测设时应使桩的上表面离槽底设计标高为整分米数,并作为清理槽底和打基础垫层控制高程的依据。

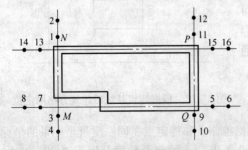

图 8 - 15　轴线控制桩代替龙门板

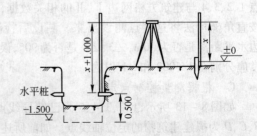

图 8 - 16　控制基槽开挖深度

为了控制砌筑基础及墙体的标高和砖层的水平,一般应在建筑物拐角和隔墙处设立皮数杆

（亦称线杆），如图 8 - 17(a)所示。根据建筑物剖面及各构件的标高、尺寸,在皮数杆上画出砖的皮数以及门窗、过梁、预留孔等位置尺寸,并标明 ±0 线和防潮层的标高位置。基础皮数杆是从 ±0 线向下注记的,如图 8 - 17(b)所示。立皮数杆时,可先在立杆处打一木桩,用水准仪测设出 ±0 的位置,然后把皮数杆 ±0 与木桩的 ±0 对齐、钉牢。皮数杆立好后要用水准仪进行检测。

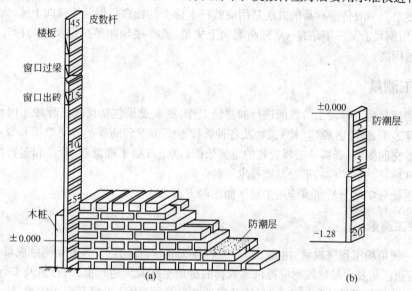

图 8 - 17 设立皮数杆控制砌筑基础及墙体的标高

### 8.2.4 墙体砌筑中的测量工作

基础砌到防潮层以后要把楼房第一层的墙中心线和墙边线用墨线弹到防潮层面上并把这些线延伸到基础墙的侧面上,同时放出门、窗和其他洞口的边线位置,这些线也要画到基础墙的侧面上。墙身立面仍用皮数杆来控制。

墙体砌筑的测量,主要包括轴线投测和标高传递两项工作。

**A 轴线投测**

基础施工完成后,应根据轴线控制桩将各轴线投测到基础墙的侧面,为轴线向各层楼面投测提供依据。常用的轴线投测方法有吊线法和引桩法。

**a 吊线法**

吊线法就是用垂球投设轴线的方法。具体做法是:吊垂球,使垂球尖对准基础墙侧面已作出的轴线标志,当垂球静止不动时,依垂球的位置为准在上一层楼面边缘上作标记,并将轴线位置逐层传递上去。同时还可用垂球线来检查墙角线是否是铅垂线。因为墙角线很关键,一般每砌四、五皮砖就要吊一次(俗称吊脉),以确保墙角线的铅直。

**b 引桩法**

当建筑物较高(超过 2 层)或外界干扰大、垂球摆动,不易准确投测轴线时,应用引桩法作业。引桩法是用经纬仪来投测轴线的方法。

将经纬仪安置在轴线一端的控制桩上,对中、整平,盘左转动望远镜瞄准墙底已弹出的轴线标志,固定经纬仪照准部,在竖直方向仰起望远镜,在楼板边缘上标出一点。同法,用盘右再投测一次,又标出一点。取盘左、盘右所标两点的中点,作为投测的最后结果。同法在投测另一端轴线点。两端投测点的连线即为所投测的轴线。当轴线投测到楼板或柱顶后,要用钢尺实量各轴线的长度作校核。为了防止仰角过大、投测不方便,经纬仪离建筑物的水平距离一定要大于建筑物的高度。

　　B　标高传递

多层建筑施工中经常要由下层向上层传递标高,以便使楼板、门窗口和内装修等工程的标高符合设计要求。一般传递标高的方法是用皮数杆上标明的标高一层层连续向上传。当精度要求较高时,可用钢尺沿某一墙角自 ±0 标高起向上丈量,或在楼梯间吊挂钢尺作为标尺,用水准仪测量来传递标高。

## 8.3　竣工测量

竣工测量是为工程竣工验收所进行的测量工作,测量成果包括反映工程竣工时地形现状的地形图以及地上、地下各种建(构)筑物及各种管线平面位置和高程的各类数据和专业图等。竣工测量所提交的图纸、资料是工程验收的重要依据,也是日后工程维修、管理和运行的重要技术档案,还是以后改建、扩建的重要基础技术资料。

竣工测量分实地测量和编绘竣工总平面图两方面工作。

### 8.3.1　竣工测量

在每一项单项工程完成后,由施工单位进行竣工测量,提出以下各方面测量成果:

(1)工业厂房及一般建筑物应提供建筑物的房角坐标及周边长度,人行道及车行道入口、各种管线进出口的位置尺寸和标高,房屋四角室外的标高,并附注厂房及房屋的编号、名称、结构、层数、面积和竣工时间等资料。

(2)厂区铁路应提供铁路起止点、转折点、交叉点和道岔中心的坐标,曲线元素与道岔要素,桥涵等构筑物的位置、标高、尺寸,按里程桩每隔50m轨顶和路基的标高等。

(3)厂区道路应提供道路起止点、转折点、交叉点的坐标,曲线元素,路面、人行道、绿化带界线和构筑物的位置尺寸与标高等。

(4)地下管网应提供检修井、转折点和三通的坐标,井旁地面、井盖、井底、沟槽和管顶等处的标高,并附注管道及检修井的编号、名称、管径、管材、间距、坡度和流向。

(5)架空管网应提供管道起止点、转折点、交叉点的坐标,支架间距及支架旁地面标高,基础面标高,管座、最高和最低电线至地面的高度并注明电压方向。

### 8.3.2　竣工总平面图的编绘

编绘竣工总平面图时需掌握的资料是:设计总平面图、系统工程平面图、纵横断面图及变更设计的资料、施工放样资料、施工检查测量及竣工测量资料。

编绘时,先在图纸上绘制坐标格网,再将设计总平面图上的图面内容按其设计坐标用铅笔展绘在图纸上,以此作为底图,并在图上将设计数据用红色数字表示。每项工程竣工后,根据竣工测量成果用黑色将工程的实际形状绘出,并将其坐标和标高注在图上。于是黑色与红色数字之差,即为施工与设计之差。随着施工的进展,逐步在底图上将铅笔线都绘成黑色线。经过整饰与清绘,即成为完整的竣工总平面图。

当厂区地上和地下所有建筑物、构筑物都绘在一张竣工总平面图上时,若线条过于密集,可采用分类编图,如综合竣工总平面图、交通运输竣工总平面图、管线竣工总平面图等。竣工总平面图的比例尺应根据工程的规模大小和密集程度而定,一般在厂区内和城市中小地区采用1:500或1:1000,厂区外和城郊采用1:1000、1:2000或1:5000。

# 附 录

## 附录 A  施工实训教学大纲

### A.1  实训目的和任务

施工实训是本专业实践性教学的重要环节,通过建筑工程主要工艺操作实训和施工现场参观等,使学生达到以下实训目的:

(1)初步掌握 3 个左右主要工种的操作技能和质量要求;

(2)熟悉这些工种的工艺过程;

(3)了解建筑施工技术课程的部分内容,为以后学习专业课奠定基础。

### A.2  实训内容

A.2.1  砌筑工程

A.2.1.1  内容

(1)砖墙、柱体常见形式的组砌;

(2)模拟砌筑带窗、带门(含过梁)、有隔墙的三间平房的砖墙;

(3)质量检查。

A.2.1.2  要求

初步掌握砖石工程的砌筑方法,学会使用瓦工工具,明确施工中各项要求和质量标准。

A.2.2  模板工程

A.2.2.1  内容

(1)肋形楼盖模板的安装与拆除;

(2)柱模的安装与拆除;

(3)有条件时,可增加板式楼梯的模板安装与拆除;

(4)质量检查。

A.2.2.2  要求

初步掌握组合小钢模或定型模板安装与拆除的操作要领,明确施工中各项要求和质量标准,了解木作的操作要领。

A.2.3  钢筋工程

A.2.3.1  内容

(1)钢筋下料、成型工作;

(2)进行梁板结构钢筋的绑扎、安装;

(3)进行楼梯结构钢筋的绑扎、安装;

(4)进行钢筋的电弧焊、对焊、电渣压力焊、点焊、气焊等焊接操作;

(5)质量检查。

A.2.3.2  要求:

初步掌握钢筋下料、成型、绑扎、安装的操作要领,初步掌握钢筋对焊、电弧焊接的工艺过程和操作要领,明确施工中各项要求和质量标准。

A.2.4  卫生工程

A.2.4.1  内容

(1)钢管下料;

(2)管螺纹加工;

(3)管道和阀门安装;

(4)管道支、吊架安装;

(5)水泵或卫生器具安装。

A.2.4.2　要求

初步掌握钢管下料、安装的操作要领,明确施工中各项要求和质量标准。

A.2.5　电气工程

A.2.5.1　内容

(1)安装;

(2)盘、板安装;

(3)照明器具及配电箱的接地(接零)支线敷设;

(4)避雷针(网)及接地装置的安装。

A.2.5.2　要求:

初步掌握器具、配电箱安装的操作要领,初步掌握照明器具及配电箱的接地(接零)支线敷设和避雷针(网)及接地装置的安装工艺过程和操作要领,明确施工中各项要求和质量标准。

A.2.6　装饰工程

A.2.6.1　内容:

(1)抹灰;

(2)灰饼、冲筋;

(3)打底;

(4)罩面。

A.2.6.2　要求:

初步掌握抹灰动作与灰饼、冲筋的操作要领,初步掌握打底和罩面的工艺过程和操作要领,明确施工中各项要求和质量标准。

另外,在校内实训基地实训时,应辅之以工地教学与参观;在工地实训时,根据实际情况,可选择参加不少于两个主要工种的生产劳动。应尽量利用校内实训基地,以保证施工实训的有效实施。具体操作参考本书正文内容。

A.3　实训时间

周数:5周

| 内　　容 | 天　数 |
| --- | --- |
| 准备工作:动员、教育、做方案及相关计算 | 4 |
| 现场教学与参观,辅导课与录像 | 1 |
| 砌筑工程 | 5 |
| 钢筋工程 | 5 |
| 模板工程 | 5 |
| 电气工程 | 4 |
| 卫生工程 | 4 |
| 装饰工程 | 4 |
| 写实训报告 | 1 |

### A.4 实训方式和安排

第一周统一进行实训准备工作:动员、教育、做方案及相关计算。之后一半学生在校内实训基地实训,另一半去校外建筑施工现场实训,两周后轮换。在校内实训基地应完成 2~3 个工种的实训。

### A.5 考核内容和方式

实训成绩按五级分制,成绩可由以下 5 个部分组成:

(1)各工种的操作成绩;

(2)实训日记成绩;

(3)实训报告成绩;

(4)答辩成绩;

(5)实训表现成绩,包括实训态度、劳动表现、出勤、遵守安全制度等。

其中,(1)项主要依据的是各工种工艺师傅对学生在该工种实训期间掌握工艺操作要领和技能的评定;(5)项由学生班组评定;(2)~(4)项成绩由指导教师综合评定。

# 附录 B　实训任务书

施工实训的主要内容与基本要求如下：

## B.1　砌筑工程

试对图 B-1 进行——

（1）施工预算（高 2.7m）；

（2）砂浆配比（M5 混合砂浆）；

（3）选择组砌方式以及砌筑方法；

（4）选择砌筑工具制作皮数杆并进行环境布置；

（5）确定窗洞口是否需移动；

（6）确定质量标准及其质检、检测仪器和工具；

（7）放线；

（8）砍砖、摆脚、挂线砌筑。

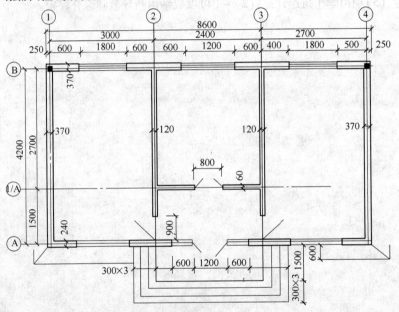

图 B-1

## B.2　钢筋工程

试对图 B-2 进行——

（1）施工预算（房高 2.7m）；

（2）下料；

（3）画线、弯曲；

（4）绑扎；

（5）安装；

（6）确定质量标准及其质检、检测仪器和工具。

## B.3　模板工程

试对图 B-3 进行——

（1）配板（框架层高 2700，板厚 100）；

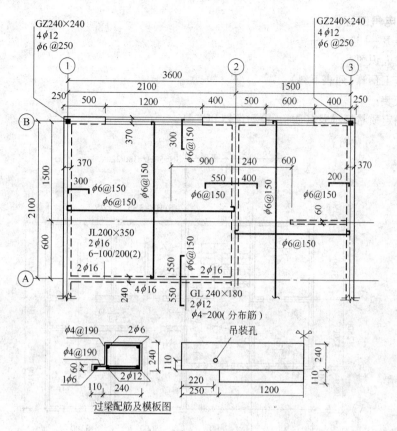

图 B - 2

（2）安装：支撑制作、确定局部木模及安装、确定保证刚度等措施、画出安装图、安装；

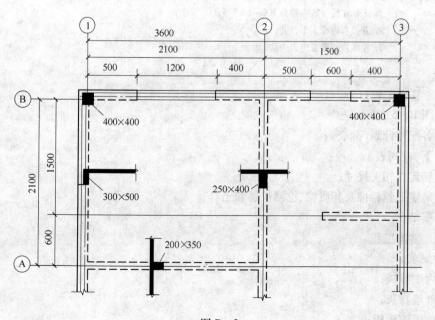

图 B - 3

### B. 4　电气工程

试对图 B - 4 进行——

(1) 放大识图；

(2) 施工预算(列表下料)；

(3) 安装；

(4) 确定质量标准及其质检、检测仪器和工具。

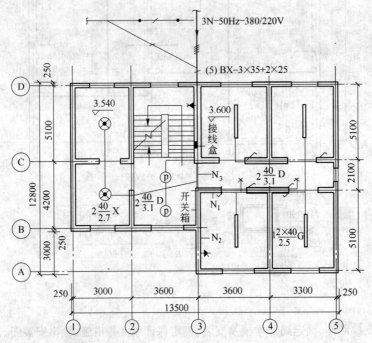

注:1. 未标注的导线一律为 BX - 2×2.5；

　　2. 开关箱内设 3 个开关；

　　3. 接线盒前设总电表一块。

图 B - 4

### B. 5　卫生工程

试对图 B - 5 进行——

(1) 各配件计划(列表)；

(2) 下料(列表)；

(3) 确定各相关尺寸；

(4) 确定质量标准及其质检、检测仪器和工具；

(5) 安装。

### B. 6　装饰工程

设计要求：

(1)内墙抹灰；

(2)外墙抹灰；

(3)内墙饰面板；

(4)外墙饰面板。

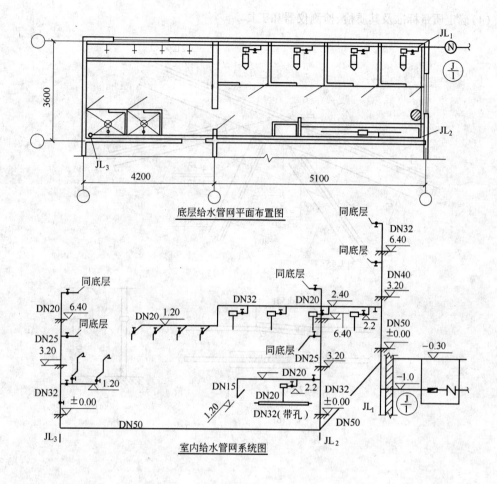

底层给水管网平面布置图

室内给水管网系统图

图 B-5

试对上述设计要求进行——

(1)施工预算(高 2.7m);

(2)测量放线;

(3)选择抹灰方案;

(4)进行环境布置;

(5)确定质量标准及其质检、检测仪器和工具;

(6)装饰操作。

**B.7　焊接工艺**

试对图 B-6 焊接工作——

(1)制定操作方案,说明安全要求。

(2)下料(含焊条、节点板、角钢—角钢尺寸估定。已知钢材为 Q235-A.F,焊条用 E4303 型)。

(3)焊接(钢材切割用氧—乙炔气割,钢筋切割用切割机):

1)钢屋架节点:手工电弧焊,如图 B-6(a)所示。

2)钢筋接长:电弧焊,如图 B-6(b)所示。

3)钢筋接高:电渣压力焊,如图 B-6(c)所示。

（4）确定质量标准及其质检、检测仪器和工具。

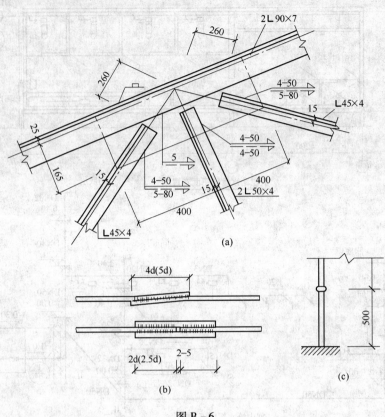

图 B – 6

# 附录 C　实训日记及实训报告

## C.1　实训日记的主要内容及要求

实训日记是记录实训工作情况和小结专业实践知识的一种方式和方法。实训学生应从进入工地的第一天起就开始记录实训日记,直到离开工地实训结束的最后一天为止。记录实训日记的总天数应不少于规定的实训天数。要逐日记录,并分上、下午,不得间断或后补。实训第一篇日记一般应记录接受安全教育的情况。

实训日记的主要内容是简明记录每天工作和劳动的情况,出现的问题和收获体会,必要的技术资料,生产会议记录及施工关键部位的建筑结构的处理方法,工程质量要求等有关其他记录。

实训日记应注明日期、气象、实训部位、内容、工人和设备数量、方法顺序(必要的内容可图示)、施工质量等(应与有关规范相比较)。日记应字迹工整、文字简练、条目分明、图表清楚,不能记成流水账。

在实训日记中可摘抄部分与实训有关的技术资料作为知识的扩充,但不得抄袭施工技术人员的施工日志并将其直接作为自己的实训日记。

## C.2　实训总结报告

实训总结报告是学生对实训工作的全面总结,综合反映了学生在施工实训中掌握生产实训实践知识的广度和深度以及对工程实际问题的分析、归纳、创新能力,也是综合评定学生实训成绩的主要依据。学生应根据自己在实训中的主要内容和收获体会,认真思考,深刻而精炼地描述施工实训的成果。实训总结报告应按实训大纲要求的主要内容分别编写,通常可从如下几个方面考虑:

(1)简单介绍工程概况;

(2)说明实训的主要工作内容和亲身参加的具体工作;

(3)现场采用的新设备、新材料、新工艺;

(4)施工现场存在的问题和改进意见;

(5)着重说明实训的收获和体会;

(6)对本次实训的意见和建议。

# 附录 D　施工实训成绩考核标准

| 项目＼等级 | 优　秀<br>(90 分以上) | 良　好<br>(70～89 分) | 及　格<br>(60～69 分) | 不及格<br>(59 分及以下) |
|---|---|---|---|---|
| 砌筑<br>工程 | 1. 实际操作考核(40 分)：<br>摆砖达到标准得 10 分；<br>砌砖步法、身法达到标准得 10 分；<br>铺灰手法达到标准得 10 分；<br>挤浆刮浆达到标准得 10 分。<br>2. 砌筑成品考核(60 分)：<br>在规定时间内砌筑完毕得 10 分；<br>墙面垂直度达到质量标准得 10 分；<br>灰缝每皮高度与皮数杆相同得 10 分；<br>水平缝砂浆饱满度达到标准得 10 分；<br>游丁走缝未超质量标准得 10 分；<br>组砌得当得 10 分。<br>操作能力较好，质量合格率为 70%～80% | 操作能力尚好，质量合格率为 50%～70% | 操作能力一般，质量合格率为 30%～50% | 操作能力较差，质量合格率小于 30% |
| 钢筋<br>工程 | 1. 目测钢筋直径准确者得 10 分；<br>2. 除锈后的亮度满足要求得 10 分；<br>3. 调制后的平直满足要求得 10 分；<br>4. 除锈、调制、切断的动作熟练，满足要求者得 10 分；<br>5. 切断后的长度及断口处达到标准者得 10 分；<br>6. 连接方法正确得 10 分；<br>7. 焊点、绑扎点符合要求者得 10 分；<br>8. 弯曲方法正确者得 20 分；<br>9. 弯曲角度、弯折长度正确得 10 分。<br>钢筋加工、绑扎质量合格率为 70%～80% | 操作能力尚好，质量合格率为 50%～70% | 操作能力一般，质量合格率为 30%～50% | 操作能力较差，质量合格率小于 30% |
| 模板<br>工程 | 1. 放线满足要求得 10 分；<br>2. 模板组装符合要求得 20 分；<br>3. 校准正确得 10 分；<br>4. 支撑设备合理者得 10 分；<br>5. 支撑牢固，符合要求者得 10 分<br>6. 模板偏移量符合要求者得 10 分；<br>7. 垂直度符合要求者得 10 分；<br>8. 平整度符合要求者得 10 分；<br>9. 拆除模板正确者得 10 分。<br>操作能力较好，安装质量合格率为 70%～80% | 操作能力尚好，质量合格率为 50%～70% | 操作能力一般，质量合格率为 30%～50% | 操作能力较差，质量合格率小于 30% |
| 卫生<br>工程 | 1. 钢管下料符合要求者得 10 分；<br>2. 管螺纹加工符合要求者得 30 分；<br>3. 管道和阀门安装符合要求者得 20 分；<br>4. 管道支、吊架安装符合要求者得 10 分；<br>5. 水泵或卫生器具安装符合要求者得 15 分；<br>6. 安装允许偏差和检验符合要求者得 15 分。<br>操作能力较好，安装质量合格率为 70%～80% | 操作能力尚好，质量合格率为 50%～70% | 操作能力一般，质量合格率为 30%～50% | 操作能力较差，质量合格率小于 30% |

| 等级\\项目 | 优 秀 (90 分以上) | 良 好 (70~89 分) | 及 格 (60~69 分) | 不及格 (59 分及以下) |
|---|---|---|---|---|
| 电气工程 | 1. 器具安装符合要求得 20 分；<br>2. 配电箱(盘、板)安装符合要求得 15 分；<br>3. 导线与器具连接符合要求得 30 分；<br>4. 照明器具及配电箱的接地(接零)支线敷设符合要求得 15 分；<br>5. 配管及管内穿线符合要求得 10 分；<br>6. 避雷针(网)及接地装置的安装符合要求得 10 分。<br>操作能力较好,安装质量合格率为 70%~80% | 操作能力尚好,质量合格率为 50%~70% | 操作能力一般,质量合格率为 30%~50% | 操作能力较差,质量合格率小于 30% |
| 装饰工程 | 1. 实际操作考核(40 分)<br>抹灰动作达到标准得 10 分；<br>灰饼、冲筋达到标准得 10 分；<br>打底达到标准得 10 分；<br>罩面达到标准得 10 分。<br>2. 抹灰成品考核(60 分)<br>在规定时间内抹灰完毕得 15 分；<br>墙面垂直度达到质量标准得 15 分；<br>墙面平整度达到质量标准得 15 分；<br>接槎平整,无抹纹得 15 分。<br>操作能力较好,装饰质量合格率为 70%~80% | 操作能力尚好,质量合格率为 50%~70% | 操作能力一般,质量合格率为 30%~50% | 操作能力较差,质量合格率小于 30% |
| 混凝土工程(校外) | 1. 混凝土配合比符合要求得 10 分；<br>2. 材料称量符合要求得 10 分；<br>3. 投料顺序正确得 10 分；<br>4. 搅拌符合要求得 15 分；<br>5. 浇筑方法符合要求得 15 分；<br>6. 振捣满足要求得 15 分；<br>7. 养护满足要求得 15 分；<br>8. 混凝土试块留制符合要求得 10 分。<br>操作能力较好,质量合格率为 70%~80% | 操作能力尚好,质量合格率为 50%~70% | 操作能力一般,质量合格率为 30%~50% | 操作能力较差,质量合格率小于 30% |

## 参 考 文 献

[1] 冯为民. 建筑施工实习指南[M]. 武汉:武汉工业大学出版社,2000.

[2] 杜喜成. 工业与民用建筑专业实习指导[M]. 武汉:武汉工业大学出版社,2000.

[3] 廖代广,孟新田. 土木工程施工技术[M]. 武汉:武汉工业大学出版社,2006.

[4] 高等职业教育专业委员会. 建筑施工技术(第二版)[M]. 北京:中国建筑工业出版社,2005.

[5] 李旭伟. 安装施工工艺[M]. 北京:高等教育出版社,2003.

[6] 严金楼. 建筑装饰工程施工[M]. 北京:高等教育出版社,2003.

[7] 赵世强. 土木工程施工实习手册[M]. 北京:中国建筑工业出版社,2003.

[8] 汤万龙. 建筑设备安装识图与施工工艺[M]. 北京:中国建筑工业出版社,2004.

[9] 王志伟,刘艳峰. 建筑设备施工与预算[M]. 北京:科学出版社,2004.

# 冶金工业出版社部分图书推荐

| 书 名 | 作 者 | 定 价(元) |
|---|---|---|
| 冶金建设工程技术 | 李慧民 主编 | 30.00 |
| 建筑工程经济与项目管理 | 李慧民 主编 | 28.00 |
| 建筑施工技术(第2版)(国规教材) | 王士川 主编 | 42.00 |
| 现代建筑设备工程(本科教材) | 郑庆红 等编 | 45.00 |
| 混凝土及砌体结构(本科教材) | 王社良 主编 | 41.00 |
| 土力学地基基础(本科教材) | 韩晓雷 主编 | 36.00 |
| 土木工程施工组织(本科教材) | 蒋红妍 主编 | 26.00 |
| 施工企业会计(第2版)(国规教材) | 朱宾梅 主编 | 46.00 |
| 土木工程概论(第2版)(本科教材) | 胡长明 主编 | 32.00 |
| 理论力学(本科教材) | 刘俊卿 主编 | 35.00 |
| 结构力学(高专教材) | 赵 冬 等编 | 25.00 |
| 材料力学(高专教材) | 王克林 等编 | 33.50 |
| 岩石力学(高职高专教材) | 杨建中 主编 | 26.00 |
| 岩土材料的环境效应 | 陈四利 等编 | 26.00 |
| 建筑施工企业安全评价操作实务 | 张 超 等编 | 56.00 |
| 混凝土断裂与损伤 | 沈新普 等著 | 15.00 |
| 建设工程台阶爆破 | 郑炳旭 等编 | 29.00 |
| 建筑工程安全技术交底手册 | 罗 凯 编著 | 78.00 |
| 计算机辅助建筑设计__建筑效果图设计教程 | 刘声远 编著 | 25.00 |
| SAP2000结构工程案例分析 | 陈昌宏 主编 | 25.00 |
| C++程序设计(本科教材) | 高 潮 主编 | 40.00 |
| 水污染控制工程(第3版)(国规教材) | 彭党聪 主编 | 49.00 |
| 产品创新与造型设计(本科教材) | 李 丽 编著 | 25.00 |
| 建筑施工企业安全评价操作实务 | 张 超 主编 | 56.00 |
| 冶金建筑工程施工质量验收规范(YB 4147—2006 代替 YB J232—1991) | | 96.00 |
| 钢骨混凝土结构技术规程(YB 9082—2006) | | 38.00 |
| 现行冶金工程施工标准汇编(上册) | | 198.00 |
| 现行冶金工程施工标准汇编(下册) | | 198.00 |